职业教育"十三五"
数字媒体应用人才培养规划教材

U0177031

3ds Max 2019动画制作

实例教程 微课版

翟慧 魏丽芬／主编　曹光明 张晓梅 刘瑞玲／副主编

人民邮电出版社

北京

图书在版编目（CIP）数据

3ds Max 动画制作实例教程 / 翟慧，魏丽芬主编
. -- 北京 ：人民邮电出版社，2021.5（2023.12重印）
职业教育"十三五"数字媒体应用人才培养规划教材
ISBN 978-7-115-55699-8

Ⅰ. ①3… Ⅱ. ①翟… ②魏… Ⅲ. ①三维动画软件－
职业教育－教材 Ⅳ. ①TP391.414

中国版本图书馆CIP数据核字(2020)第257831号

内 容 提 要

本书全面系统地介绍了 3ds Max 2019 的基本操作方法和动画制作技巧，主要内容包括 3ds Max 2019 概述、创建常用的几何体、创建二维图形、编辑修改器、复合对象的创建、材质与贴图、创建灯光和摄影机、动画制作技术、粒子系统、常用的空间扭曲、效果制作及视频后期处理、高级动画设置及综合设计实训。

本书内容的讲解均以案例为主线，通过各案例的实际操作，读者可以快速熟悉软件功能和动画制作思路。

本书适合作为职业院校数字媒体类专业 3ds Max 课程的教材，也可作为相关人员的参考用书。

◆ 主　　编　翟　慧　魏丽芬
　　副 主 编　曹光明　张晓梅　刘瑞玲
　　责任编辑　王亚娜
　　责任印制　王　郁　彭志环

◆ 人民邮电出版社出版发行　　北京市丰台区成寿寺路 11 号
　　邮编　100164　　电子邮件　315@ptpress.com.cn
　　网址　https://www.ptpress.com.cn
　　固安县铭成印刷有限公司印刷

◆ 开本：787×1092　1/16
　　印张：19　　　　　　　　　　　2021 年 5 月第 1 版
　　字数：485 千字　　　　　　　　2023 年 12 月河北第 7 次印刷

定价：59.80 元

读者服务热线：(010)81055256　印装质量热线：(010)81055316
反盗版热线：(010)81055315
广告经营许可证：京东市监广登字 20170147 号

　　本书全面贯彻党的二十大精神，以社会主义核心价值观为引领，传承中华优秀传统文化，坚定文化自信，使内容更好体现时代性、把握规律性、富于创造性。

　　本书以 3ds Max 2019 版本为基础，除第 1 章和第 13 章，第 2～12 章都按照"课堂案例 — 软件功能解析 — 课堂练习 — 课后习题"的结构编排，力求通过课堂案例演练，使学生快速掌握软件功能和动画设计思路；通过软件功能解析，使学生深入学习软件功能和动画制作技巧；通过课堂练习和课后习题（扫描二维码即可观看操作视频），拓展学生的实际应用能力。本书在内容编排方面，力求细致全面、重点突出；在文字叙述方面，注意言简意赅、通俗易懂；在案例选取方面，强调案例的针对性和实用性。

　　本书提供云盘素材、PPT 课件、教学大纲、教案等丰富的教学资源，任课教师可到人邮教育社区（www.ryjiaoyu.com）免费下载使用。本书的参考学时为 64 学时，其中实训环节为 34 学时，各章的参考学时可以参见下面的学时分配表。

章	课 程 内 容	学 时 分 配	
		讲　授	实　　训
第 1 章	3ds Max 2019 概述	2	
第 2 章	创建常用的几何体	2	2
第 3 章	创建二维图形	2	2
第 4 章	编辑修改器	2	2
第 5 章	复合对象的创建	2	2
第 6 章	材质与贴图	2	2
第 7 章	创建灯光和摄影机	2	2
第 8 章	动画制作技术	2	2
第 9 章	粒子系统	4	4
第 10 章	常用的空间扭曲	4	4
第 11 章	效果制作及视频后期处理	2	4
第 12 章	高级动画设置	2	4
第 13 章	综合设计实训	2	4
学时总计		30	34

　　由于编者水平有限，书中难免存在疏漏和不足之处，敬请广大读者批评指正。

编 者

2023 年 3 月

本书教学辅助资源

素材类型	数量	素材类型	数量
教学大纲	1 套	微课视频	52 个
电子教案	1 套	贴图	418 个
PPT 课件	13 章	场景	12 章

章	案例名	章	案例名
第 2 章 创建常用的几何体	斗柜的制作	第 7 章 创建灯光和摄影机	室内灯光的布置
	茶几的制作		户外灯光的创建
	单人沙发的制作		静物灯光的创建
	手镯的制作	第 8 章 动画制作技术	创建关键帧动画
	西瓜的制作		制作水面上的皮艇动画
第 3 章 创建二维图形	铁艺鞋架的制作		制作掉落的枫叶动画
	镜子的制作		制作摇晃的木马动画
	铁艺招牌的制作	第 9 章 粒子系统	制作被风吹散的文字效果
	人字牌的制作		制作星球爆炸效果
第 4 章 编辑修改器	花瓶的制作		制作下雪动画
	石膏线的制作		制作气泡效果
	蜡烛的制作	第 10 章 常用的空间 扭曲	制作旋风中的落叶动画
	形象标识牌的制作		制作掉落的玻璃球动画
	装饰葫芦的制作		制作风中的气球动画
第 5 章 复合对象 的创建	花篮的制作		制作飘动的窗帘动画
	记事本的制作	第 11 章 效果制作及视频 后期处理	制作火堆燃烧效果
	流线花瓶的制作		制作水面雾气效果
第 6 章 材质与贴图	设置多维/子对象材质		制作光效效果
	设置光线跟踪材质		制作燃烧的火苗效果
	金属材质的设置	第 12 章 高级动画设置	制作风铃动画
	木纹材质的设置		制作蜻蜓动画
	瓷器材质的设置		制作小狗动画
第 7 章 创建灯光和摄影机	创建静物场景	第 13 章 综合设计实训	制作小雏菊盆栽
	"天光"的应用		制作绽放的荷花动画
	"体积光"特效的应用		制作亭子
			制作房子漫游动画

目录 CONTENTS

CONTENTS 目录

目 录 CONTENTS

第1章
3ds Max 2019 概述

3ds Max 拥有强大的功能，但同时，它的操作界面也比较复杂。本章主要围绕 3ds Max 2019 的操作界面及该软件在动画设计中的应用特色进行介绍，同时还将介绍 3ds Max 2019 的基本操作方法，使读者尽快熟悉 3ds Max 2019 的操作界面及其基本操作。

课堂学习目标

- 了解三维动画的基本概念和应用范围
- 熟悉 3ds Max 2019 的新增功能
- 了解 3ds Max 2019 的操作界面
- 了解用 3ds Max 制作效果图的流程
- 掌握 3ds Max 常用工具的使用方法和技巧
- 掌握更改视口的方法

1.1 三维动画

三维动画制作是近年来随着计算机软硬件技术的发展而产生的一项新兴技术。三维动画制作软件在计算机中首先建立一个虚拟的世界，设计师在这个虚拟的三维世界中按照要表现的对象的形状尺寸建立模型和场景，再根据要求设定模型、虚拟摄影机的运动轨迹和其他动画参数，最后按要求为模型赋上特定的材质，并打上灯光。当这一切完成后就可以让计算机自动运算，生成最后的画面。

1.1.1 认识三维动画

动画是通过连续播放一系列静止画面，让视觉形成连续变化感觉的图画。它与电影、电视一样，都是利用了视觉原理。医学家已经证明，人类具有"视觉暂留"的特性，也就是说人的眼睛看到一幅画或一个物体后，即使画面或物体变化或者消失，其视觉影像在 1/24 s 内也不会消失。利用这一原理，在一幅画在人眼中还没有消失前播放出下一幅画，就会给人造成一种流畅的视觉变化效果。因此，电影采用了每秒 24 幅画的速度拍摄和播放，电视采用了每秒 25 幅（PAL 制）或 30 幅（NSTC 制）画面的速度拍摄和播放。如果以每秒低于 24 幅画面的速度拍摄和播放，观者就会感觉画面出现了卡顿现象。

　　动画的分类没有一定的规范。从制作技术和手段来看，动画可分为以手工绘制为主的传统动画和计算机为主的计算机动画；从空间的视觉效果来看，动画则可以分为平面动画（见图 1-1、图 1-2）和三维动画（见图 1-3、图 1-4）。

图 1-1

图 1-2

图 1-3

图 1-4

　　如果将二维定义为一张纸，同样给三维一个定义，它就是一个盒子，而三维中所涉及的透视则是一门几何学，它可以将一个空间或物体准确地表现在一个二维平面上。

　　打开你的电视或是回想一下近来看到的电影，你会发现三维动画充斥着整个视频影视媒体。再看一下你的生活和工作的环境空间，你眼前的显示器、键盘、书桌，以及喝水的杯子、手中拿着的书等，会发现我们都是存在于同一个三维空间中的，而我们同样也可以生动形象地将它们描绘出来。比如一个手臂抬起的动作，如果使用三维技术进行制作，则只需要两三个简单的步骤。首先在软件中创建手的模型，然后进行材质调整并赋予当前手的模型，再打上灯光和摄影机，最后设置手的动作路径并进行渲染就可以了。较专业的利用三维技术制作出的效果图如图 1-5、图 1-6 所示。

图 1-5

图 1-6

1.1.2　三维动画的应用范围

随着科技的发展、计算机硬件系统性能的提高，与三维动画制作相配套的应用软件功能也日益强大，使用这些软件制作出的三维动画更加逼真，同时其应用领域也越来越广。一般来说，三维动画应用在以下 7 个领域。

1. 电视节目片头包装领域

在媒介竞争激烈、信息过剩的当下，突出品牌概念已经成为电视节目制作中非常重要的因素，而电视节目片头包装是提升电视节目品牌形象的有效手段。从制作角度讲，电视节目片头包装通常会涉及三维软件、后期特效软件、音频处理软件、后期编辑软件等。其中，在电视节目片头包装中经常使用的三维软件一般有 3ds Max、Maya、Softimage XSI 等。3ds Max 凭借自身的强大功能和对众多特效插件的支持，在制作金属、玻璃、文字、光线、粒子等电视节目片头常用效果方面表现出色，同时，3ds Max 又和许多常用的影视后期软件（如 After Effects、Combustion 等）有良好的文件接口，所以许多影视公司通常都将 3ds Max 作为主要的三维制作软件。图 1-7 所示为应用三维动画的电视节目片头。

图 1-7

2. 建筑可视化领域

建筑可视化指借助数字图像技术，将建筑设计理念通过逼真的视觉效果呈现出来，其呈现方式包括室内效果图、建筑表现图及建筑动画。3ds Max 中提供的建模、动画、灯光、渲染工具等功能可以让设计人员轻松地完成这些具有挑战性的效果设计。而与 3ds Max 配套的一系列 GI 渲染器，如 V-Ray、FinalRender、Brazil、Maxwell 等，更是极大地促进了建筑可视化领域的发展。此外，Autodesk 公司为建筑可视化领域又开发了 Revit 等功能非常强劲的软件包。设计人员将这些软件包与 3ds Max 配套使用，使 3ds Max 在建筑可视化领域大放异彩、一枝独秀。

目前，可视化效果领域设计已经产业化，并且在国内出现了很多颇具规模的设计制作公司。

3. 影视特效领域

随着数字特效技术在电影中的运用越来越广，各类三维软件在影视特效领域得到了大量应用和极大发展。3ds Max 凭借简便易用的各项工具、直观高效的渲染引擎，特别是拥有和 Discreet Flame、Inferno 等影视特效软件方便快捷的交互系统，使许多影视制作公司在制作影视特效时首选 3ds Max。图 1-8 所示为利用三维动画的影视特效。

4. 医疗卫生领域

三维动画可以形象地演示人体内部组织的细微结构和变化，给学术交流和教学演示带来极大的便利，其效果如图 1-9 所示。利用三维动画还可以将细微的手术细节放大到屏幕上，便于医护人员观察学习，这对医疗事业具有重大的现实意义。

图 1-8

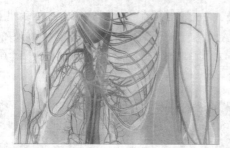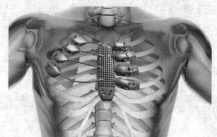

图 1-9

5. 军事领域

三维动画在军事领域中的应用最早是飞行模拟训练。它除了可以模拟现实中飞行员要遇到的恶劣环境，还可以模拟飞行员在空战中的射击及投弹等训练环境。

三维动画不单可以使飞行训练更加安全，同时可用于导弹弹道的动态研究、爆炸后的爆炸强度分析及碎片轨迹研究等。此外，还可以通过三维动画来模拟战场环境，进行军事部署和演习，如图 1-10 所示。

图 1-10

6. 生物化学领域

生物化学领域较早地引入了三维动画技术，用于研究生物分子之间的结构组成。复杂的分子结构无法靠想象来研究，要用三维模型给出精确的分子构成，再用计算机计算相互结合方式，这样就简化了大量的研究工作。此外，遗传工程利用三维动画技术对 DNA 分子进行结构重组，模拟产生新的化合物的过程，给研究工作带来了极大的帮助。三维动画的应用效果如图 1-11 所示。

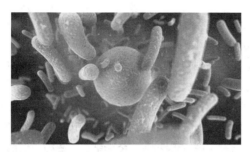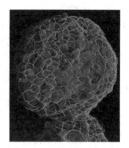

图 1-11

7. 工业设计领域

随着社会的发展，各种生活需求的扩大，以及人们对产品精密度的要求日益提高，工业设计已经逐步成为一个成熟的应用领域。早些时候，人们更多地使用 Rhino、Alias 等软件专门从事工业设计工作。随着 3ds Max 在建模工具、格式兼容性、渲染效果与性能等方面的不断改善，一些设计公司也开始使用 3ds Max 来作为主要的工业设计工具，并且取得了优异的成绩。3ds Max 日益强大的功能也使其可以承担起工业设计可视化的任务。

1.2　3ds Max 2019 的操作界面

运行 3ds Max，首先映入眼帘的就是视口和面板，如图 1-12 所示。这 2 个板块作为 3ds Max 中重要的操作界面，可配合一些其他工具来制作模型。

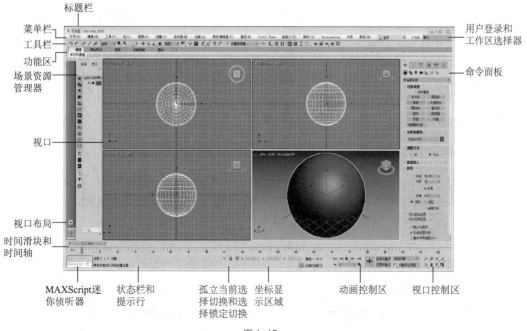

图 1-12

（1）标题栏：标题栏位于 3ds Max 软件的顶部，用于显示软件版本等信息。

（2）菜单栏：菜单栏位于主窗口的标题栏下面，每个菜单的标题表明该菜单上各命令的用途。

（3）工具栏：通过工具栏可以快速访问 3ds Max 中很多常见的工具和对话框。

（4）功能区：功能区包含"建模""自由形式""选择""对象绘制"和"填充"5 个选项卡。每个选项卡都包含许多面板和工具。多数功能区配置控件可通过右键单击菜单调用。

（5）视口、视口布局：视口中共有 4 个视口。在 3ds Max 2019 中，视口显示区位于窗口的中间，占据了大部分的窗口界面，是 3ds Max 2019 的主要工作区。视口布局用于在不同的视口之间切换。

（6）状态栏和提示行：状态栏显示了所选对象的数目、对象的锁定、当前鼠标指针的坐标位置及当前使用的栅格距等；提示行显示了当前使用工具的提示文字。

（7）孤立当前选择切换和选择锁定切换：■ 按钮为孤立当前选择切换 🔒 按钮为选择锁定切换。

（8）坐标显示区域：坐标显示区域显示鼠标指针的位置或变换的状态，用户也可以输入新的变换值。变换（变换工具包括移动工具、旋转工具和缩放工具）对象的一种方法是直接通过键盘在坐标显示字段中输入坐标。

（9）动画控制区：动画控制区包括动画控件、时间滑块和时间轴。

（10）视口控制区：视口控制区位于 3ds Max 2019 界面的右下角，包括众多视图调节工具。当选择一个视口调节工具时，该按钮呈黄色显示，表示对当前活动视口来说该按钮是激活的，在活动视口中右击可关闭该按钮。

（11）命令面板：命令面板是 3ds Max 的核心部分，默认状态下位于整个窗口界面的右侧。命令面板由 6 个用户界面面板组成，使用这些面板可以访问 3ds Max 的大多数建模功能，以及一些动画功能、显示选择和其他工具。每次只有一个面板可见，在默认状态下打开的是 ➕（创建）面板。

- MAXScript 迷你侦听器："MAXScript 侦听器"窗口分为两个窗格，一个为粉红色，另一个为白色。粉红色的窗格是"宏录制器"窗格。白色窗格是"脚本"窗口，可以在这里创建脚本。

- 用户登录和工作区选择器：用户登录用于登录到 Autodesk Account 来管理许可或订购 Autodesk 产品。工作区选择器用于快速切换任意不同的界面设置，它可以还原工具栏、菜单、视口布局预设等自定义排列。

- 场景资源管理器：场景资源管理器具有各种工具栏，用于查找及设置显示过滤器。

1.2.1　标题栏

标题栏位于 3ds Max 界面的顶部，形如 █ 无标题 - 3ds Max 2019 ，显示软件图标、场景文件名称和软件版本；右侧的 █ ▬ █ □ █ ✖ █ 3 个按钮，分别可以将软件界面最小化、最大化和关闭。

1.2.2　菜单栏

菜单栏位于主窗口的标题栏下面，如图 1-13 所示。单击某菜单名时，会列出该菜单下包含的多项命令。下面就介绍常用的菜单栏的功能。

| 文件(F) 编辑(E) 工具(T) 组(G) 视图(V) 创建(C) 修改器(M) 动画(A) 图形编辑器(D) 渲染(R) Civil View 自定义(U) 脚本(S) Interactive 内容 帮助(H) |

图 1-13

（1）"文件"菜单：该菜单栏中包含文件管理命令，包括新建、重置、打开、存储、归档、退出等命令。

（2）"编辑"菜单：该菜单用于文件的编辑，包括撤销、保存场景、复制和删除等命令。

（3）"工具"菜单：该菜单包含各种常用工具，这些工具由于在建模时经常用到，所以在工具栏中设置了相应的快捷按钮。

（4）"组"菜单：该菜单包含一些将多个对象编辑成组或者将组分解成独立对象的命令。编辑组是在场景中组织对象的常用方法。

（5）"视图"菜单：该菜单包含对视口执行的最新命令的撤销和重复、网格控制等功能，并允许显示适用于特定命令的一些功能，如视口的配置、单位的设置和设置背景图案等。

（6）"创建"菜单：该菜单包含用户创建的所有命令，这些命令能在命令面板中直接找到。

（7）"修改器"菜单：该菜单包含创建角色、销毁角色、上锁、解锁、插入角色、骨骼工具以及蒙皮等命令。

（8）"动画"菜单：该菜单包含设置反向运动学求解方案、设置动画约束和动画控制器、给对象的参数之间增加配线参数以及动画预览等功能。

（9）"图形编辑器"菜单：该菜单包含场景元素间关系的图形化视口，如曲线编辑器、摄影表编辑器、图解视口和 Particle 粒子视口、运动混合器等。

（10）"渲染"菜单：该菜单是 3ds Max 2019 的重要菜单，包括渲染、环境设置和效果设定等命令。模型建立后，材质/贴图、灯光、摄像这些特殊效果在视口区域是看不到的，只有经过渲染后，才能在渲染窗口中观察效果。

（11）"Civil View"菜单：Civil View 是一款便捷的可视化工具，它显示了当前状态的概述，并可直接访问场景中每个对象或其他元素的需经常编辑的参数。

（12）"自定义"菜单：该菜单允许用户根据个人习惯创建自己的工具和工具面板，设置习惯的快捷键，使操作更具个性化。

（13）"脚本"菜单：该菜单包含 3ds Max 2019 支持的一个称为脚本的程序设计语言。用户可以书写一些由脚本语言构成的短程序以控制动画的制作。"脚本"菜单中包括创建、测试和运行脚本等命令。使用该菜单，不仅可以通过编写脚本实现对 3ds Max 2019 的控制，还可以与外部的文本文件和表格文件等链接起来。

（14）"帮助"菜单：该菜单包含对用户的帮助功能，包括提供脚本参考、用户指南、快捷键、第三方插件和新产品等信息。

1.2.3　工具栏

3ds Max 的工具栏如图 1-14 所示，通过工具栏可以快速访问 3ds Max 中的常用工具和对话框。下面介绍其主要功能。

图 1-14

（1）（撤销）和（重做）：单击"撤销"按钮可取消上一次操作，包括"选择"操作和在选定对象上执行的操作；单击"重做"按钮可取消上一次"撤销"操作。

（2）（选择并链接）：可将 2 个对象链接作为子和父，定义它们之间的层次关系。子级将继承应用于父级的变换（移动、旋转和缩放），但是子级的变换对父级没有影响。

（3）（取消链接选择）：单击"取消链接选择"按钮可移除 2 个对象之间的层次关系。

（4）（绑定到空间扭曲）：单击该按钮可以把当前选择附加到空间扭曲。

（5）全部（选择过滤器列表）：利用选择过滤器列表，如图 1-15 所示，可以限制由选择工具选择的对象的类型和组合。例如，如果选择"C-摄影机"选项，则使用选择工具只能选择摄影机。

（6）（选择对象）：单击该按钮可选择对象或子对象，以便进行操作。

（7）（按名称选择）：单击该按钮可以弹出"选择对象"对话框，在"当前场景中的所有对象"列表中选择对象。

（8）（矩形选择区域）：单击该按钮可在视口中以矩形框选区域，具体包括（圆形选择区域）、（围栏选择区域）、（套索选择区域）和（绘制选择区域）4 项功能，供用户选择。

图 1-15

（9）（窗口/交叉）：在按区域选择时，单击该按钮可以在窗口和交叉模式之间进行切换。在窗口模式中，只能选择所选内容内的对象或子对象，在交叉模式中，可以选择区域内的所有对象或子对象，以及与区域边界相交的任何对象或子对象。

（10）（选择并移动）：要移动单个对象，则无须先单击该按钮。当该按钮处于激活状态时，可单击多个对象进行选择，拖动鼠标即可移动选中的对象。

（11）（选择并旋转）：当该按钮处于激活状态时，单击对象进行选择，拖动鼠标即可旋转该对象。

（12）（选择并均匀缩放）：单击该按钮，可以沿所有 3 个轴以相同量缩放对象，同时保持对象的原始比例；单击（选择并非均匀缩放）按钮可以根据活动轴约束以非均匀方式缩放对象；单击（选择并挤压）按钮可以根据活动轴约束来缩放对象。

（13）（选择并放置）：使用"选择和放置"工具可将对象准确地定位到另一个对象的曲面上。此方法大致相当于"自动栅格"功能，但随时可以使用，而不仅限于在创建对象时。

（14）（使用轴点中心）：该按钮组提供了用于确定缩放和旋转操作几何中心的 3 种方法。单击（使用轴点中心）按钮可以围绕其各自的轴点旋转或缩放一个或多个对象；单击（使用选择中心）按钮可以围绕其共同的几何中心旋转或缩放一个或多个对象，如果变换多个对象，该软件会计算所有对象的平均几何中心，并将此几何中心作为变换中心；单击（使用变换坐标中心）按钮可以围绕当前坐标系的中心旋转或缩放一个或多个对象。

（15）（选择并操纵）：单击该按钮可以通过在视口中拖动"操纵器"，编辑某些对象、修改器和控制器的参数。

（16）（键盘快捷键覆盖切换）：单击该按钮可以在只使用主用户界面快捷键和同时使用主快捷键和组（如编辑/可编辑网格、轨迹视口和 NURBS 等）快捷键之间进行切换，用户可以在"自定义用户界面"对话框中自定义键盘快捷键。

（17）（捕捉开关）：（3D 捕捉）是默认设置，其光标直接捕捉到 3D 空间中的任何几何体，用于创建和移动所有尺寸的几何体，而不考虑构造平面；（2D 捕捉）光标仅捕捉到活动构建栅格，包括该栅格平面上的任何几何体，将忽略 z 轴或垂直尺寸；（2.5D 捕捉）光标仅捕捉活动栅格上对象投影的顶点或边缘。

（18）（角度捕捉切换）：单击该按钮可设定视图中对象的旋转角度。默认设置为以 5° 增量进行旋转。

（19）██（百分比捕捉切换）：单击该按钮可设定该按钮可通过指定百分比来增加对象的缩放。

（20）██（微调器捕捉切换）：单击该按钮可设定该按钮可设置 3ds Max 中所有微调器的单次单击增加或减少值。

（21）██（编辑命名选择集）：单击该按钮可弹出"编辑命名选择"对话框，可用于管理子对象的命名选择集。

（22）██（镜像）：单击该按钮可弹出"镜像"对话框，使用该对话框可以在镜像一个或多个对象的方向时，移动这些对象。"镜像"对话框还可以用于围绕当前坐标系中心镜像当前选择对象，并可以同时创建克隆对象。

（23）██（对齐）：该按钮提供了用于对齐对象的 6 种不同工具。单击██（对齐）按钮，然后选择对象，将弹出"对齐"对话框，使用该对话框可将当前选择对象与目标选择对象对齐，目标对象的名称将显示在"对齐"对话框的标题栏中，执行子对象对齐对象时，"对齐"对话框的标题栏会显示为当前选择对齐子对象；单击"快速对齐"按钮██可将当前选择对象的位置与目标对象的位置立即对齐；单击██（法线对齐）按钮弹出"法线对齐"对话框，基于每个对象上面或选择的法线方向将 2 个对象对齐；单击██（放置高光）按钮，可将灯光或对象与另一对象对齐，以便可以精确定位其高光或反射；单击██（对齐摄影机）按钮，可以将摄影机与选定的面法线对齐；单击██（对齐到视图）按钮可弹出"对齐到视图"对话框，用户可以将对象或子对象选择的局部轴与当前视口对齐。

（24）██（切换场景资源管理器）："场景资源管理器"提供了一个无模式对话框，可用于查看、排序、过滤和选择对象，还提供了其他功能，如重命名、删除、隐藏和冻结对象，创建和修改对象层次，以及编辑对象属性。

（25）██（切换层管理器）："层资源管理器"是一种显示层及其关联对象和属性的"场景资源管理器"模式。用户可以使用它来创建、删除和嵌套层，以及在层之间移动对象；还可以查看和编辑场景中所有层的设置，以及与其相关联的对象。

（26）██（显示功能区）：该功能区在 3ds Max 较早版本中也被称为石墨工具。██（显示功能区）按钮用于打开或关闭功能区显示。

（27）██（曲线编辑器）：轨迹视口—曲线编辑器是一种轨迹视口模式，用于以图表上的功能曲线来表示运动。单击该按钮，用户可以查看运动的插值和软件在关键帧之间创建的对象变换。使用曲线上关键点的切线控制柄，可以轻松查看和控制场景中各个对象的运动和动画效果。

（28）██（图解视口）：图解视口是基于节点的场景图，单击该按钮可以访问对象属性、材质、控制器、修改器、层次和不可见场景关系，如关联参数和实例。

（29）██（材质编辑器）：单击该按钮可以打开 Slate 材质编辑器，材质编辑器提供了创建和编辑对象材质以及贴图的功能。该按钮组还包含了██（精简材质编辑器）按钮，读者可以根据习惯选择这 2 种材质编辑器面板。

（30）██（渲染设置）：单击该按钮可弹出"渲染场景"对话框。"渲染场景"对话框具有多个面板，面板的数量和名称因活动渲染器而异。

（31）██（渲染帧窗口）：单击该按钮可显示渲染输出。

（32）██（快速渲染）：单击该按钮可以使用当前产品级渲染设置来渲染场景，而无须显示"渲染场景"对话框。

（33）：单击该按钮可使用 Autodesk Cloud 渲染场景。Autodesk Cloud 使用在线资源渲染，因此用户可以在进行渲染的同时继续使用桌面。

（34）：单击该按钮可打开介绍 A360 云渲染的网页。

1.2.4 功能区

功能区采用工具栏形式呈现，它可以按照水平或垂直方向停靠，也可以按照垂直方向浮动。

可以通过工具栏中的按钮隐藏和显示功能区，默认的功能区是以最小化的方式显示在工具栏的下方。通过单击功能区右上角的![]·按钮，可以选择功能区以"最小化为选项卡""最小化为面板标题""最小化为面板按钮""循环浏览所有项"4 种方式显示，图 1-16 所示为"最小化为面板标题"形式。

功能区的每个选项卡都包含许多面板，这些面板显示与否通常取决于上下文。例如，"选择"选项卡的内容因活动的子对象层级而改变。用户可以使用右键菜单确定显示哪些面板；还可以分离面板以使它们单独地浮动在界面上；通过拖动任一端可水平调整面板大小，当使面板变小时，面板会自动调整为合适的大小，但注意，这样做可能以前直接可用的控件需要通过下拉菜单才能找到。

举例来说，功能区上的第 1 个选项卡是"建模"选项卡，该选项卡的第 1 个面板"多边形建模"提供了"修改"面板工具的子集：子对象层级（"顶点""边""边界""多边形""元素"）、堆栈级别、用于子对象选择的预览选项等。用户随时都可通过右键菜单显示或隐藏任何可用面板。

图 1-16

1.2.5 视口、视口布局

视口（视图）是场景的三维空间中的开口，如同观看封闭的花园或中庭的窗口。但视口却不仅是被动观察点，在创建场景时，可以将视口用作动态灵活的工具来了解和修改对象间的 3D 关系。

有时用户可能希望通过一个完整的大视口来查看场景，那么通过"观景窗"来查看所创建的世界；通常则可使用多个视口进行操作，每个视口设置为不同的方向。

如果希望在世界空间中水平方向移动对象，可以在顶部视口中进行此操作，这样在对象移动时可直接朝下查看对象。同时，还要监视着色透视视口，以查看正在移动的对象何时滑至另一对象背后。同时使用这 2 个窗口，可以恰好获得所希望的位置和对齐效果。

在每个视口中还可以使用平移和缩放功能及栅格对齐功能。通过一系列鼠标单击或按键操作，可以获得进行下一步工作所需的任何级别的详细信息。

提示

在默认情况下，3ds Max 中不存在任何摄影机；新场景中的视口显示"自由浮动"视口。但是，可以在场景中放置摄影机并设定视口，以通过其镜头进行查看。然后，当移动摄影机时，视口会自动跟踪更改。这里还可使用聚光灯来进行同样的工作。

除几何体对象外，视口可以显示其他视图，如轨迹视口和图解视口，这两个视口显示了场景和动

画的结构。还可以将视口扩展以显示其他工具，如"MAXScript 侦听器"和"资源浏览器"。对于交互式渲染，视口可以显示"动态着色"窗口。

活动视口是带有高亮显示边界的一种视口，它始终处于活动状态。活动视口是命令和其他操作在其中生效的视口。在某一时间仅有一个视口处于活动状态。如果其他视口可见（非禁用），则这些视口会同时跟踪活动视口中进行的操作。

要切换活动视口，可单击未处于活动状态的视口（可以使用鼠标左键、中键或右键来单击）。

三色世界空间三轴架显示在每个视口的左下角。世界空间 3 个轴的颜色：x 轴为红色，y 轴为绿色，z 轴为蓝色。轴使用同样颜色的标签。三轴架通常指世界空间，而不论当前是什么参考坐标系。

ViewCube 3D 导航控件提供了视口当前方向的视觉反馈，让用户可以调整视口方向，以及在标准视口与等距视口间进行切换。

ViewCube 显示时，默认情况下会显示在活动视口的右上角；如果其处于非活动状态，则会叠加在场景之上。它不会显示在摄影机、灯光、图形视口或者其他类型的视图中。当 ViewCube 处于非活动状态时，其主要功能是根据模型的北向显示场景方向。

当用户将鼠标指针置于 ViewCube 上方时，它将变成活动状态。使用鼠标左键，可以切换到一种可用的预设视口中、旋转当前视口或者更换到模型的"主栅格"视口中；右击可以打开具有其他选项的上下文菜单。

视口布局提供了一个特殊的选项卡栏，用于在任何数目的不同视口布局之间快速切换。例如，缩小一个四视口布局，以实现一个可同时从不同角度反映场景的总体视口及若干个反映不同场景部分的不同全屏特写视口。这种通过一次单击即可激活其中任一视口的功能可大大加快工作流。布局与场景一起保存，便于随时返回到自定义视口设置。

首次启动 3ds Max 时，默认情况下打开"视口布局"选项卡栏（在视口左侧沿垂直方向打开）。该栏底部具有一些描述启动布局的图标选项卡。通过从"预设"菜单（在单击选项卡栏上的箭头按钮时打开）中选择选项卡，可以添加这些选项卡以访问相应的布局。将对应布局从预设加载到栏之后，可以通过单击其图标切换到对应的布局，如图 1-17 所示。

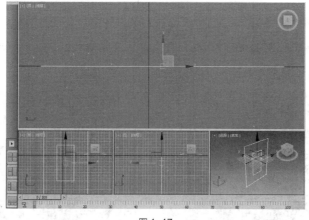

图 1-17

视口内的 4 个视口类型是可以改变的，激活视口后，按下相应的快捷键就可以实现视口之间的切换。快捷键对应的中英文名称如表 1-1 所示。

表 1-1

快 捷 键	英 文 名 称	中 文 名 称
T	Top	顶视口
B	Bottom	底视口
L	Left	左视口
R	Right	右视口
U	User	用户视口
F	Front	前视口
P	Perspective	透视口
C	Camera	摄影机视口

　　可以选择默认配置之外的布局。要选择不同的布局，单击或右击常规视口标签（[+]），然后从"常规视口标签"菜单中选择"配置视口"命令，如图 1-18 所示，在打开的"视口配置"对话框的"布局"选项卡中可选择其他布局，如图 1-19 所示。

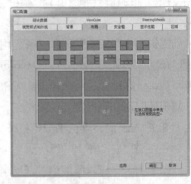

图 1-18　　　　　　　　　　　　　　　　　图 1-19

　　在 3ds Max 2019 中，各视口的大小也不是固定不变的，将鼠标指针移到视口分界处，鼠标指针变为十字形状，按住鼠标左键不放并拖曳，如图 1-20 所示，就可以调整各视口的大小，效果如图 1-21 所示。如果想恢复均匀分布的状态，可以在视口的分界线处右击，在弹出的快捷菜单中选择"重置布局"命令，即可复位视口。

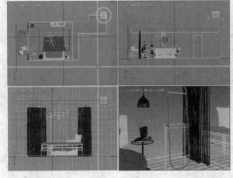

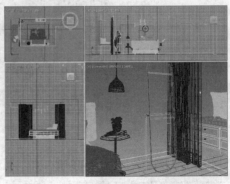

图 1-20　　　　　　　　　　　　　　　　　图 1-21

1.2.6 状态栏和提示行

状态栏和提示行位于视口区的下部偏左，用于显示操作信息，如图 1-22 所示。

选择了 1 个 对象
单击或单击并拖动以选择对象

图 1-22

1.2.7 孤立当前选择切换和选择锁定切换

（1）▦（孤立当前选择切换）：孤立当前选择可防止在处理单个选定对象时选择其他对象，让用户可以专注于需要看到的对象，无须为周围的环境分散注意力；同时也可以降低由于在视口中显示其他对象而造成的性能开销。如果想要退出孤立模式，将孤立按钮弹起即可。

（2）🔒（选择锁定切换）使用"选择锁定切换"可启用或禁用选择锁定。锁定选择可防止在复杂场景中意外选择其他内容。

1.2.8 坐标显示区域

坐标显示区域如图 1-23 所示，显示了鼠标指针当前的位置或对象变换的状态，用户也可以输入新的变换值。变换（包括移动工具、旋转工具和缩放工具）对象的一种方法是直接通过键盘在坐标选框中输入坐标。可以在"绝对"或"偏移"2 种模式下进行此操作。单击"绝对"或"偏移"按钮可以在这 2 种模式之间切换。

图 1-23

（1）▦ 以"绝对"模式设置世界空间中对象的确切坐标。

（2）▦ 以"偏移"模式相对于其现有坐标来变换对象。

当在坐标选框（X、Y、Z）中进行输入时，可以使用"Tab"键从一个坐标字段转到另一个坐标字段。

1.2.9 动画控制区

动画控制区位于屏幕的下方，主要用于在制作动画时，进行动画的记录、动画帧的选择、动画的播放及动画时间的控制等。图 1-24 所示为动画控制区。

图 1-24

1.2.10 视口控制区

包含了众多视图调节工具的视口控制区位于主界面的右下角。图 1-25 所示为标准的 3ds Max 2019 视口调节工具，根据当前激活视口的类型，视口调节工具会略有不同。当选择一个视口调节工具时，该按钮呈黄色显示，表示对当前活动视口来说该按钮是激活的，在活动视口中右击可关闭该按钮。

图 1-25

（1）🔍（缩放）：单击该按钮，在任意视口中按住鼠标左键不放，上下拖动鼠标，可以拉近或推远场景。

（2）▦（缩放所有视口）：用法与🔍（缩放）按钮基本相同，只不过该按钮影响的是当前所有可见视口。

（3）▦（最大化显示选定对象）：将选定对象或对象集在活动的透视或正交视口中居中显示。当要浏览的小对象在复杂场景中丢失时，该控件非常有用。

（4）（最大化显示）：将所有可见的对象在活动的透视或正交视口中居中显示。当在单个视口中查看场景的每个对象时，该控件非常有用。

（5）（所有视口最大化显示）：将所有可见对象在所有视口中居中显示。当希望在每个可用视口的场景中看到各个对象时，该控件非常有用。

（6）（所有视口最大化显示选定对象）：将选定对象或对象集在所有视口中居中显示。当要浏览的对象在复杂场景中丢失时，该控件非常有用。

（7）（缩放区域）：使用该按钮可放大在视口内拖动的矩形区域。仅当活动视口是正交、透视或三向投影时，该控件才可用。该控件不可用于摄影机视口。

（8）（视野）："视野"（FOV）按钮可调整视口中可见的场景数量和透视光斑量。

（9）（平移视口）：在任意视口中拖动鼠标，可以移动视口窗口。

（10）（选定的环绕）：将当前选择的中心用作旋转的中心。当视口围绕其中心旋转时，选定对象将保持在视口中的同一位置上。

（11）（环绕）：将视口中心用作旋转中心。如果对象靠近视口的边缘，它们可能会旋出视口范围。

（12）（环绕子对象）：将当前选定子对象的中心用作旋转的中心。当视口围绕其中心旋转时，当前选择将保持在视口中的同一位置上。

（13）（最大化视口切换）：单击该按钮，当前视口将全屏显示，便于对场景进行精细编辑操作；再次单击该按钮，可恢复原来的状态。其组合键为"Alt+W"。

1.2.11　命令面板

命令面板是 3ds Max 的核心部分，默认状态下位于主窗口界面的右侧，由 6 个不同功能的面板组成，如图 1-26 所示，从左至右依次为 ＋（创建）、（修改）、（层级）、（运动）、（显示）和（实用程序）。要显示不同面板，只需单击命令面板顶部的选项卡即可切换。使用这些面板可以访问 3ds Max 的大多数建模功能，以及一些动画功能、显示选择和其他工具。

图 1-26

面板上标有＋（加号）或-（减号）按钮的表示卷展栏。卷展栏的标题左侧带有＋（加号）表示卷展栏卷起，有-（减号）表示卷展栏展开，通过单击＋（加号）或-（减号）可以在卷起和展开卷展栏之间切换。

（1）＋（创建）面板是 3ds Max 最常用到的面板之一，利用＋（创建）面板可以创建各种模型对象，它也是命令级数最多的面板。3ds Max 2019 中有 7 种创建对象可供选择：（几何体）、（图形）、（灯光）、（摄影机）、（辅助对象）、（空间扭曲）和（系统）。

＋（创建）面板中的 7 个按钮代表了 7 种可创建的对象，分别介绍如下。

① （几何体）：可以创建标准几何体、扩展几何体、合成造型、粒子系统和动力学物体等。

② （图形）：可以创建二维图形，也可沿某个路径放样生成三维造型。

③ （灯光）：创建泛光灯、聚光灯和平行灯等各种模拟灯，模拟现实中各种灯光的效果。

④ （摄影机）：创建目标摄影机或自由摄影机。

⑤ （辅助对象）：创建起辅助作用的特殊物体。

⑥ ▓（空间扭曲）物体：创建空间扭曲以模拟风、引力等特殊效果。

⑦ ▓（系统）：可以将对象、控制器、层次等进行组合，构成组合物体。

单击其中的一个按钮，可以显示相应的子面板。在可创建对象按钮的下方是创建的模型分类下拉列表框 标准基本体 ▼，单击右侧的 ▼（下拉箭头），可从弹出的下拉列表中选择要创建的模型类别。

（2）▓（修改）面板用于对象的修改。在一个物体创建完成后，如果要对其进行修改，即可单击 ▓（修改）按钮，打开修改面板，如图 1-26 所示。在 ▓（修改）面板中可以修改对象的参数，还可以应用修改器或访问修改器堆栈。通过该面板，用户也可以实现模型的各种变形效果，如拉伸、变曲和扭转等。

（3）通过 ▓（层级）面板可以访问用来调整对象间层次链接的工具。通过将一个对象与另一个对象相链接，可以创建父子关系。应用到父对象的变换同时将传递给子对象。通过将多个对象同时链接到父对象和子对象，可以创建复杂的层次。

（4）▓（运动）面板提供用于调整选定对象的运动的工具。例如，可以使用 ▓（运动）面板上的工具调整对象的关键点时间及其缓入和缓出。▓（运动）面板还提供了轨迹视口的替代选项，用来指定动画控制器。

（5）在命令面板中单击 ▓（显示）按钮，即可打开 ▓（显示）面板。▓（显示）面板主要用于设置显示和隐藏，冻结和解冻场景中的对象，还可以改变对象的显示特性、加速视口显示、简化建模步骤。

（6）使用 ▓（实用程序）面板可以访问各种工具程序。3ds Max 中的工具作为插件提供，一些工具由第三方开发商提供，因此在"实用程序"面板中可能包含在此处未加以说明的工具。

1.3 用 3ds Max 制作效果图的流程

现实生活中建造高楼大厦，在建之前首先要有一个合适的场地，再将砂、石、砖、钢筋等建筑材料运到场地的周围，然后用这些建筑材料将楼房的框架建立起来，再用水泥、涂料等装饰材料进行内外墙装饰，直至最终完成后呈现给人们理想的景观。用 3ds Max 来制作效果图的过程与前面的建筑流程相似，首先用三维对象或二维线形建立一个地面，用来模拟现实中的场地，再依次建立模型的其他部分，并赋予相应的材质（材质模拟实际用到的建筑材料），为它设置摄影机和灯光，然后渲染成图片，最后用 Photoshop 等软件添加一些配景，比如添加人物、植物及装饰物等，最后达到理想的效果。

1.3.1 建立模型阶段

建立模型是制作效果图的第 1 步，设计制作人员首先要根据已有的图纸或自己的设计意图在脑海中勾勒出大体框架，并在计算机中制作出它的雏形，然后再利用材质、光源对其进行修饰、美化。模型建立的好坏直接影响到效果图最终效果。

建立模型大致有 2 种方法。第 1 种是直接使用 3ds Max 建立模型。一些初学者用此方法建立起的模型常会有比例失调等现象，这是因为没有掌握好 3ds Max 中的单位与捕捉等工具的使用方法。

第 2 种是在 Auto CAD 软件中绘制出平面图和立面图，然后导入 3ds Max 中，再以导入的线形作为参考建立起三维模型。此方法是一些设计院或作图公司最常使用的方法，因此也将其称为"专业作图模式"。

无论采用哪种方法建模，最重要的是先做好构思，做到胸有成竹，在未正式制作之前脑海中应该已有对象的基本形象。开始制作后必须注意场景模型在空间上的尺寸比例关系，先设置好系统单位，再按照图纸上标出的尺寸建立模型，以确保建立的模型不会出现比例失调等问题。

1.3.2　设置摄影机阶段

设置摄影机主要是为了模拟现实中人们从何种方向与角度观察建筑物，得到一个最理想的观察视角。设置摄影机比较简单，但是想要得到一个最佳的观察角度，必须了解 3ds Max 中摄影机的各项参数与设置技巧。

1.3.3　赋材质阶段

通过 3ds Max 中默认的创建模式所建立的模型如果不进行处理，其所表现出来的状态如同建筑的毛坯、框架，要想让建筑更美观，就需要通过一些外墙涂料、瓷砖、大理石来对它进行修饰。3ds Max 也是这样，建完模型后需要辅以材质来表现它的效果。给模型赋予材质是为了更好地模拟对象的真实质感。当模型建立完成后，视口中的对象仅仅是以颜色块的方式显示，就如同儿童用积木建立起的楼房，无论怎么看都还只是一个儿童玩具，只有赋予其材质才能将对象的真实质感表现出来。如大理石地面、玻璃幕墙、哑光不锈钢、塑料等都可以通过材质编辑器来模拟。

1.3.4　设置灯光阶段

设置灯光是效果图制作中最重要的一步，也是最具技巧性的。灯光及它产生的阴影将直接影响到场景中对象的质感，以及整个场景中对象的空间感和层次感。材质虽然有自己的颜色与纹理，但还会受到灯光的影响。室内灯光的设置要比室外灯光的设置复杂一些，因此制作人员需要提高各方面的综合能力，包括对 3ds Max 灯光的了解、对现实生活中光源的了解、对光能传递原理的了解、对真实世界光的分析等，掌握了这些知识，相信一定能设置出理想的灯光效果。

制作效果图过程中，设置灯光最好与赋材质同步进行，这样会使看到的效果更接近真实效果。

1.3.5　渲染阶段

无论是使用 3ds Max 制作效果图的过程中，还是已经制作完成，都要通过渲染来看制作的效果是否理想。但这里有一个问题，尤其是初学者，有可能建立一个对象就想要渲染一下看看，这样会占用很多作图时间，作图速度就会受到影响。在现代激烈的商业竞争中，这样做可能将很多机会白白地让给了其他的商家。那么什么时候渲染才合适呢？

（1）建立好基本结构框架时。

（2）建立好内部构件时（有时为了观察局部效果，也会进行多次局部放大渲染）。

（3）整体模型完成时。

（4）摄影机设置完成时。

（5）调制材质与设置灯光时（这时可能也要进行多次渲染以便观察具体的变化）。

（6）一切完成准备出图时（这时应确定一个合理的渲染尺寸）。

渲染的每一步都是不一样的，在建模初期常采用整体渲染，只看大效果；到细部刻画阶段采用局部渲染的方法，以便看清具体细节。

渲染可以用专业渲染软件 VRay 进行，效果比用 3ds Max 自带的渲染器好很多，本书会对 VRay 进行详细的讲述。

1.3.6　后期处理阶段

后期处理主要是指通过图像处理软件为效果图添加符合其透视关系的配景和光效等（它可以使场景显得更加真实，生动。配景主要包括装饰物、植物、人物等。配景的添加不能过多或过于随意，过多会给人一种拥挤的感觉，过于随意会给人一种不协调的感觉。）这一步工作量一般不大，但要想让效果图在这一步中有更好的表现效果也是不容易的，因为这是一个很感性的工作，需要设计制作人员本身有较高的审美观和想象力，应知道加入什么样的元素是适合这个空间的，处理不好会画蛇添足。所以，这一部分的工作不可小视，也是必不可少的。

常用的后期处理软件包括 Photoshop、CorelDRAW、PhotoImage 等。本书使用 Photoshop 进行后期处理，后面将以实例的性质进行讲述。

1.4　常用的工具

本节我们将介绍 3ds Max 2019 中的常用工具的使用方法。

1.4.1　选择工具

使用选择工具可以选择需要编辑的对象。

1. 选择物体的基本方法

选择物体的基本方法包括使用█（选择对象）和█（按名称选择）按钮。单击█（按名称选择）按钮，弹出"从场景选择"对话框，如图 1-27 所示。

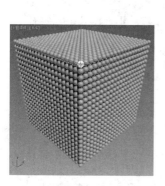
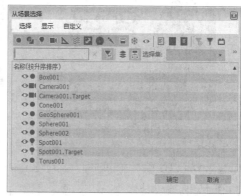

图 1-27

按住"Ctrl"键在该对话框的列表中单击可选择多个对象，按住"Shift"键单击可选择连续范围内的对象，然后可按一定顺序对其排序。在列表中列出的类型包括"几何体""图形""灯光""摄影机""辅助对象""空间扭曲""组/集合""外部参考"和"骨骼"。勾选任意类型后,在列表中将隐藏该类型。

2. 区域选择

区域选择可使用工具栏中的选区工具▦(矩形选择区域)、▦(圆形选择区域)、▦(围栏选择区域)、▦(套索选择区域)、▦(绘制选择区域)按钮实现。

(1)单击▦(矩形选择区域)按钮后在视口中拖动鼠标,然后释放,单击的第 1 个位置是矩形选框的一个角,释放鼠标的位置是相对的角,如图 1-28 所示。

(2)单击▦(圆形选择区域)按钮后在视口中拖动鼠标,然后释放,单击的第 1 个位置是圆形选框的圆心,释放鼠标的位置定义了圆的半径,如图 1-29 所示。

(3)单击▦(围栏选择区域)按钮后,拖动鼠标可绘制多边形,创建多边形选区。图 1-30 所示为双击创建选区。

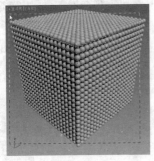  

图 1-28   图 1-29   图 1-30

(4)单击▦(套索选择区域)按钮,围绕要选择的对象拖动鼠标以绘制图形,图形闭合后释放鼠标即可,如图 1-31 所示。要取消该选择,在释放鼠标前右击即可。

(5)单击▦(绘制选择区域)按钮,将鼠标指针移至对象之上,然后拖动鼠标选择,鼠标指针周围将会出现一个以画刷大小为半径的圆。程序会根据绘制创建选区,如图 1-32 所示。

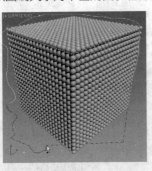 

图 1-31   图 1-32

3. 编辑菜单选择

在"编辑"菜单中可以使用不同的选择方式对场景中的模型进行选择,如图 1-33 所示。

1.4.2 变换工具

对象的变换包括对象的移动、旋转和缩放,这 3 项操作几乎在每一

图 1-33

次建模中都会用到，也是建模操作的基础。

1．移动物体

启用"移动"命令有以下 3 种方法。

（1）单击工具栏中的 ✛（选择并移动）按钮。

（2）按"W"键。

（3）选择物体后右击，在弹出的快捷菜单中选择"移动"命令。

移动物体的操作方法如下。

选择物体并启用"移动"命令，当鼠标指针移动到物体坐标轴上时（如 x 轴），鼠标指针会变成 ✛ 形状，并且坐标轴（ x 轴）会变成亮黄色，表示可以移动，如图 1-34 所示。此时按住鼠标左键不放并拖曳，物体就会跟随鼠标指针一起移动。

利用移动工具可以使物体沿 2 个轴向同时移动。观察物体的坐标轴，会发现每两个坐标轴之间都有共同区域，当鼠标指针移动到此处区域时，该区域会变为黄色，如图 1-35 所示。按住鼠标左键不放并拖曳，物体就会跟随鼠标指针一起沿 2 个轴向移动。

为了提高效果图的制作精度，可以使用键盘输入精确控制移动数量。右击 ✛（选择并移动）按钮，弹出"移动变换输入"对话框，如图 1-36 所示，在其中可精确控制移动数量。右边的"偏移：世界"用于确定被选物体新位置的相对坐标值。注意使用这种方法进行移动，移动方向仍然要受到轴的限制。

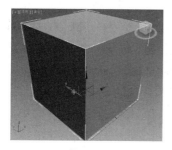

图 1-34

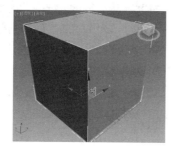

图 1-35

图 1-36

2．旋转物体

启用"旋转"命令有以下 3 种方法。

（1）单击工具栏中的 ↻（选择并旋转）按钮。

（2）按"E"键。

（3）选择物体后右击，在弹出的快捷菜单中选择"旋转"命令。

旋转物体的操作方法如下。

选择物体并启用"旋转"命令，当鼠标指针移动到物体的旋转轴上时，鼠标指针会变为 ↻ 形状，旋转轴的颜色会变成亮黄色，如图 1-37 所示。按住鼠标左键不放并拖曳，物体会随鼠标指针的移动而旋转。注意这里只能单方向旋转。

启用"旋转"命令后可以通过旋转来改变物体在视口中的方向，因此熟悉各旋转轴的方向很重要。

图 1-37

旋转模框是根据虚拟跟踪球的概念建立的，旋转模框的控制工具是一些圆，在任意一个圆上单击，再沿圆形拖动鼠标即可进行旋转，对于大于 360° 的角度，可以不止旋转一圈。当圆旋转到虚拟跟踪球后面时将变得不可见，这样模框不会变得杂乱无章，更容易使用。

在旋转模框中，除了控制 x 轴、y 轴、z 轴方向的旋转，还可以控制自由旋转和基于视口的旋转，在暗灰色圆的内部拖动鼠标可以自由旋转一个物体，就像真正旋转一个轨迹球一样（即自由模式）；在浅灰色的球外框拖动鼠标，可以在一个与视口视线垂直的平面上旋转一个物体（即屏幕模式）。

⟳（选择并旋转）工具也可以使用键盘输入进行精确旋转。使用方法与移动工具一样，只是对话框有所不同。

3. 缩放物体

缩放变换按钮为弹出按钮，可提供 3 种类型的缩放，即等比例缩放、非等比例缩放和挤压缩放（即体积不变）。

旋转任意一个轴可将缩放限制在该轴的方向上，被限制的轴被加亮为黄色；旋转任意一个平面可将缩放限制在该平面上，被选中的平面被加亮为透明的黄色；选择中心区域可进行所有轴向的等比例缩放，在进行非等比例缩放时，缩放模框会在鼠标移动时拉伸和变形。

启用"缩放"命令有以下几种方法。

（1）单击工具栏中的▦（选择并均匀缩放）按钮。

（2）按"R"键。

（3）选择物体后右击，在弹出的快捷菜单中选择"缩放"命令。

对物体进行缩放，3ds Max 2019 提供了 3 种方式，即▦（选择并均匀缩放）、▦（选择并非均匀缩放）和▦（选择并挤压）。在系统默认设置下，工具栏中显示的是▦（选择并均匀缩放）按钮，"选择并非均匀缩放"和"选择并挤压"是隐藏按钮。

单击▦（选择并均匀缩放）按钮，只改变物体的体积，不改变形状，因此坐标轴向对它不起作用。

单击▦（选择并非均匀缩放）按钮，对物体在指定的轴向上进行二维缩放（不等比例缩放），物体的体积和形状都发生变化。

单击▦（选择并挤压）按钮，在指定的轴向上使物体发生缩放变形，物体体积保持不变，但形状会发生改变。

选择物体并启用"缩放"命令，当鼠标指针移动到缩放轴上时，鼠标指针会变成 ⬚ 形状，按住鼠标左键不放并拖曳，即可对物体进行缩放。可以同时在 2 个或 3 个轴向上进行缩放，方法和"移动"命令相似，如图 1-38 所示。

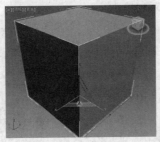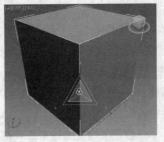

图 1-38

1.4.3　轴心控制

轴心点用来定义对象在旋转和缩放时的中心点，使用不同的轴心点会让变换操作产生不同的效果。对象的轴心控制包括 3 种方式：▉（使用轴心点）、▉（使用选择中心）、▉（使用变换坐标中心）。

1. 使用轴心点

把被选择对象自身的轴心点作为旋转、缩放操作的中心。如果选择了多个物体，则以每个物体各自的轴心点进行变换操作。图 1-39 所示为 3 个圆柱体按照自身的轴心点旋转。

2. 使用选择中心

把选择对象的公共轴心点作为物体旋转和缩放的中心。图 1-40 所示为 3 个圆柱体围绕一个共同的轴心点旋转。

图 1-39

图 1-40

3. 使用变换坐标中心

把选择对象所使用的当前坐标系的中心点作为被选择物体旋转和缩放的中心。例如，可以通过拾取坐标系统拾取物体，把被拾取物体的坐标中心作为选择物体的旋转和缩放中心。

下面仍通过 3 个立方体进行介绍，操作步骤如下。

（1）用鼠标框选右侧的 2 个圆柱体，然后选择坐标系统下拉列表框中的"拾取"命令，如图 1-41 所示。

（2）单击左侧的圆柱体，将右侧 2 个圆柱体的坐标中心拾取在此圆柱体上。

（3）对右侧 2 个圆柱体进行旋转，会发现这 2 个圆柱体的旋转中心是被拾取的左侧圆柱体的坐标中心，如图 1-42 所示。

图 1-41

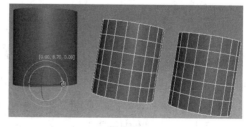

图 1-42

1.4.4　捕捉工具

捕捉工具是功能强大的建模工具，熟练使用该工具可以极大地提高工作效率。
图 1-43 所示为捕捉工具。

图 1-43

1. 3 种捕捉工具

捕捉工具分为 3 类，即"位置捕捉"工具（3D 捕捉）、"角度捕捉"工具（角度捕捉切换）和"百分比捕捉"工具（百分比捕捉切换）。最常用的是"位置捕捉"工具，"角度捕捉"工具主要用于旋转物体，"百分比捕捉"工具主要用于缩放物体。

（1）3D 捕捉

使用 3D 捕捉工具能够很好地在三维空间中锁定需要的位置，以便进行旋转、创建、编辑修改等操作。在创建和变换对象或子对象时，3D 捕捉可以帮助制作者捕捉几何体的特定部分，同时还可以捕捉栅、切线、中点、轴心点、面中心等其他元素。

启用捕捉工具（关闭动画设置）后，旋转和缩放命令会执行在捕捉点周围。例如，开启"顶点捕捉"后对一个立方体进行旋转操作，在使用变换坐标中心的情况下，可以让物体围绕自身顶点进行旋转；当动画设置开启后，无论是旋转或缩放命令，捕捉工具都无效，对象只能围绕自身轴心进行旋转或进行缩放。

关于捕捉设置，系统提供了 3 个空间，包括二维、二点五维和三维，它们的按钮设置在一起，在其上按下鼠标左键不放，即可以进行切换。在其按钮上右击，可以弹出"栅格和捕捉设置"对话框，如图 1-44 所示。在对话框中可以选择捕捉的类型，还可以控制捕捉的灵敏度。如果捕捉到了对象，会以蓝色显示（颜色可以更改）一个 15 像素的方格及相应的线。

（2）角度捕捉

角度捕捉切换工具用于设置进行旋转操作时的角度变化间隔。不启用角度捕捉工具对于细微调节有帮助，但对于整角度的旋转就很不方便了。而事实上我们经常要进行如 90°、180° 等整角度的旋转，这时单击"角度捕捉"按钮，系统会默认以 5° 作为角度的变化间隔进行旋转。在按钮上右击可以弹出"栅格与捕捉设置"对话框。在"选项"选项卡中，可以通过设置"角度"值来设置角度捕捉的间隔角度，如图 1-45 所示。

图 1-44

图 1-45

（3）百分比捕捉

百分比捕捉切换工具用于设置缩放或挤压操作时的百分比例间隔。如果不打开百分比例捕捉，系统会以 1% 作为缩放的比例间隔，如果要求调整比例间隔，在按钮上右击，弹出"栅格和捕捉设置"对话框。在"选项"选项卡中可通过对"百分比"值的设置调整捕捉的比例间隔（默认设置为 10%）。

2. 捕捉工具的参数设置

在（3D 捕捉）按钮上右击，弹出"栅格和捕捉设置"对话框。

（1）"捕捉"选项卡如图 1-46 所示，主要选项的功能如下。

● 栅格点：捕捉到栅格交点。默认情况下，此捕捉类型处于启用状态。组合键为"Alt+F5"。

- 栅格线：捕捉到栅格线上的任何点。
- 轴心：捕捉到对象的轴点。
- 边界框：捕捉到对象边界框的 8 个角中的 1 个。
- 垂足：捕捉到样条线上与上一个点相对的垂直点。
- 切点：捕捉到样条线上与上一个点相对的相切点。
- 顶点：捕捉到网格对象或可以转换为可编辑网格对象的顶点，也可以捕捉到样条线上的分段。组合键为"Alt+F7"。
- 端点：捕捉到网格边的端点或样条线的顶点。
- 边/线段：捕捉沿着边（可见或不可见）或样条线分段的任何位置。组合键为"Alt+F9"。
- 中点：捕捉到网格边的中点和样条线分段的中点。组合键为"Alt+F8"。
- 面：捕捉到曲面上的任何位置。组合键为"Alt+F10"。
- 中心面：捕捉到三角形面的中心。

（2）"选项"选项卡如图 1-47 所示，主要选项的功能如下。

- 显示：切换捕捉标记是否显示。禁用该复选框后，捕捉仍然起作用，但不显示标记。
- 大小：以像素为单位设置捕捉"击中"点的大小。"击中"点是一个小图标，表示源或目标捕捉点。
- 捕捉预览半径：当鼠标指针与潜在捕捉到的点的距离在"捕捉预览半径"值和"捕捉半径"值之间时，捕捉标记跳到最近的潜在捕捉到的点，但不发生捕捉。默认设置是 30 像素。
- 捕捉半径：以像素为单位设置鼠标指针周围区域的大小，在该区域内捕捉将自动进行。默认设置为 20 像素。
- 角度：设置对象围绕指定轴旋转的角度增量间隔（以度为单位）。

图 1-46

图 1-47

- 百分比：设置缩放变换的百分比增量间隔。
- 捕捉到冻结对象：勾选此复选框后，可捕捉到冻结的对象（冻结可理解为锁定，后面会介绍）。默认设置为禁用状态。该复选框也位于"捕捉"快捷菜单中，按住"Shift"键的同时，右击任何视口，可以进行访问；该复选框还位于捕捉工具栏中。组合键为"Alt+F2"。
- 启用轴约束：即约束选定对象，使其沿着在"轴约束"工具栏上指定的轴移动。禁用该复选框后（默认设置），将忽略约束，并且可以将捕捉的对象平移为任何尺寸（假设使用 3D 捕捉）。该复选框也位于"捕捉"快捷菜单中，按住"Shift"键的同时右击任何视口，可以进行访问；该复选框还位于捕捉工具栏中。组合键为"Alt+F3"或"Alt+D"。

- 显示橡皮筋：勾选该复选框并移动鼠标指针时，在指针原始位置和指针停止位置之间将显示橡皮筋线。勾选该复选框可使结果更精确。

（3）"主栅格"选项卡如图 1-48 所示，主要选项的功能如下。

- 栅格间距：栅格间距是栅格的最小方形的大小。使用微调器可调整栅格间距（使用当前单位），也可以直接输入值调整。
- 每 N 条栅格线有一条主线：主栅格显示为更暗的线或"主"线以标记栅格方形的组。使用微调器调整该值，可调整主线之间的方形栅格数，也可以直接输入该值，最小为 2。
- 透视视图栅格范围：设置透视视图中的主栅格大小。
- 禁止低于栅格间距的栅格细分：当在主栅格上放大时，3ds Max 会将栅格视为一组固定的线。实际上，栅格在栅格间距设置处停止。如果保持缩放，固定栅格将从视口中丢失，但不影响其缩小。当在主栅格上缩小时，主栅格不确定扩展以保持主栅格细分。禁用该框后，可以不确定缩放到主栅格的任何平面中。默认设置为启用。
- 禁止透视视图栅格调整大小：当放大或缩小时，3ds Max 会将透视视图中的栅格视为一组固定的线。实际上，无论缩放多大多小，栅格将保持一个大小。默认设置为启用。
- 动态更新：默认情况下，当更改"栅格间距"和"每 N 条栅格线有一条主线"的值时，只更新活动视口，完成更改值之后，其他视口才进行更新；选择"所有视口"单选按钮可在更改值时更新所有视口。

（4）"用户栅格"选项卡如图 1-49 所示，主要选项的功能如下。

图 1-48

图 1-49

- 创建栅格时将其激活：勾选该复选框可自动激活创建的栅格。
- 世界空间：将栅格与世界空间对齐。
- 对象空间：将栅格与对象空间对齐。

1.4.5 镜像与对齐

1. 镜像工具

镜像工具用于在指定的方向上，构建指定对象的镜像。当建模时需要创建 2 个对称的对象时，如果使用直接复制，对象间的距离很难控制，而且要使两对象相互对称直接复制是办不到的，使用"镜像"工具就能很简单地解决这个问题。

选择对象后，在工具栏中单击 ▓（镜像）按钮，弹出"镜像：屏幕 坐标"对话框，如图 1-50 所示，主要选项的功能如下。

（1）"镜像轴"选项组：用于设置镜像的轴向，系统提供了 6 种镜像轴向。

● 偏移：用于设置镜像对象和原始对象轴心点之间的距离。

（2）"克隆当前选择"选项组：用于确定镜像对象的复制类型。

● 不克隆：表示仅把原始对象镜像到新位置而不复制对象。

● 复制：把选定对象镜像复制到指定位置。

● 实例：把选定对象关联镜像复制到指定位置。

● 参考：把选定对象参考镜像复制到指定位置。

使用镜像工具进行镜像操作，关键是熟悉轴向的设置。选择对象后单击 ▦（镜像）按钮，可以依次选择镜像轴，视口中的复制对象是随"镜像"对话框中镜像轴的改变实时显示的，选择合适的轴向后单击"确定"按钮，单击"取消"按钮则取消镜像。

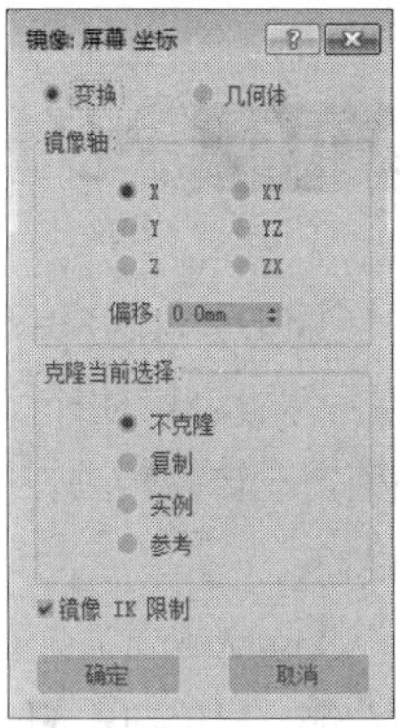

图 1-50

2. 对齐工具

对齐工具用于使当前选定的对象按指定的坐标方向和方式与目标对象对齐。对齐工具中有 6 种对齐方式，即 ▦（对齐）、▦（快速对齐）、▦（法线对齐）、▦（放置高光）、▦（对齐摄影机）、▦（对齐到视口）。其中 ▦（对齐）工具是最常用的，一般用于进行轴向上的对齐。

下面通过一个实例来介绍对齐工具的使用方法，操作步骤如下。

（1）在视口中创建平面、长方体、球体、茶壶，如图 1-51 所示。

（2）选择长方体、球体、茶壶模型，然后在工具栏中单击 ▦（对齐）按钮，这时鼠标指针会变为 ⬦ 形状，将鼠标指针移到平面模型上，指针会变为 ⌖ 形状，如图 1-52 所示。

图 1-51

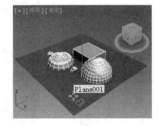

图 1-52

（3）单击平面模型，弹出"对齐当前选择"对话框，如图 1-53 所示。"对齐位置（屏幕）"选项组中的 x 轴、y 轴、z 轴表示方向上的对齐。设置对齐属性后单击"确定"按钮即完成对齐操作。

（4）对齐后的效果如图 1-54 所示。

图 1-53

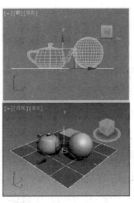

图 1-54

1.5　视口的更改

　　视口是 3ds Max 中使用频率最高的工作区了，它使我们可以透过二维的屏幕去观察和控制三维世界，尤其是在进行造型创作时，视口控制代替了现实中我们围着模型转来转去的观察方式，而是让模型自己转来转去。只有熟练地掌握了视口控制工具的使用，才能使自己融入到 3ds Max 的三维世界中。

　　3ds Max 2019 首次将"视口布局选项卡"直接显示在界面中，"视口布局选项卡"位于视口区的左侧，鼠标单击 ▶（创建新的视口布局选项卡）按钮，弹出"标准视口布局"选项窗口，如图 1-55 所示，从中可以选择系统默认提供的 12 种视口布局方案，最常用的是"列 1、列 1"类型，如图 1-56 所示。

　　如果不习惯系统提供的视口布局，可以在工具栏空白处右击，在弹出的快捷菜单中取消勾选"视口布局选项卡"复选框，如图 1-57 所示。

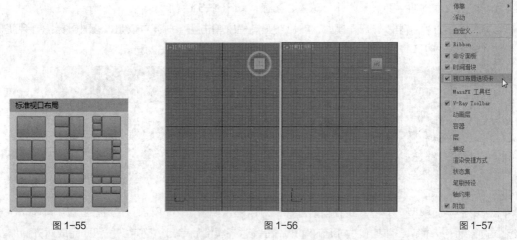

图 1-55　　　　　　　　　　　　图 1-56　　　　　　　　　　　　图 1-57

　　也可以在界面右下角右击视口控制区，在弹出的"视口配置"窗口中切换到"布局"选项卡，从中选择视口布局。

1.5.1　"视口标签"菜单

　　在视口中单击左上角的"【+】"，可弹出"视口标签"菜单，如图 1-58 所示。主要选项功能如下。

- 最大化视口/还原视口：最大化或最小化视口。组合键为"Alt+W"。
- 活动视口：允许从当前视口配置的可见视口中选择活动视口。
- 禁用视口：防止视口使用其他视口中的更改进行更新。当禁用的视口处于活动时，则其行为正常；然而，如果更改另一个视口中的场景，则在再次激活禁用视口之前不会更改其中的视口。使用此控件

图 1-58

可以在系统处理复杂几何体时加快屏幕重画速度。禁用视口后，文本"<禁用>"显示在视口标签菜单的右侧。快捷键为"D"键。

- 显示栅格：切换主栅格的显示。不会影响其他栅格显示。快捷键为"G"键。
- ViewCube：显示带有 ViewCube 显示选项的子菜单。
- SteeringWheels：显示带有 SteeringWheels 显示选项的子菜单。
- xView：显示 xView 子菜单。
- 创建预览：显示"创建预览"子菜单。
- 配置视口：显示"视口配置"对话框。
- 2D 平移缩放模式：在 2D 平移缩放模式下，可以平移或缩放视口，而无须更改渲染帧。

1.5.2 "观察点视口标签"菜单

单击视口名会弹出该菜单，如图 1-59 所示，从中可以编辑当前视口。主要选项功能如下。

- 扩展视口：显示一个带有附加视口选项的"扩展视口"子菜单。
- 显示安全框：启用和禁用安全框的显示。在"视口配置"对话框中可定义安全框。安全框的比例符合所渲染图像输出尺寸的"宽度"和"高度"。组合键为"Shift+F"。
- 视口剪切：可以采用交互方式为视口设置近可见性范围和远可见性范围。设置后系统将显示在设置的视口剪切范围内的几何体，不会显示该范围之外的面。这对于处理要让视口细节模糊的复杂场景非常有用。
- 撤销/重做视图更改：撤销或重做上一次视图更改。组合键为"Shift+Z"。

图 1-59

1.5.3 "明暗处理视口标签"菜单

在视口左上角单击"默认明暗处理"或"线框"按钮，弹出"明暗处理视口标签"菜单，如图 1-60 所示。主要选项功能如下。

- 面：将几何体显示为面状，无论其平滑组设置是什么。
- 边界框：仅显示每个对象边界框的边。
- 平面颜色：使用平面颜色对几何体进行明暗处理，而忽略照明，但仍然显示阴影。
- 隐藏线：隐藏法线指向远离视口的面和顶点，以及被邻近对象遮挡的对象的任意部分。
- 粘土：将几何体显示为均匀的赤土色。
- 模型帮助：该选项会在没有平滑组时根据可见边对面进行明暗处理。
- 样式化：显示非照片级真实感样式的子菜单以供选择，包括石墨、彩色铅笔、墨水、彩色墨水、亚克力、彩色蜡笔和技术。
- 线框覆盖：覆盖可视化设置以在线框模式下显示几何体。
- 边面：在视口中显示面边。
- 显示选定对象：显示子菜单，其中包含用于显示选定面的选项。

图 1-60

- 视口背景：显示带有视口背景选项的子菜单。
- 按视图首选项：打开"视口设置和首选项"对话框。

1.6 快捷键的设置

在 3ds Max 中设置常用的快捷键，可以提高设计制作人员的作图效率，因此在工作中熟练地使用快捷键是非常有必要的。

注意在使用快捷键前应先将 ■（键盘快捷键覆盖切换）改为弹起状态。

在菜单栏中选择"自定义>自定义用户界面"选项，在弹出的"自定义用户界面"对话框中可以创建一个完全自定义的用户界面，包括键盘、鼠标、工具栏、四元菜单、菜单和颜色。其中在"键盘"选项卡中用户可以自定义快捷键，如图 1-61 所示。

图 1-61

在"键盘"选项卡的操作列表中找到要定义快捷键的修改器名称，先按"Caps Lock"（大小写切换）键锁定大写，再在"热键"文本框中输入想要设置的快捷键，单击"指定"按钮即可。快捷键的设置原则为在标准触键姿势下以左手能快速覆盖为宜。

最常用的几个快捷键设置如下："隐藏选定对象"—"Alt+S"组合键，"编辑网格"修改器—"Y"键，"挤出"修改器—"U"键，调用"后"视口—"B"键，调用"显示变换 Gizmo"—"X"键。

第 2 章
创建常用的几何体

想要使用 3ds Max 进行场景建模，首先应掌握的是基本体模型的创建方法，通过组合一些简单的模型就可以制作出比较复杂的三维模型。本章将介绍 3ds Max 2019 中常用几何体的创建和应用方法。通过学习本章的内容，读者可以灵活使用常用的几何体组合成精美的模型。

课堂学习目标

✔ 掌握标准基本体的创建方法
✔ 掌握扩展基本体的创建方法

2.1 常用的标准基本体

微课视频

斗柜的制作

三维模型中最简单的模型是"标准基本体"和"扩展基本体"。本书介绍在 3ds Max 中创建标准基本体对象的方法，为后面的制作打好基础。

2.1.1 课堂案例——斗柜的制作

🗒 **学习目标**

学会使用"长方体"工具制作斗柜模型。

🗒 **知识要点**

使用"长方体"工具制作基本模型，使用"原地复制（Ctrl+V）""移动复制"组成斗柜模型。制作完成的斗柜效果如图 2-1 所示。

🗒 **模型所在位置**

云盘/场景/Ch02/斗柜.max。

🗒 **效果所在位置**

云盘/场景/Ch02/斗柜 ok.max。

🗒 **贴图所在位置**

云盘/贴图。

图 2-1

（1）单击"➕（创建）>●（几何体）>标准基本体>长方体"按钮，在"透视"视口或"顶"视口中创建长方体，在"参数"卷展栏中设置"长度"为205，"宽度"为410，"高度"为10，如图2-2所示。

（2）创建长方体后，在场景中选中此长方体，按"Ctrl+V"组合键，在弹出的对话框中选择"对象"为"复制"，单击"确定"按钮，如图2-3所示。

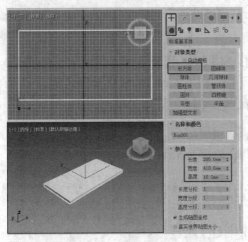

图2-2

图2-3

（3）复制长方体后，切换到 ☑（修改）命令面板，选择复制出的长方体，在"参数"卷展栏中修改"长度"为205，"宽度"为10，"高度"为410，如图2-4所示。

（4）修改长方体后，使用 ➕（选择并移动）工具，在"前"视口中按住"Shift"键复制移动底板的模型到顶部，作为顶板，如图2-5所示。

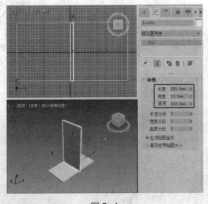

图2-4

图2-5

（5）使用同样的方法，复制并移动，组合出斗柜的框架，如图2-6所示。

（6）使用"长方体"工具，在"前"视口中创建长方体作为抽屉，设置长方体的"长度"为130，"宽度"为194，"高度"为-200，并对长方体进行复制和移动，复制时使用"实例"复制模型。组合出的抽屉模型如图2-7所示。

技巧

选择一个长方体后，按住"Ctrl"键可以加选另一个或多个长方体。

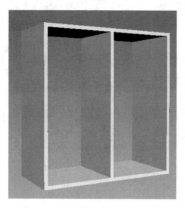

图 2-6

图 2-7

（7）在"前"视口中创建"长方体"，在"参数"卷展栏中设置"长度"为 5，"宽度"为 30，"高度"为 2.5，对长方体进行复制和移动，作为每个抽屉的把手，如图 2-8 所示。

（8）在"顶"视口中创建"长方体"，在"参数"卷展栏中设置"长度"为 180，"宽度"为 400，"高度"为 -15，作为斗柜的底座，如图 2-9 所示。调整模型到合适的位置，直至得到满意的模型效果。

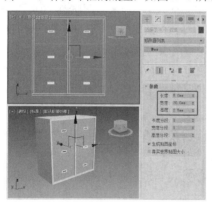

图 2-8

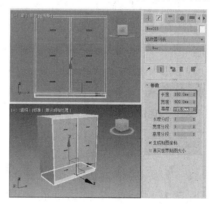

图 2-9

2.1.2　长方体

长方体是最基础的标准几何物体。下面介绍长方体的创建方法及其参数的设置和修改方法。

创建长方体有 2 种方式，一种是立方体创建方式，另一种是长方体创建方式，如图 2-10 所示。

"立方体"创建方式：以立方体方式创建，操作简单，但只限于创建立方体。

"长方体"创建方式：以长方体方式创建，是系统默认的创建方式，用法比较灵活。

创建"长方体"的操作步骤如下。

（1）单击"➕（创建）> ⬤（几何体）> 长方体"按钮，长方体（按钮压下且变色）表示该按钮被激活。

（2）移动鼠标指针到适当的位置，按住鼠标左键不放并拖曳鼠标，在视口中生成一个长方形平面，如图 2-11 所示。释放鼠标左键并上下移动鼠标指针，长方体的高度会跟随鼠标指针的移动而增减。在合适的位置（高度）单击鼠标，长方体创建完成，如图 2-12 所示。

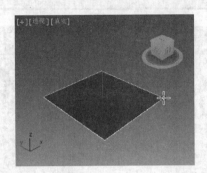

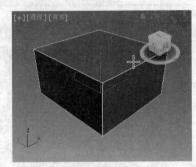

图 2-10   图 2-11   图 2-12

"长方体"工具的参数如下。

（1）"名称和颜色"卷展栏：用于调整对象的名称和颜色。在 3ds Max 中创建的所有几何体都有此项参数，名称栏中显示当前对象的名称，色块显示当前对象的线框颜色。单击右边的色块■，弹出"对象颜色"对话框，如图 2-13 所示。此对话框用于设置几何体的颜色。单击颜色块选择合适的颜色后，单击"确定"按钮完成设置，单击"取消"按钮则取消颜色设置。单击"添加自定义颜色"按钮可以自定义颜色。

（2）"键盘输入"卷展栏（见图 2-14）：对于简单的基本建模，使用键盘输入值的创建方式比较方便，直接在"键盘输入"卷展栏中输入几何体的创建参数，然后单击"创建"按钮，视口中会自动生成该几何体。如果创建较为复杂的模型，建议使用手动方式建模。

（3）"参数"卷展栏（见图 2-15）：用于调整物体的体积、形状及表面的光滑度。在参数的数值框中可以直接输入数值进行设置，也可以利用数值框旁边的 ♦（微调器）进行调整。

● 长度/宽度/高度：确定长、宽、高 3 方向的长度。

● 长度/宽度/高度分段：控制长、宽、高 3 边上的分段数量，分段数量应按模型需求设置。

● 生成贴图坐标：勾选此复选框，系统自动指定贴图坐标。

● 真实世界贴图大小：不选中此复选框时，贴图大小符合创建对象的尺寸；选中此复选框时，贴图大小由绝对尺寸决定，而与对象的相对尺寸无关。

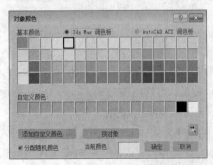

图 2-13   图 2-14   图 2-15

2.1.3 圆锥体

"圆锥体"工具用于制作圆锥、圆台、四棱锥和棱台，以及它们的局部。下面就来介绍圆锥体的创建方法及其参数的设置和修改方法。

创建圆锥体同样有 2 种方法：一种是"边"创建方法，另一种是"中心"创建方法，如图 2-16 所示。

图 2-16

"边"创建方法：以边界为起点创建圆锥体，在视口中以鼠标单击的点作为圆锥体底面的边界起点，随着鼠标指针的移动始终以该点作为锥体的边界。

"中心"创建方法：以中心为起点创建圆锥体，系统将采用在视口中第一次单击鼠标的点作为圆锥体底面的中心点，是系统默认的创建方式。

创建圆锥体的方法比长方体多一个步骤，操作步骤如下。

（1）单击" （创建）> （几何体）>圆锥体"按钮。

（2）移动鼠标指针到适当的位置，单击并按住鼠标左键不放拖曳鼠标，视口中生成一个圆形平面，如图 2-17 所示。松开鼠标左键并上下移动，锥体的高度会跟随鼠标指针的移动而增减，如图 2-18 所示。在合适的位置单击鼠标确定高度。再次移动鼠标指针，调节顶端面的大小，单击鼠标确定后即完成创建，效果如图 2-19 所示。

图 2-17

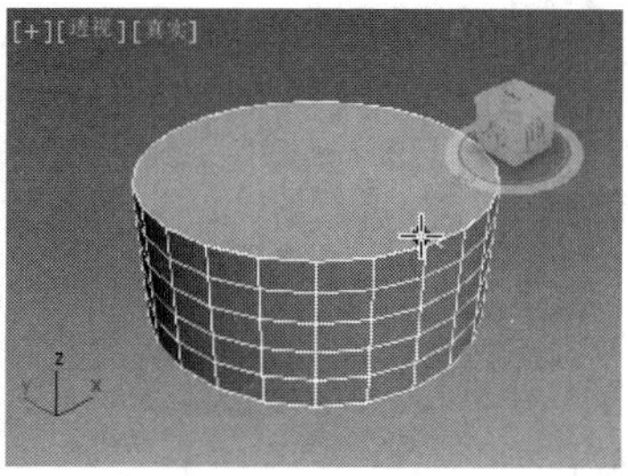

图 2-18

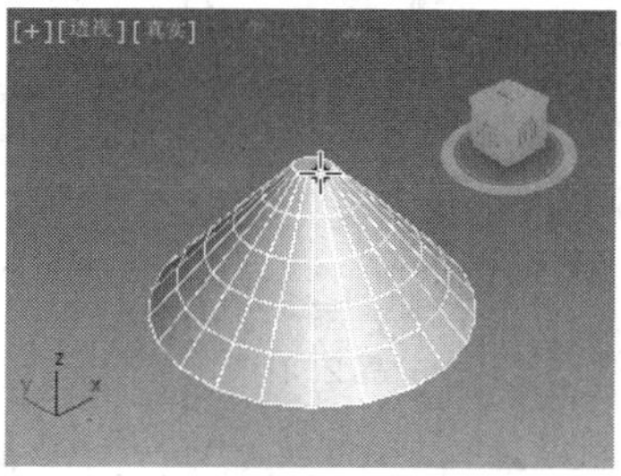

图 2-19

"圆锥体"工具的"参数"卷展栏（见图 2-20）中的选项功能如下。

- 半径 1：设置圆锥体底面的半径。
- 半径 2：设置圆锥体顶面的半径（若半径 2 不为 0，则制作的圆锥体为平顶圆锥体）。
- 高度：设置圆锥体的高度。
- 高度分段：设置圆锥体在高度上的段数。
- 端面分段：设置圆锥体在上底面和下底面上沿半径方向上的段数。
- 边数：设置圆锥体端面圆周上的片段划分数。值越高，圆周越光滑。
- 平滑：表示是否进行表面光滑处理。开启时，产生圆锥、圆台，关闭时，产生四棱锥、棱台。
- 启用切片：表示是否进行局部切片处理。
- 切片起始位置：确定切除部分的起始幅度。
- 切片结束位置：确定切除部分的结束幅度。

图 2-20

2.1.4　球体

"球体"工具用于制作球体，也可以制作半球和局部球体。下面介绍球体的创建方法及其参数的设置和修改方法。

创建球体的方法也有2种，一种是边创建方法，另一种是中心创建方法，如图2-21所示。

"边"创建方法：以边上一点为起点创建球体。

"中心"创建方法：以中心为起点创建球体。

创建"球体"的操作步骤如下。

（1）单击"╋（创建）>● （几何体）>球体"按钮。

（2）移动鼠标指针到适当的位置，单击并按住鼠标左键不放拖曳鼠标，在视口中生成一个球体，移动鼠标指针可以调整球体的大小。在适当位置（大小）松开鼠标左键，球体创建完成，如图2-22所示。

"球体工具"的"参数"卷展栏（见图2-23）中的选项功能如下。

图2-21　　　　　　　　　　　　　图2-22　　　　　　　　　　　　　图2-23

- 半径：设置球体的半径大小。

- 分段：设置表面的段数，值越高，表面越光滑，造型也越复杂。

- 平滑：是否对球体表面进行自动光滑处理（系统默认是开启的）。

- 半球：用于创建半球或球体的一部分。其取值范围为0~1。默认为0.0，表示建立完整的球体，增加数值，球体被逐渐减去。值为0.5时，制作出半球体；值为1.0时，球体全部消失。

- 切除/挤压：在进行半球系数调整时发挥作用，用于确定球体被切除后，原来的网格划分也随之切除，还是仍保留但被挤入剩余的球体中。

2.1.5　课堂案例——茶几的制作

📖 **学习目标**

学会使用"圆柱体"工具制作茶几模型。

📖 **知识要点**

使用"圆柱体"工具、"圆"工具，结合使用一些常用的修改器制作茶几模型。制作好的茶几效果如图2-24所示。

📖 **模型所在位置**

云盘/场景/Ch02 /茶几.max。

图2-24

效果所在位置

云盘/场景/Ch02 /茶几 ok.max。

贴图所在位置

云盘/贴图。

（1）单击"➕（创建）>◉（几何体）>圆柱体"按钮，在"顶"视口中创建圆柱体，在"参数"卷展栏中设置"半径"为 600，"高度"为 80，"高度分段"为 1，"边数"为 30，如图 2-25 所示。

（2）单击"➕（创建）>⏚（圆形）>圆"按钮，在"顶"视口中圆柱体的位置创建圆，在"参数"卷展栏中设置"半径"为 600，如图 2-26 所示。

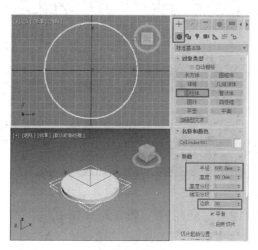

图 2-25

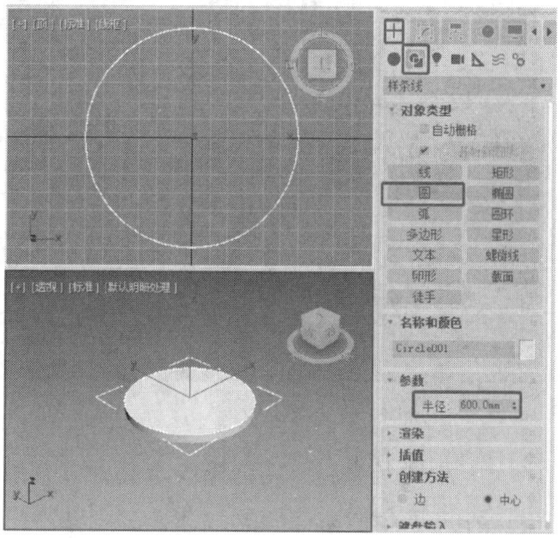

图 2-26

（3）切换到（修改）命令面板，为圆施加"挤出"修改器，在"参数"卷展栏中设置"数量"为-80，取消选取"封口始端"和"封口末端"复选框，如图 2-27 所示。

（4）继续施加"壳"修改器，设置"参数"卷展栏中的"外部量"为 10，如图 2-28 所示。

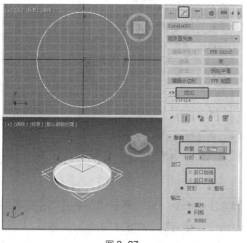

图 2-27

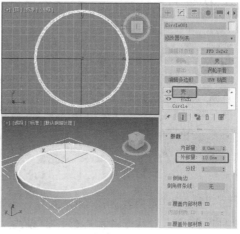

图 2-28

（5）继续在场景中创建图形"圆"，在"参数"卷展栏中设置"半径"为580，在"渲染"卷展栏中勾选"在渲染中启用"和"在视口中启用"复选框，选择渲染类型为"矩形"，设置"长度"为30，"宽度"为30，如图2-29所示。

（6）为圆施加"编辑样条线"修改器，将选择集定义为"样条线"，在"几何体"卷展栏中勾选"连接复制"组中的"连接"复选框，如图2-30所示。

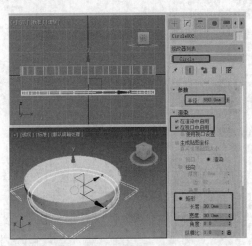
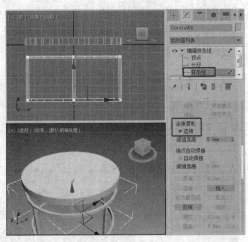

图2-29   图2-30

（7）复制样条线后，将选择集定义为"分段"，删除多余的分段，如图2-31所示。

（8）在场景中调整模型的位置，对模型进行复制。复制后，选择复制出的圆柱体，修改器其"高度"为-260，如图2-32所示。

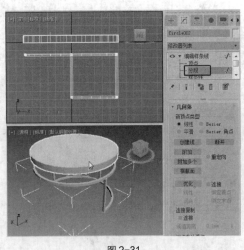
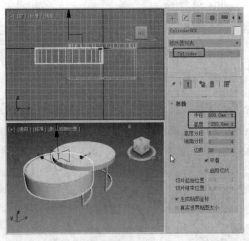

图2-31   图2-32

（9）在场景中选择复制出的茶几支架，在修改器堆栈中删除"编辑样条线"修改器，重新为其施加"编辑样条线"，将选择集定义为"样条线"，勾选"连接复制"中的"连接"复选框，"移动复制"样条线，如图2-33所示。茶几模型制作完成，效果如图2-34所示。

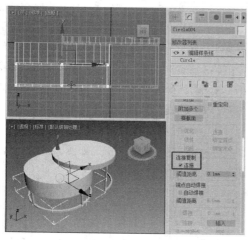

图 2-33

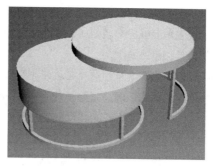

图 2-34

2.1.6 圆柱体

"圆柱体"工具用于制作圆柱体或棱柱体，也可以围绕主轴进行切片。下面介绍圆柱体的创建方法及其参数的设置和修改方法。

圆柱体的创建方法与长方体基本相同，操作步骤如下。

（1）单击"➕（创建）> ⬤（几何体）>圆柱体"按钮。

（2）将鼠标指针移到视口中，单击并按住鼠标左键不放拖曳鼠标，视口中出现一个圆形平面，在适当的位置松开鼠标左键并上下移动，圆柱体高度会跟随鼠标指针的移动而增减，在适当的位置单击，圆柱体创建完成，如图 2-35 所示。

"圆柱体"工具的"参数"卷展栏（见图 2-36）中的选项功能如下。

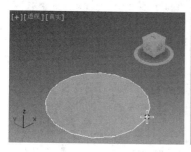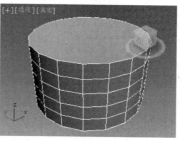

图 2-35

图 2-36

- 半径：设置圆柱体底面和顶面的半径。
- 高度：确定圆柱体的高度。
- 高度分段：确定圆柱体在高度上的段数。如果要弯曲柱体，高度段数可以产生光滑的弯曲效果。
- 端面分段：确定在圆柱体 2 个端面上沿半径方向的段数。
- 边数：确定圆周上的片段划分数（即柱体的边数），边数越多越光滑，越接近圆柱体。其最小值为 3，此时柱体的截面为三角形，为三棱柱。

2.1.7 几何球体

使用"几何球体"工具可以建立以指定平面拼接成的球体或半球体,但它不像"球体"工具那样可以控制切片局部的大小。如果仅仅是要产生圆球或半球,"几何球体"工具与"球体"工具基本没什么区别。它的特点在于它构建的球体是由指定面拼接组成的,在进行面的分离特效时(如爆炸),可以分解成三角面或标准四面体、八面体和二十面体等,效果逼真。下面介绍几何球体的创建方法及其参数的设置和修改方法。

创建几何球体有 2 种方法:一种是直径创建方法,另一种是中心创建方法,如图 2-37 所示。

直径创建方法:按照边来绘制几何球体,通过移动鼠标可以更改中心位置。

中心创建方法:以中心为起点创建几何球体,系统将采用在视口中第一次单击鼠标的点作为几何球体的中心点,是系统默认的创建方式。

创建几何球体的方法和创建球体基本没有区别,操作步骤如下。

(1)单击" + (创建)> ◉ (几何体)>几何球体"按钮。

(2)移动鼠标指针到适当的位置,单击并按住鼠标左键不放拖曳,在视口中生成一个几何球体,移动鼠标指针可以调整几何球体的大小,在适当位置松开鼠标左键,如图 2-38 所示。在"参数"卷展栏中设置合适的基点面类型、分段和平滑。几何球体创建完成的效果如图 2-39 所示。

图 2-37   图 2-38   图 2-39

"几何球体"工具的"参数"卷展栏(见图 2-40)中的选项功能如下。

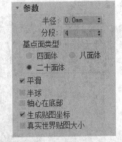

● 半径:设置几何球体的半径。

● 分段:设置球体表面的划分复杂度,该值越大,基点面越多,球体也越光滑,系统默认值为 4。

"基点面类型"选项组用于确定由哪种多面体组合成球体,默认为"四面体"。"四面体""八面体"和"二十面体"的效果分别如图 2-41 的左图、中图、右图所示。

图 2-40

● 平滑:将平滑组应用于球体的曲面。

图 2-41

- 半球：制作半球体。
- 轴心在底部：设置球体的轴心点位置在球体的底部，该复选框对半球体不产生作用。

2.1.8 管状体

管状体类似于"中空"的圆柱体。"管状体"工具用于建立各种管状体对象，包括管状体、棱管和局部管状体。下面介绍管状体的创建方法及其参数的设置和修改方法。

创建管状体的操作步骤如下。

（1）单击"➕（创建）> ⬤（几何体）>管状体"按钮。

（2）将鼠标指针移到视口中，单击并按住鼠标左键不放进行拖曳，视口中出现一个圆，如图 2-42 所示。在适当的位置松开鼠标左键并上下移动鼠标指针，会生成一个圆环形面片，如图 2-43 所示。单击鼠标确定面片形状。此时上下移动鼠标指针，管状体的高度会随之增减。在合适的位置单击鼠标，管状体创建完成，如图 2-44 所示。

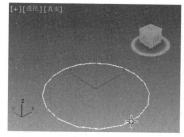 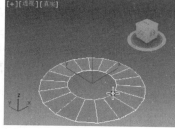 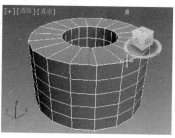

图 2-42 　　　　　　　图 2-43 　　　　　　　图 2-44

"管状体"工具的"参数"卷展栏（见图 2-45）中的选项功能如下。

- 半径 1：确定管状体的外径大小。
- 半径 2：确定管状体的内（中空部分）径大小。
- 高度：确定管状体的高度。
- 高度分段：确定管状体高度方向的段数。
- 端面分段：确定管状体上下底面的段数。
- 边数：设置管状体侧边数的多少。值越大，管状体越光滑。对创建棱柱管来说，边数的值决定创建几棱管。

图 2-45

2.1.9 圆环

"圆环"工具用于制作三维圆环。下面就来介绍圆环的创建方法及其参数的设置和修改方法。

创建圆环的操作步骤如下。

（1）单击"➕（创建）> ⬤（几何体）>圆环"按钮。

（2）将鼠标指针移到视口中，单击并按住鼠标左键不放拖曳，在视口中生成一个圆环，如图 2-46 所示。在适当的位置松开鼠标左键确定形状。然后上下移动鼠标指针，调整圆环的粗细。单击鼠标，圆环创建完成，如图 2-47 所示。

"圆环"工具的"参数"卷展栏（见图 2-48）中的选项功能如下。

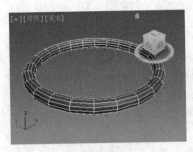

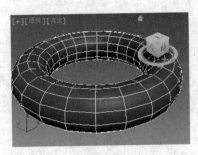

图 2-46   图 2-47   图 2-48

- 半径 1：设置圆环中心到纵截面圆（其实是正多边形）中心的距离。
- 半径 2：设置纵截面正多边形的内径。
- 旋转：设置片段截面沿圆环轴旋转的角度，如果进行了"扭曲"设置或以不光滑表面着色，则可以看到旋转的效果。
- 扭曲：设置每个截面扭曲的角度，并产生扭曲的表面。
- 分段：确定沿圆周方向上片段被划分的数目。值越大，得到的圆环越光滑，最小值为 3。
- 边数：确定圆环的边数。

"平滑"选项组用于设置光滑属性。

- 全部：对所有表面进行光滑处理。
- 侧面：对侧边进行光滑处理。
- 无：不进行光滑处理。
- 分段：光滑处理每一个独立的面。

2.1.10 四棱锥

四棱锥基本体拥有正方形或矩形的底部和三角形的侧面，"四棱锥"工具多用于制作四棱锥形的采光井玻璃、建筑顶尖。下面就来介绍四棱锥的创建方法及其参数的设置和修改方法。

创建四棱锥的操作步骤如下。

（1）单击"➕（创建）> ⬤（几何体）>四棱锥"按钮。

（2）将鼠标指针移到视口中，单击并按住鼠标左键不放进行拖曳，在视口中生成一个由 4 个三角面组成的矩形面，如图 2-49 所示。在适当的位置松开鼠标左键然后上下移动鼠标指针，调整四棱锥的高度。单击鼠标左键确定高度，四棱锥创建完成，如图 2-50 所示。

"四棱锥"工具的"参数"卷展栏（见图 2-51）中的选项功能如下。

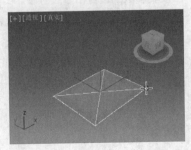

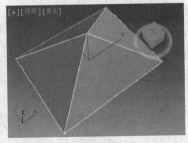

图 2-49   图 2-50   图 2-51

- 宽度：确定四棱锥的宽度。
- 深度：可以理解为确定四棱锥的长度。
- 高度：确定四棱锥的高度和凸起方向。
- 宽度分段/深度分段/高度分段：设置四棱锥对应面的分段。

2.1.11 茶壶

"茶壶"工具用于建立标准的茶壶造型或者茶壶的一部分，其构造出的复杂曲线和相交曲面非常适用于测试现实世界对象上不同种类的材质贴图和渲染设置。下面就来介绍茶壶的创建方法及其参数的设置和修改方法。

茶壶的创建方法与球体相似，创建步骤如下。

（1）单击"＋（创建）> ◉（几何体）>茶壶"按钮。

（2）将鼠标指针移到视口中，单击并按住鼠标左键不放进行拖曳，视口中生成一个茶壶。上下移动鼠标指针调整茶壶的大小，在适当的位置松开鼠标左键，茶壶创建完成，如图 2-52 所示。

"茶壶"工具的"参数"卷展栏（见图 2-53）中的选项功能如下。

图 2-52

图 2-53

- 半径：确定茶壶的大小。
- 分段：确定茶壶表面的划分精度，值越大，效果越逼真。
- 平滑：设置是否自动进行表面光滑处理。

"茶壶部件"选项组用于设置各部分的取舍，分为"壶体""壶把""壶嘴"和"壶盖"4 部分。

2.1.12 平面

"平面"工具用于在场景中直接创建平面对象，可以用于创建地面、场等。下面就来介绍平面的创建方法及其参数设置。

创建平面有 2 种方法：一种是矩形创建方法，另一种是正方形创建方法，如图 2-54 所示。

矩形创建方法：分别确定两条边的长度，创建长方形平面。

正方形创建方法：只需给出一条边的长度，创建正方形平面。

创建"平面"的方法比创建"长方体"少了一步，操作步骤如下。

（1）单击"＋（创建）> ◉（几何体）>平面"按钮。

（2）将鼠标指针移到视口中，单击并按住鼠标左键不放进行拖曳，视口中生成一个平面。调整屏平面到适当的大小后松开鼠标左键，平面创建完成，如图 2-55 所示。

"平面"工具的"参数"卷展栏（见图 2-56）中的选项功能如下。

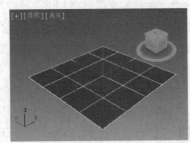

图 2-54　　　　　　　　　　　图 2-55　　　　　　　　　　　图 2-56

- 长度、宽度：确定平面的长、宽，以决定平面的大小。
- 长度分段：确定沿平面长度方向的分段数，系统默认值为 4。
- 宽度分段：确定沿平面宽度方向的分段数，系统默认值为 4。

"渲染倍增"选项组只在渲染时起作用。可进行以下 2 项设置："缩放"，渲染时平面的长和宽均以该尺寸比例倍数扩大；"密度"，渲染时平面的长和宽方向上的分段数均以该密度比例倍数扩大。

- 总面数：显示了平面对象全部的面片数。

2.1.13　加强型文本

"加强型文本"工具提供了 3ds Max 内置的文本对象作为标准基本体，可以创建样条线轮廓，或实心、挤出、倒角几何体文本，如图 2-57 所示。通过其他选项可以根据文本表达内容的不同应用不同的字体和样式并添加动画和特殊效果。下面介绍该工具的各卷展栏。

（1）"插值"卷展栏（见图 2-58）：使用此卷展栏可更改文本元素的生成方式。

- 步数：设置用于分割曲线的顶点数。步数越多，曲线越平滑。用户可以手动设置步数，还可以勾选"自适应"复选框让系统自动设置步数。范围为 0 ~ 100。
- 优化：从直线段移除不必要的步数。默认设置为启用。
- 自适应：自动设置步数，以生成为平滑曲线。默认设置为禁用。

（2）"布局"卷展栏（见图 2-59）：使用此卷展栏可更改文本的放置方式。

"点"选项组用于使用点确定布局的情况。

- "平面"选区：使用"自动""XY 平面""XZ 平面"或"YZ 平面"确定布局。

"区域"选项组用于使用"长度"和"宽度"值确定布局的情况。

图 2-57　　　　　　　　　　　图 2-58　　　　　　　　　　　图 2-59

（3）"参数"卷展栏（见图 2-60）：使用此卷展栏可更改文本内容和版式。

- 文本：用于输入多行文本。按"Enter"键开始新的一行。默认文本是"加强型文本"。可以通过"剪贴板"复制并粘贴单行文本和多行文本。
- 将值设置为文本：打开"将值设置为文本"窗口以将文本链接到要显示的值。该值可以是对象值（如半径），或者是从脚本或表达式返回的任何其他值。
- 打开大文本窗口：打开大文本窗口，以便更好地查看大量文本。
- 字体：从可用字体（包括 Windows 中安装的字体和 PostScript 字体）列表中进行选择要用的字体。
- 字体类型：可选择常规、斜体、粗体、粗斜体等字体类型。
- 粗体样式：单击该按钮，切换至加粗文本。
- 斜体样式：单击该按钮，切换至斜体文本。
- 下划线样式：单击该按钮，切换至下划线文本。
- 删除线：单击该按钮，切换至删除线文本。
- 全部大写：单击该按钮，切换至大写文本。
- 小写：单击该按钮，将使用相同高度和宽度的大写文本切换为小写。
- 上标：用于切换是否减少字母的高度和粗细并将它们放置在常规文本行的上方。
- 下标：用于切换是否减少字母的高度和粗细并将它们放置在常规文本行的下方。
- 对齐：用于设置文本对齐方式，包括"左对齐""中心对齐""右对齐""最后一个左对齐""最后一个中心对齐""最后一个右对齐"和"全部对齐"选项。
- 大小：用于设置文本高度，其测量方法由活动字体定义。
- 追踪：用于设置字母间距。
- 行间距：用于设置行间距。需要有多行文本。
- V 比例：用于设置垂直缩放。
- H 比例：用于设置水平缩放。
- 重置参数：对于选定角色或全部角色，将特定参数重置为其默认值。特定参数包括"全局 V 比例""全局 H 比例""追踪""行间距""基线转移""字间距""局部 V 比例"和"局部 H 比例"。
- 操纵文本：用于调整文本大小、字体、追踪、字间距和基线。

（4）"几何体"卷展栏（见图 2-61）中的选项功能如下。

- 生成几何体：用于切换是否将 2D 的几何效果转换为 3D 的几何效果。
- 挤出：用于设置挤出深度。
- 挤出分段：用于指定在挤出文本中创建的分段数。
- 应用倒角：用于切换是否为文本执行倒角。可从选项下方的下拉列表中选择一个预设倒角类型，或选择"自定义"以使用通过倒角剖面编辑器创建的倒角。预设的倒角类型包括"凹面""凸面""凹雕""半圆""边缘""线性""S 形区域""三步"和"两步"。
- 倒角深度：用于设置倒角区域的深度。
- 宽度：用于切换是否可以修改"宽度"参数。默认设置为未勾选状态，即"宽度"受限于"倒角深度"参数。选中后则可以自由更改宽度。

- 倒角推力：用于设置倒角曲线的强度。例如，使用凹面倒角预设时，–1 表示凸边，+1 表示凹边。
- 轮廓偏移：用于设置轮廓的偏移距离。
- 步数：设置用于分割曲线的顶点数。步数越多，曲线越平滑。
- 优化：用于从倒角的直线段移除不必要的步数。默认设置为启用。
- 倒角剖面编辑器：单击后打开"倒角剖面编辑器"对话框，使用户可以创建自定义剖面。
- 显示高级参数：单击后显示出高级参数（见图 2-62），介绍如下。
- 开始：用于设置文本正面的封口，包括"封口（简单封口无倒角）""无封口（开放面）""倒角封口""倒角无封口"选项。默认设置为"倒角封口"。
- 结束：用于设置文本背面的封口，包括"封口（简单封口无倒角）""无封口（开放面）""倒角封口""倒角无封口"选项。默认设置为"封口"。
- 约束：用于对选定面使用选择约束。
- 封口类型：可选择封口类型，包括以下几项。变形，可确保对象间的变形有相等数量的顶点；栅格，使用栅格创建封口；细分，使用细分图案创建封口。

在"材质 ID"选项组中可将单独选定的材质应用于"始端封口""始端倒角""边""末端倒角"和"末端封口"。

（5）"动画"卷展栏（见图 2-63）中的选项功能如下。

- 分隔：用于设置为文本的哪部分设置动画。
- 上方向：可将文本元素的向上方向设置为 x 轴、y 轴或 z 轴。如果使用动画预设，而用于创建该预设的原始对象的方向轴与当前文本元素的方向轴不同，会导致文本方向错误，此时需要使用此选项。
- 翻转轴：用于反转文本元素的方向。

图 2-60

图 2-61

图 2-62

图 2-63

2.2 常用的扩展基本体

上节详细讲述了标准基本体的创建方法及参数功能。标准基本体是建模的基础，但如果想要制作一些带有倒角或特殊形状的物体它们就无能为力了，这时可以通过扩展基本体来完成。该类模型与标准基本体相比，其模型结构要复杂一些，可以将扩展基本体看作是对标准基本体的一个补充。

2.2.1 课堂案例——单人沙发的制作

📋 **学习目标**

学会使用"切角长方体"工具和"切角圆柱体"工具制作单人沙发模型。

📋 **知识要点**

使用"切角长方体"工具、"切角圆柱体"工具、"圆柱体"工具，结合"FFD 4×4×4"修改器制作单人沙发模型。制作完成的单人沙发效果如图2-64所示。

📋 **模型所在位置**

云盘/场景/Ch02/沙发.max。

📋 **效果所在位置**

云盘/场景/Ch02/沙发 ok.max。

📋 **贴图所在位置**

云盘/贴图。

微课视频

单人沙发的制作

（1）单击"➕（创建）>⬤（几何体）>扩展基本体>切角长方体"按钮，在"顶"视口中创建切角长方体作为沙发坐垫，在"参数"卷展栏中设置"长度"为500，"宽度"为600，"高度"为180，"圆角"为8，"长度分段"为10，"宽度分段"为10，"高度分段"为1，"圆角分段"为3，如图2-65所示。

图2-64

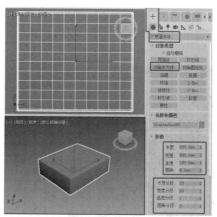

图2-65

技巧

右击数值框后的🔼（微调器）按钮可以将数值归零，此处分段归零最低为1。

（2）为模型施加"FFD 4×4×4"修改器，将选择集定义为"控制点"，先在"前"视口中选择最上排中间的两组点，向上调整一点，再切换到"左"视图，选择中间顶部的两组点，再向上调整一点，如图 2-66 所示。

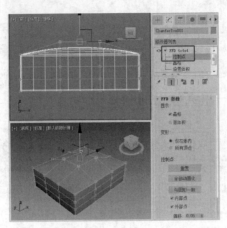

图 2-66

提 示
　　"FFD 4×4×4"修改器是 3ds Max 中常用的一种变形类修改器，该修改器的具体介绍可以参考后面章节。

（3）关闭选择集，在"左"视口中旋转复制模型作为靠背。在修改器堆栈中选择切角长方体，修改模型参数，设置"高度"为135。选择"FFD 4×4×4"修改器，在"FFD 参数"卷展栏中单击"重置"按钮重置控制点。将选择集定义为"控制点"，在"左"视口中调整控制点，如图 2-67 所示。

（4）使用旋转复制法复制模型作为扶手模型。在修改器堆栈中单击 ▣（从堆栈中移除修改器）按钮，将修改器移除。修改模型参数，设置"宽度"为 640，设置"长度分段"和"宽度分段"均为 1，调整模型至合适的位置，如图 2-68 所示。

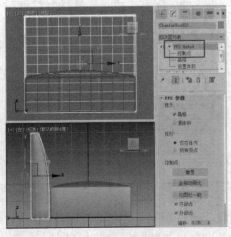

图 2-67

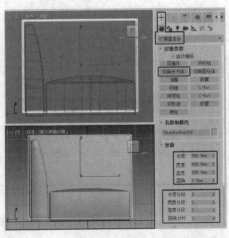

图 2-68

（5）在"顶"视口中创建圆柱体作为沙发腿的支柱。在"参数"卷展栏中设置"半径"为 12，"高度"为 80，"高度分段"为 1，"端面分段"为 1，调整模型至合适的位置，如图 2-69 所示。

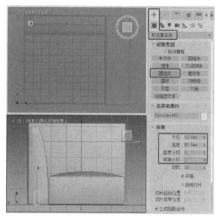

图 2-69

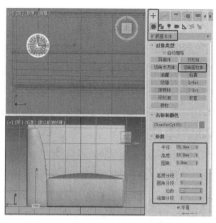

图 2-70

（6）在"顶"视口中创建切角圆柱体作为沙发腿的底座。在"参数"卷展栏中设置"半径"为 20，"高度"为 10，"圆角"为 4，"高度分段"为 1，"圆角分段"为 3，"边数"为 20，"端面分段"为 1，调整模型至合适的位置，如图 2-70 所示。

（7）使用"移动复制法"复制沙发腿模型，调整模型至合适的位置，完成后的效果如图 2-71 所示。

图 2-71

2.2.2　切角长方体

切角长方体的各角具有圆角或切角的特性，"切角长方体"工具用于创建带圆角（切角）的长方体。下面介绍切角长方体的创建方法及其参数的设置。

创建切角长方体的方法比创建长方体多了一步，操作步骤如下。

（1）单击"　（创建）>　（几何体）>扩展基本体>切角长方体"按钮。

（2）将鼠标指针移到视口中，单击并按住鼠标左键不放进行拖曳，视口中生成一个长方形平面，如图 2-72 所示。在适当的位置松开鼠标左键并上下移动鼠标指针，调整高度，如图 2-73 所示。单击鼠标后再次上下移动鼠标指针，调整圆角的系数，确定后单击鼠标，切角长方体创建完成，如图 2-74 所示。

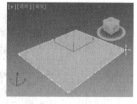

图 2-72

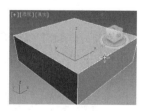

图 2-73

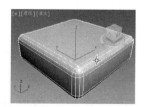

图 2-74

"切角长方体"工具的"参数"卷展栏（见图 2-75）中的选项功能如下。

● 圆角：设置切角长方体的圆角半径，确定圆角的大小。

● 圆角分段：设置圆角的分段数。值越高，圆角越圆滑。

其他参数请参见前面章节"长方体"工具相关参数的说明。

2.2.3 切角圆柱体

切角圆柱体的创建方法和切角长方体基本相通，两者都具有圆角的特性。下面介绍切角圆柱体的创建方法及其参数的设置。

创建切角圆柱体的操作步骤如下。

（1）单击"➕（创建）>◉（几何体）>扩展基本体>切角圆柱体"按钮。

（2）将鼠标指针移到视口中，单击并按住鼠标左键不放进行拖曳，视口中生成一个圆形平面，如图 2-76 所示。在适当的位置松开鼠标左键并上下移动鼠标指针，调整高度，如图 2-77 所示。单击鼠标后再次上下移动鼠标指针，调整其圆角的系数，确定后单击鼠标，切角圆柱体创建完成，如图 2-78 所示。

"切角圆柱体"工具的"参数"卷展栏（见图 2-79）中的选项功能如下。

图 2-75

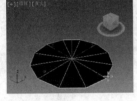

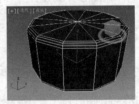

图 2-76 　　　　　　 图 2-77 　　　　　　 图 2-78 　　　　　　 图 2-79

● 圆角：设置切角圆柱体的圆角半径，确定圆角的大小。

● 圆角分段：设置圆角的分段数。值越高，圆角越圆滑。

其他参数请参见前面"圆柱体"工具相关参数的说明。

微课视频

手镯的制作

课堂练习——手镯的制作

🗐 **知识要点**

使用"圆环"工具，另外也可将"管状体"工具和"编辑多边形"工具结合使用来制作手镯的模型，效果如图 2-80 所示。

🗐 **效果所在位置**

云盘/场景/Ch02 /手镯 ok.max。

图 2-80

课后习题——西瓜的制作

知识要点

使用"球体"工具创建球体，调整球体的参数并使用 FFD 修改器对球体进行变形。完成的西瓜模型如图 2-81 所示。

效果所在位置

云盘/场景/Ch02/西瓜 ok.max。

图 2-81

微课视频

西瓜的制作

第 3 章
创建二维图形

对二维图形的绘制与编辑是制作三维物体的基础。本章主要讲解绘制与编辑二维图形的方法和技巧，通过本章内容的学习，读者可以绘制出需要的二维图形，还可以通过使用相应的编辑和修改命令对绘制的二维图形进行调整和优化，并将其应用于设计中。

课堂学习目标

✔ 了解二维图形的用途
✔ 掌握二维图形的创建和编辑方法

3.1 二维图形的用途

在 3ds Max 中，二维的样条线图形可以方便地转换为 NURBS 曲线。样条线图形是一种矢量图形，可以由其他的绘图软件，如 Photoshop、Freehand、CorelDRAW 和 AutoCAD 等生成。将所创建的矢量图形以 AI 或 DWG 格式存储后即可直接导入 3ds Max 中。

样条线图形在 3ds Max 中有以下 4 种用途。

1. 作为可渲染的图形

3ds Max 中所有的二维图形均自带可渲染的属性，通过调整造型并设置合适的可渲染属性后可以渲染出来，用于制作铁艺饰品、护栏等。图 3-1 所示为二维图形设置了可渲染属性后制作出的沙发和茶几支架。

2. 作为平面和线条对象

对于封闭的图形，加入"编辑网格"或"编辑多边形"修改器命令，或将其转换为可编辑网格和可编辑多边形，可以将其转换为无厚度的薄皮对象，用作地面、文字和广告牌等。

3. 作为"挤出""车削"或"倒角"等加工成型的截面图形

"挤出"修改器可以为二维图形增加厚度，产生三维模型；"倒角"修改器可将二维图形加工成带倒角的立体模型；"车削"修改器可将二维图形进行中心旋转，形成三维模型。图 3-2 所示为文本图形转换为倒角文本后的效果，图 3-3 所示为"车削"出的模型和车削的样条线。

图 3-1   图 3-2

4. 作为"放样""扫描""倒角剖面"等使用的路径

在"放样"过程中，使用的曲线都是图形，它们可以作为路径和截面图形来完成放样造型，如图 3-4 所示。

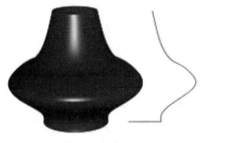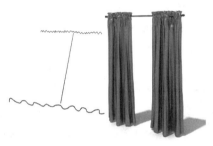

图 3-3   图 3-4

3.2 创建二维图形

3ds Max 提供了 3 类二维图形的创建方式，即样条线、NURBS 曲线、扩展样条线，如图 3-5 所示。

"样条线"是最常用的二维图形创建工具，其包含的工具如图 3-6 所示。顶端的"开始新图形"复选框默认是勾选的，表示每创建一个曲线都将其作为一个新的独立对象；如果取消勾选该复选框，那么创建的多条曲线都将作为一个对象对待。

图 3-5   图 3-6

3.2.1 课堂案例——铁艺鞋架的制作

📑 **学习目标**

学会用"矩形"工具制作铁艺鞋架模型。

📑 **知识要点**

使用可渲染的"矩形"工具结合"编辑样条线"修改器来制作铁艺鞋架模型。制作完成的铁艺鞋架的效果如图 3-7 所示。

微课视频

铁艺鞋架的制作

📑 **模型所在位置**

云盘/场景/Ch03/铁艺鞋架.max。

📑 **效果所在位置**

云盘/场景/Ch03/铁艺鞋架 ok.max。

📑 **贴图所在位置**

云盘/贴图。

图 3-7

（1）单击"➕（创建）>⚙（图形）>矩形"按钮，在"前"视口中创建矩形。在"参数"卷展栏中设置"长度"为 450，"宽度"为 280；在"渲染"卷展栏中勾选"在渲染中启用"和"在视口中启用"复选框，设置"径向"的"厚度"为 13，如图 3-8 所示。

（2）切换到 🔧（修改）命令面板，为矩形施加"编辑样条线"修改器，将选择集定义为"顶点"。使用"圆角"工具，设置矩形上部分的 2 个顶点的圆角，如图 3-9 所示。

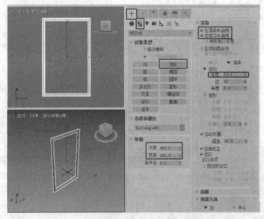
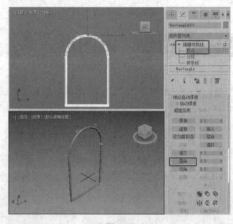

图 3-8

图 3-9

（3）将选择集定义为"分段"，在场景中删除底部的分段，如图 3-10 所示。

（4）单击"➕（创建）>⚙（图形）>矩形"按钮，在"顶"视口中创建矩形。在"参数"卷展栏中设置"长度"为 660，"宽度"为 280；在"渲染"卷展栏中勾选"在渲染中启用"和"在视口中启用"复选框，设置"径向"的"厚度"为 6，如图 3-11 所示。

（5）为矩形施加"编辑样条线"修改器，将选择集定义为"分段"，在场景中选择图 3-12 所示的分段；在"几何体"卷展栏中设置"拆分"为 6，单击"拆分"按钮，拆分分段，如图 3-12 所示。

（6）在场景中删除 2 条较长的分段，留下一个分段作为参考线，如图 3-13 所示。

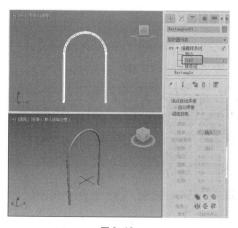

图 3-10

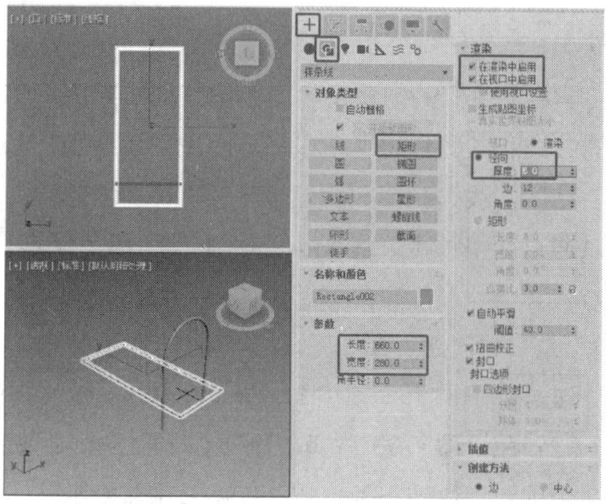

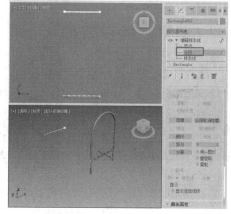

图 3-11

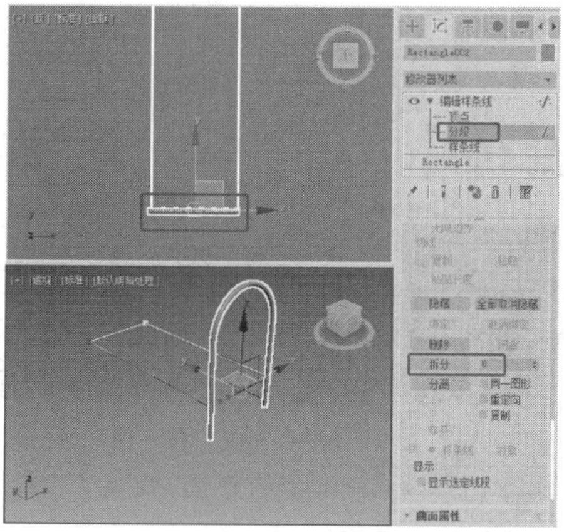

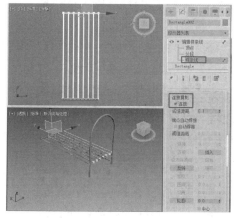

图 3-12

图 3-13

（7）在场景中选择拆分的分段，勾选"几何体"卷展栏中"连接复制"选项组中的"连接"复选框，在"顶"视口中按住"Shift"键"移动复制"样条线，复制样条线后，删除参考线分段，如图 3-14 所示。

（8）在场景中复制样条线，组合完成模型，完成后的效果如图 3-15 所示。

图 3-14

图 3-15

3.2.2 线

学会"线"的创建是学习创建其他二维图形的基础。"线"的参数与"可编辑样条线"相同，其他的二维图形调节时也基本都是使用"可编辑样条线"命令或"编辑样条线"修改器来完成的。

使用"线"工具可以创建出任何形状的图形，包括开放型或封闭型的样条线。线创建完成后还可以通过调整顶点、线段和样条线来编辑其形态。下面就来介绍线的创建方法及其参数的设置和修改方法。

"线"的创建步骤如下。

（1）单击"┿（创建）>🔲（图形）>线"按钮。

（2）在"顶"视口中单击鼠标，确定线的起始点，移动鼠标指针到适当的位置并单击鼠标，创建第 2 个顶点，生成一条直线，如图 3-16 所示。

（3）继续移动鼠标指针到适当的位置，单击鼠标确定顶点并按住鼠标左键不放进行拖曳，生成一条弧状的线，如图 3-17 所示。松开鼠标左键并移动鼠标指针到适当的位置，可以调整出新的曲线，单击鼠标确定顶点，线的形态如图 3-18 所示。

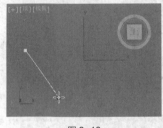 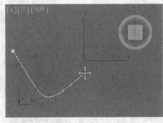 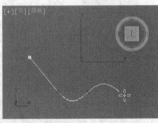

图 3-16　　　　　　　　　　　图 3-17　　　　　　　　　　　图 3-18

（4）继续移动鼠标指针到适当的位置并单击确定顶点，可以生成一条新的直线，如图 3-19 所示。如果需要创建封闭线，将鼠标指针移动到线的起始点上单击鼠标，如图 3-20 所示。

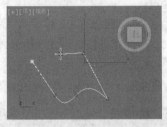 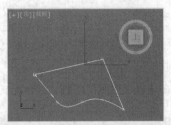

图 3-19　　　　　　　　　　　　　　　图 3-20

（5）此时会弹出"样条线"对话框，如图 3-21 所示，提示用户是否闭合正在创建的线，单击"是"按钮即可闭合创建的线，如图 3-22 所示；单击"否（N）"按钮则可以继续创建线。

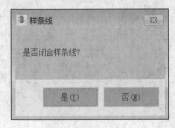 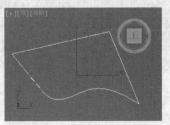

图 3-21　　　　　　　　　　　　　　　图 3-22

（6）如果需要创建开放的线，右击可随时结束线的创建，如图 3-23 所示。

（7）在创建线时，如果同时按住"Shift"键，可以创建出与坐标轴平行的直线，如图 3-24 所示。

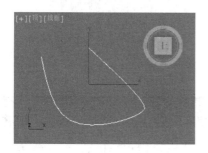
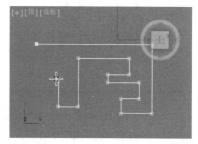

图 3-23   图 3-24

"线"工具各卷展栏中的选项功能如下。

单击"╋（创建）>🔳（图形）>线"按钮，在"创建"命令面板下方会显示"线"的创建参数面板。

（1）"渲染"卷展栏（见图 3-25）用于设置线的渲染特性，用户可以选择是否对线进行渲染，并设定线的厚度。主要选项功能如下。

● 在渲染中启用：勾选该复选框后，可使用为渲染器设置的径向或矩形参数将样条线图形渲染为 3D 网格。

● 在视口中启用：勾选该复选框后，可使用为渲染器设置的径向或矩形参数将样条线图形作为 3D 网格显示在视口中。

● 厚度：用于设置视口或渲染中生成网格的线的直径大小。

● 边：用于设置视口或渲染中生成网格的线的侧边数。

● 角度：用于调整视口或渲染中生成网格的线的横截面旋转的角度。

● 矩形：当渲染类型改为矩形后，生成网格的线的截面改为矩形。

图 3-25

（2）"插值"卷展栏（见图 3-26）用于控制线的光滑程度。主要选项功能如下。

● 步数：设置程序在线每个顶点之间使用的分段的数量。

● 优化：勾选该复选框后，可以从样条线的直线线段中删除不需要的步数。

● 自适应：设置系统是否自动根据线状调整分段数。

（3）"创建方法"卷展栏（见图 3-27）用于确定所创建的线的顶点类型。主要选项功能如下。

① "初始类型"选项组：用于设置单击鼠标左键建立线时所创建的顶点类型。

● 角点：用于建立折线，顶点之间以直线连接（系统默认设置）。

● 平滑：用于建立曲线，顶点之间以线连接，且线的曲率由顶点之间的距离决定。

② "拖动类型"选项组：用于设置拖曳鼠标建立线时所创建的曲线类型。

● 角点：选择此方式，建立的线顶点之间为直线。

● 平滑：选择此方式，建立的线在顶点处将产生圆滑的线。

● Bezier：选择此方式，建立的线将在顶点产生圆滑的线。顶点之间线的曲率及方向是通过在顶点处拖曳鼠标控制的（系统默认设置）。

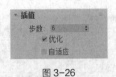

图 3-26

图 3-27

 提 示

在创建线时，线的创建方式应该选择好。线创建完成后就无法通过"创建方法"卷展栏调整线的类型了。

线创建完成后，总要对它进行一定程度的修改，以达到满意的效果。修改线一般指对顶点进行调整。3ds Max 中线的顶点有 4 种类型：Bezier 角点、Bezier、角点和平滑。

使用移动工具调整顶点位置，操作步骤如下。

（1）单击"➕（创建）>🖋（图形）>线"按钮，在"前"视口创建图 3-28 所示的样条线。

（2）切换到🗐（修改）命令面板，在修改器堆栈中单击"Line"前面的箭头号▶，展开子层级选项，如图 3-29 所示。

 提 示

将选择集定义为"顶点"时可以对顶点进行修改操作；将选择集定义为"线段"时可以对线段进行修改操作；将选择集定义为"样条线"时可以对样条线进行修改操作。

（3）单击"顶点"选项，表示将选择集定义为"顶点"，此时该选项变为黄色表示被开启，同时视口中的线或图形会显示出顶点，如图 3-30 所示。

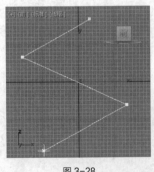

图 3-28

图 3-29

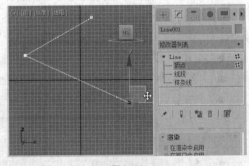

图 3-30

（4）单击鼠标选定要选择的顶点（图 3-30 所示样条线最右侧的顶点），使用➕（选择并移动）工具选择该顶点，处于选择状态的顶点在视口中变为红色。将选中的顶点沿 x 轴向右移动，调整顶点的位置，线的形状即发生改变，如图 3-31 所示。还可以框选多个需要的顶点（图 3-31 所示样条线最上面的 2 个顶点），松开鼠标左键，再使用➕（选择并移动）工具进行调整，如图 3-32 所示。

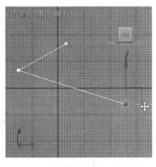
图 3-31

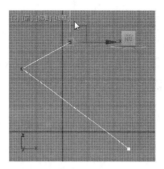
图 3-32

还可以通过调整顶点的类型来修改线的形态，操作步骤如下。

（1）右击需要改变类型的顶点，在弹出的四元菜单中显示了 3ds Max 中 4 种顶点类型：Bezier 角点、Bezier、角点和平滑。从中选择顶点类型，即可将当前选择顶点转换为该顶点类型，如图 3-33 所示。

（2）4 种顶点类型的示例如图 3-34 所示，前 2 种类型的顶点（Bezier 角点、Bezier）可以通过绿色的控制手柄进行调整，后 2 种类型的顶点（角点、平滑）可以直接使用 ✛（选择并移动）工具进行位置调整。

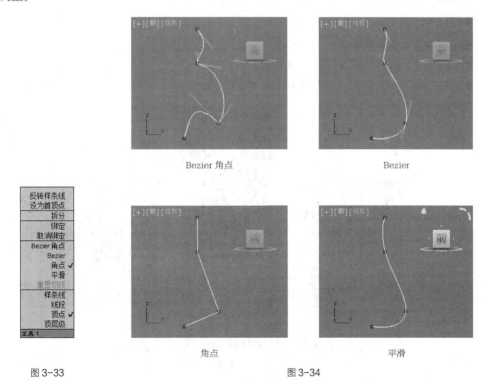
图 3-33   图 3-34

线创建完成后，在 ⚙（修改）命令面板中会显示线的修改参数，线的修改参数分为 6 个卷展栏：渲染、插值、选择、软选择、几何体、曲面属性（在子层级为"顶点"时没有"曲面属性"卷展栏）。

其中"选择"卷展栏（见图 3-35）用于控制顶点、线段和样条线 3 个子对象级别的选择。

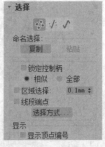

图 3-35

- （顶点）："顶点"是样条线子对象的最低一级，因此修改"顶点"是编辑样条线对象最灵活的方法。
- ▨（线段）："线段"是中间级别的样条线子对象，对它的修改比较少。
- ▨（样条线）："样条线"是对象选择集最高的级别，对它的修改比较多。

以上 3 个进入子层级的按钮与修改器堆栈中的选项是相对应的，使用时有相同的效果。

> **提示**　任何带有子层级的对象或修改器，其子层级对应的快捷键均为 1~5。即使在非"修改"面板下按下了快捷键 1~5，也会直接切换到"修改"面板，同时选择相应的子层级。

"几何体"卷展栏（见图 3-36）提供了关于样条线的大量几何参数，在建模中对线的修改主要是对该面板的选项参数进行调节。主要选项功能如下。

1. "新顶点类型"选项组

可使用此选项组中的单选按钮确定在创建或复制样条线时新顶点的切线类型。

- 线性：新顶点将具有线性切线。
- 平滑：新顶点将具有平滑切线。
- Bezier：新顶点将具有 Bezier 切线。
- Bezier 角点：新顶点将具有 Bezier 角点切线。

图 3-36

- 创建线：用于创建一条线并把它加入到当前线中，使新创建的线与当前线成为一个整体。
- 断开：用于断开顶点和线段。
- 附加：用于将场景中的二维图形与当前线结合，使它们变为一个整体。场景中存在 2 个以上的二维图形（包括当前线）时才能使用此功能。

- 附加多个：原理与"附加"相同，区别在于单击该按钮后，将弹出"附加多个"对话框，对话框中会显示出场景中线的名称，如图 3-37 所示。用户可以在对话框中选择多条线，然后单击"附加"按钮，即可将选择的线与当前的线结合为一个整体。

- 横截面：可创建图形之间横截面的外形框架。按下"横截面"按钮，选择一个形状，再选择另一个形状，即可以创建链接 2 个形状的样条线。

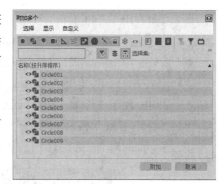

图 3-37

- 优化：用于在不改变线的形态的前提下在线上插入顶点。使用方法为单击"优化"按钮，并在线上单击鼠标左键，线上被单击处即插入新的顶点，如图 3-38 所示。右击，弹出的四元菜单中的"细化"命令与"优化"按钮功能相同。

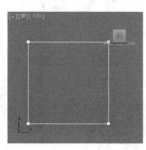 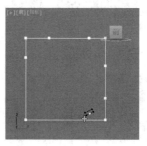

图 3-38

2. "连接复制"选项组

- 连接：勾选该复选框后，通过连接新顶点创建一个新的样条线子对象。使用"优化"添加完顶点后，"连接"会为每个新顶点创建一个单独的副本，然后将所有副本与一个新样条线相连。

- 阈值距离：用于指定连接复制的距离范围。

3. "端点自动焊接"选项组

- 自动焊接：勾选该复选框后，如果两顶点属于同一曲线，并且在阈值范围内，将被自动焊接。

- 焊接：焊接同一样条线的两顶点为一个点，使用时先移动两顶点使其彼此接近，然后同时选择这 2 个点，单击"焊接"按钮后点会"焊接"到一起。如果这 2 个点没有被焊接到一起，可以增大焊接阈值重新焊接。

- 连接：连接 2 个顶点以生成一个线性线段。

- 插入：在选择顶点处单击鼠标，会引出新的顶点，不断单击鼠标左键可以不断加入新顶点，单击鼠标右键停止插入。

- 设为首顶点：指定选定顶点为样条线起点的顶点。在"放样""扫描""倒角剖面"时首顶点会确定截面图形之间的相对位置。

- 熔合：移动选择的顶点到它们的平均中心。注意"熔合"只会将用户选择的顶点放置在同一位置，不会产生顶点的连接。"熔合"一般与"焊接"结合使用，先"熔合"后"焊接"。

- 反转：颠倒样条线的方向，也就是反转顶点序号的顺序。

- 循环：用于点的选择。在视口中选择一组重叠在一起的顶点后，单击此按钮，可以逐个顶点进行选择切换，直到选择到需要的顶点为止。
- 相交：单击该按钮后，在2条相交的样条线交叉处单击鼠标，将在这2条样条线上分别增加一个交叉顶点。但这2条曲线必须属于同一曲线对象。
- 圆角：用于在选择的顶点处创建圆角。圆角的使用方法是先选定需要修改的顶点，然后单击"圆角"按钮，将鼠标指针移到被选择的顶点上，按住鼠标左键不放并拖曳，顶点会形成圆角，此时原本被选定的1个顶点会变为2个，如图3-39所示。

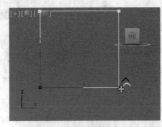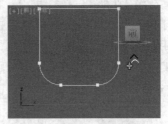

图3-39

- 切角：功能和操作方法与"圆角"相同，但创建的是切角，如图3-40所示。

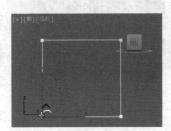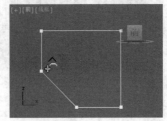

图3-40

- 轮廓：用于给选择的线设置轮廓，用法和"圆角"相同，如图3-41所示。使用"轮廓"不仅可以单侧向内、向外构建轮廓，勾选"中心"复选框后还可以以选择的线为中心同时向内向外构建轮廓。

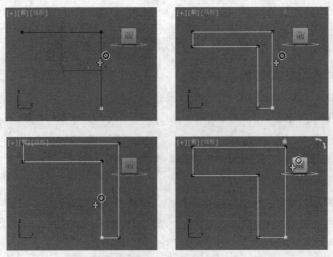

图3-41

- 布尔：提供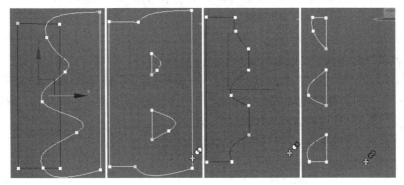（并集）、◎（差集）、◎（交集）3 种运算方式，图 3-42 所示从左至右依次为原始图形、并集后的图形、差集后的图形、交集后的图形。

图 3-42

- ◎（并集）：将 2 个重叠样条线组合成一个新样条线，在新样条线中，重叠的部分被删除，保留 2 个样条线不重叠的部分。
- ◎（差集）：从第 1 个样条线中减去与第 2 个样条线重叠的部分，并删除第 2 个样条线中剩余的部分。
- ◎（交集）：仅保留 2 个样条线的重叠部分，删除两者的不重叠部分。
- 镜像：可以对曲线进行⊞（水平镜像）、⊞（垂直镜像）和⊠（对角镜像）。
- 修剪：使用"修剪"可以清理形状中的重叠部分，使顶点接合在一个点上。

4. "切线"选项组

- 复制：当选择集为"顶点"时该按钮才能被激活。单击该按钮再选择一个控制柄将把所选控制柄切线复制到缓冲区。
- 粘贴：当选择集为"顶点"时该按钮才能被激活。单击该按钮再选择一个控制柄将把控制柄切线粘贴到所选顶点。
- 粘贴长度：单击该按钮后，还会复制控制柄长度。如果禁用该按钮，则粘贴时只考虑控制柄角度，而不改变控制柄长度。
- 隐藏：隐藏所选顶点和任何相连的线段。
- 全部取消隐藏：显示任何隐藏的子对象。
- 绑定：允许用户创建绑定顶点。
- 取消绑定：用于断开绑定顶点与所附加线段的连接。
- 删除：删除所选的一个或多个子物体层级，以及与每个要删除的顶点相连的那条线段。
- 拆分：通过添加由微调器指定的顶点数来细分所选线段。
- 分离：允许用户选择不同样条线中的几个线段，然后拆分（或复制）它们，以构成一个新图形。
- 炸开：通过将每个线段转化为一个独立的样条线或对象，来分裂任何所选样条线。
- 显示选定线段：单击该按钮后，顶点子对象层级的任何所选线段将高亮显示为红色；禁用该按钮（默认设置）后，仅高亮显示线段子对象层级的所选线段。

3.2.3 矩形

"矩形"工具用于创建矩形和正方形。下面介绍矩形的创建及其参数的设置。

"矩形"的创建比较简单，操作步骤如下。

（1）单击"➕（创建）>◙（图形）> 矩形"按钮，或按住"Ctrl"键的同时右击，在弹出的四元菜单中选择"矩形"命令。

（2）将鼠标指针移到视口中，单击并按住鼠标左键不放拖曳，视口中生成一个矩形，移动鼠标指针调整矩形大小，在适当的位置松开鼠标左键，矩形创建完成，如图 3-43 所示。创建矩形时按住"Ctrl"键并拖曳鼠标，可以创建出正方形。

"矩形"工具的"参数"卷展栏（见图 3-44）中的选项功能如下。

● 长度：设置矩形的长度值。

● 宽度：设置矩形的宽度值。

● 角半径：设置矩形的四角是直角还是有弧度的圆角。若其值为 0，则矩形的 4 个角都为直角。

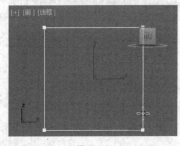

图 3-43 图 3-44

3.2.4 圆

"圆"工具用于创建圆形。下面介绍圆的创建方法及其参数的设置。

"圆"的创建方法分"中心"和"边"2 种，默认为"中心"，一般根据图纸创建圆时使用"边"创建方法配合◙（捕捉开关）使用。

创建"圆"的操作步骤如下。

（1）单击"➕（创建）>◙（图形）>圆"按钮。

（2）将鼠标指针移到视口中，单击并按住鼠标左键不放进行拖曳，视口中生成一个圆，移动鼠标指针调整圆的大小，在适当的位置松开鼠标左键，圆创建完成，如图 3-45 所示。

"圆"工具参数的修改："圆"工具的"参数"卷展栏只用于设置"半径"参数，如图 3-46 所示。

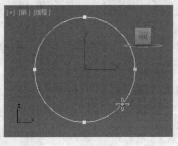

图 3-45 图 3-46

3.2.5　椭圆

使用"椭圆"工具可以创建椭圆形和圆形样条线。创建方法与圆类似。下面介绍椭圆的创建方法及其参数的设置。

创建"椭圆"的操作步骤如下。

（1）单击"＋（创建）>（图形）>椭圆"按钮。

（2）将鼠标指针移到视口中，单击并按住鼠标左键不放进行拖曳，视口中生成一个椭圆，上下左右移动鼠标指针调整椭圆的长度、宽度，在适当的位置松开鼠标左键，椭圆创建完成，如图3-47所示。

"椭圆"工具的"参数"卷展栏（见图3-48）中的选项功能如下。

● 长度：设置椭圆长度方向的最大值。

● 宽度：设置椭圆宽度方向的最大值。

● 轮廓：勾选该复选框后，"厚度"项会启用，设置厚度相当于为"线"的"样条线"选择集设置"轮廓"。

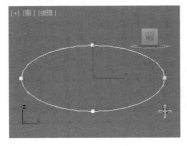
图 3-47

图 3-48

3.2.6　弧

"弧"工具可用于建立弧线和扇形。下面介绍弧的创建方法及其参数的设置和修改方法。

弧有2种创建方法：一种是"端点-端点-中央"创建方法（系统默认设置），另一种是"中间-端点-端点"创建方法，如图3-49所示。

图 3-49

● "端点-端点-中央"创建方法：建立弧时先引出一条直线，以直线的端点作为弧的2个端点，然后移动鼠标指针确定弧的半径。

● "中间-端点-端点"创建方法：建立弧时先引出一条直线作为弧的半径，再移动鼠标指针确定弧长。

创建"弧"的操作步骤如下。

（1）单击"＋（创建）>（图形）>弧"按钮。

（2）将鼠标指针移到视口中，单击并按住鼠标左键不放进行拖曳，视口中生成一条直线，如图3-50所示。松开鼠标左键并移动鼠标指针，调整弧的大小，如图3-51所示。在适当的位置单击鼠标左键，弧创建完成，如图3-52所示。图中显示的是以"端点-端点-中央"方式创建的弧。

"弧"工具的"参数"卷展栏（见图3-53）中的选项功能如下。

● 半径：用于设置弧的半径大小。

● 从：设置建立的弧在其所在圆上的起始点角度。

- 到：设置建立的弧在其所在圆上的结束点角度。
- 饼形切片：勾选该复选框，则分别把弧中心和弧的 2 个顶点连接起来构成封闭的图形。
  图 3-54 所示即是勾选该复选框后上面第（2）步绘制的弧的变化。

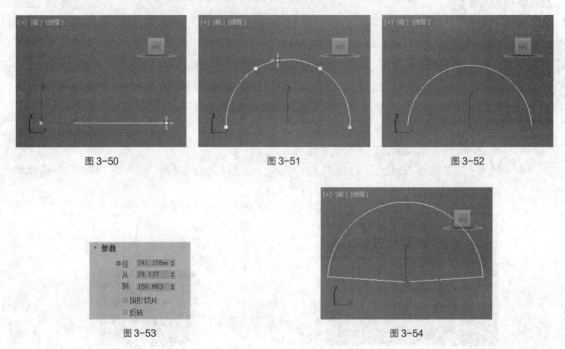

图 3-50　　　　　　　　图 3-51　　　　　　　　图 3-52

图 3-53　　　　　　　　　　　　　　　　　　图 3-54

3.2.7　圆环

"圆环"工具用于制作由 2 个同心圆组成的圆环。下面介绍圆环的创建方法及其参数的设置和修改。
圆环的创建比圆多一个步骤，操作步骤如下。

（1）单击"＋（创建）＞ ⬚（图形）＞圆环"按钮。

（2）将鼠标指针移到视口中，单击并按住鼠标左键不放进行拖曳，视口中生成一个圆形，如
图 3-55 所示。松开鼠标左键并移动鼠标指针，生成另一个圆，在适当的位置单击鼠标，圆环创建
完成，如图 3-56 所示。

"圆环"工具的"参数"卷展栏（见图 3-57）中的选项功能如下。

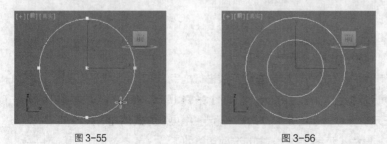
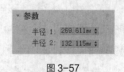

图 3-55　　　　　　　　图 3-56　　　　　　　　图 3-57

- 半径 1：用于设置 1 圆形的半径大小。
- 半径 2：用于设置 2 圆形的半径大小。

3.2.8 多边形

"多边形"工具用于创建任意边数的正多边形，也可以创建圆角多边形。下面就来介绍多边形的创建方法及其参数的设置和修改方法。

多边形的创建方法与圆相同，操作步骤如下。

（1）单击"➕（创建）>🖼（图形）>多边形"按钮。

（2）将鼠标指针移到视口中，单击并按住鼠标左键不放进行拖曳，视口中生成一个多边形。移动鼠标指针调整多边形的大小，在适当的位置松开鼠标左键，多边形创建完成，如图 3-58 所示。

"多边形"工具的"参数"卷展栏（见图 3-59）中的选项功能如下。

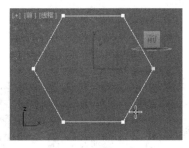

图 3-58

图 3-59

- 半径：设置正多边形的半径。
- 内接：使输入的半径为多边形的中心到其边线的距离。
- 外接：使输入的半径为多边形的中心到其顶点的距离。
- 边数：用于设置正多边形的边数，其范围是 3~100。
- 角半径：用于设置多边形在顶点处的圆角半径。
- 圆形：选择该复选框，可设置正多边形为圆形。

3.2.9 星形

"星形"工具用于创建多角星形，也可以创建齿轮图案。下面就来介绍星形的创建方法及其参数的设置和修改方法。

创建"星形"的操作步骤如下。

（1）单击"➕（创建）>🖼（图形）>星形"按钮。

（2）将鼠标指针移到视口中，单击并按住鼠标左键不放进行拖曳，视口中生成一个星形，如图 3-60 所示。松开鼠标左键并移动鼠标指针，调整星形的形态，在适当的位置单击鼠标，星形创建完成，如图 3-61 所示。

"星形"工具的"参数"卷展栏（见图 3-62）中的选项功能如下。

- 半径 1：设置星形的内顶点所在圆的半径大小。
- 半径 2：设置星形的外顶点所在圆的半径大小。
- 点：用于设置星形的顶点数。
- 扭曲：用于设置扭曲值，使星形的齿产生扭曲。
- 圆角半径 1：用于设置星形内顶点处的圆角的半径。

● 圆角半径 2：用于设置星形外顶点处的圆角的半径。

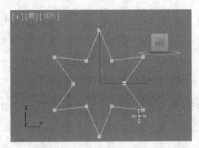
图 3-60

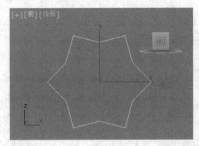
图 3-61

图 3-62

3.2.10　课堂案例——镜子的制作

📖 **学习目标**

学会用"圆"和"矩形"工具制作镜子模型。

📖 **知识要点**

使用"圆"和"矩形"工具，结合使用"扫描"和"挤出"修改器制作镜子模型。制作好的镜子的效果如图 3-63 所示。

微课视频

镜子的制作

图 3-63

📖 **模型所在位置**

云盘/场景/Ch03/镜子.max。

📖 **效果所在位置**

云盘/场景/Ch03/镜子 ok.max。

📖 **贴图所在位置**

云盘/贴图。

（1）单击"➕（创建）> 🗗（图形）>圆"按钮，在"前"视口中创建圆，在"参数"卷展栏中设置"半径"为 160，设置"插值"的"修步数"为 12，如图 3-64 所示。

（2）单击"➕（创建）> 🗗（图形）>矩形"按钮，在"顶"视口中创建圆角矩形，在"参数"卷展栏中设置"长度"为 12，"宽度"为 10，"角半径"为 2，如图 3-65 所示。

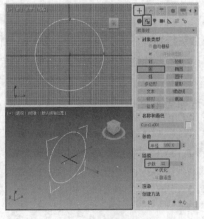
图 3-64

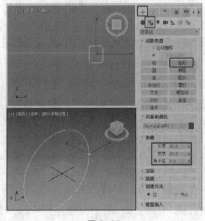
图 3-65

（3）切换到 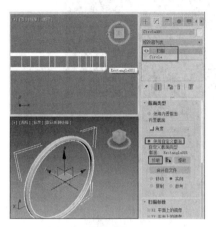（修改）命令面板，在"修改器列表"中选择"扫描"修改器，为圆施加"扫描"修改器。在"截面类型"中选择"使用自定义截面"单选按钮，单击"拾取"按钮，在场景中拾取矩形，如图 3-66 所示。

（4）创建扫描的模型后，按"Ctrl+V"组合键，在弹出的"克隆选项"对话框中选择"复制"单选按钮，复制模型，如图 3-67 所示。

（5）复制模型后，在修改器堆栈中返回到圆的参数，在"参数"卷展栏中修改"半径"为190，如图 3-68 所示。

图 3-66　　　　　图 3-67　　　　　图 3-68

（6）继续复制并修改模型，如图 3-69 所示。

（7）选择第 1 个扫描的圆，对其进行复制。在修改器堆栈中删除"扫描"修改器，并为其施加"挤出"修改器，设置"数量"为 5，如图 3-70 所示。这样镜子模型就制作完成了。

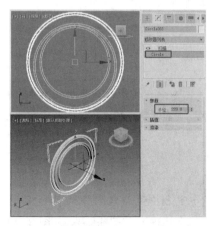

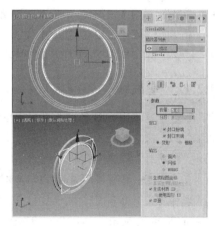

图 3-69　　　　　　　　　图 3-70

3.2.11　文本

"文本"工具用于在场景中直接产生二维文字图形或创建三维的文字图形。下面介绍文本的创建方法及其参数的设置。

"文本"的创建比较简单，操作步骤如下。

（1）单击"＋（创建）>⬚（图形）>文本"按钮，在"参数"面板中设置创建参数，在"文本"输入区输入要创建的文本内容，如图 3-71 所示。

（2）将鼠标指针移到视口中并单击鼠标，文本创建完成，如图 3-72 所示。

图 3-71

图 3-72

"文本"工具的"参数"卷展栏中的选项功能如下。

- 字体下拉列表框：用于选择文本的字体。
- I 按钮：设置斜体字体。
- ⬚ 按钮：设置下画线。
- ⬚ 按钮：向左对齐。
- ⬚ 按钮：居中对齐。
- ⬚ 按钮：向右对齐。
- ⬚ 按钮：两端对齐。
- 大小：用于设置文字的大小。
- 字间距：用于设置文字之间的间隔距离。
- 行间距：用于设置文字行与行之间的距离。
- 文本：用于输入文本内容，同时也可以进行改动。

3.2.12 螺旋线

"螺旋线"工具用于创建各种形态的 2D 或 3D 螺旋线。下面就来介绍螺旋线的创建方法及其参数的设置和修改方法。

创建"螺旋线"的操作步骤如下。

（1）单击"＋（创建）>⬚（图形）>螺旋线"按钮。

（2）将鼠标指针移到视口中，单击并按住鼠标左键不放进行拖曳，确定它的"半径 1"后释放鼠标左键，如图 3-73 所示，向上或向下移动鼠标指针并单击左键来确定它的高度，如图 3-74 所示，再向上或向下移动鼠标指针并单击左键来确定它的"半径 2"，螺旋线创建完成，如图 3-75 所示。

"螺旋线"工具的"参数"卷展栏（见图 3-76）中的选项功能如下。

- 半径 1/半径 2：定义螺旋线开始/结束圆环的半径。
- 高度：设置螺旋线的高度。
- 圈数：设置螺旋线在起始圆环与结束圆环之间旋转的圈数。

- 偏移：设置螺旋的偏向。
- 顺时针/逆时针：设置螺旋线的旋转方向。

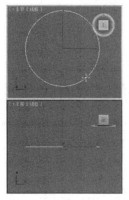
图 3-73

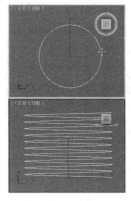
图 3-74

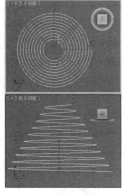
图 3-75

图 3-76

3.2.13 截面

利用"截面"工具可截取三维对象的截面，单击"创建图形"按钮后就可以将这个截面制作成一个样条线图形。

创建截面的操作步骤如下。

（1）创建任意一个三维模型，如图 3-77 所示。

（2）单击"➕（创建）>🎨（图形）>截面"按钮，在"前"视口中创建截面，如图 3-78 所示。

图 3-77

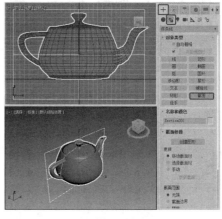
图 3-78

（3）在场景中移动该截面到模型的合适位置，并单击"创建图形"按钮，在弹出的"命名截面图形"对话框中使用默认的名称，单击"确定"按钮，如图 3-79 所示。创建出的截面图形如图 3-80 所示。

下面介绍"截面"工具的各项参数。

（1）"截面参数"卷展栏（见图 3-81）中的选项功能如下。

- 创建图形：单击此按钮，将弹出一个命名对话框，确定名称后，单击"确定"按钮就会产生一个截面图形，如果此时没有截面，此按钮将不可用。

① "更新"选项组

● 移动截面时：在移动截面的同时更新视口。

● 选择截面时：只有在选择了截面时才更新视口。

● 手动：通过单击其下的"更新截面"按钮手动更新视口。

● 更新截面：手动更新视口。

② "截面范围"选项组

● 无限：截面所在的平面无界限扩展，只要经过此截面的对象都被截取，与视口显示的截面尺寸无关。

● 截面边界：以截面所在边界为限，凡是接触到此边界的造型都被截取，否则不受影响。

● 禁用：关闭截面的截取功能。

（2）"截面大小"卷展栏（见图 3-82）中的选项功能如下。

● 长度/宽度：设置截面的长宽尺寸。

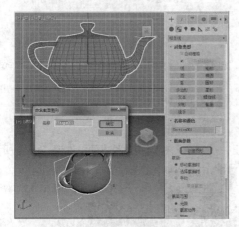

图 3-79

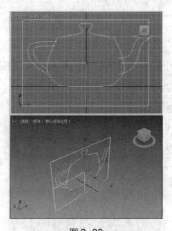

图 3-80

图 3-81

图 3-82

3.2.14　卵形

使用"卵形"工具可创建卵形图形。

创建卵形的操作步骤如下。

（1）单击"╋（创建）> ▣（图形）>卵形"按钮，在视口中，垂直拖动鼠标以设定卵形的初始尺寸；水平拖动鼠标以更改卵形的方向（其角度）。释放鼠标，如图 3-83 所示。

（2）再次拖动鼠标以设定轮廓的初始位置，然后单击即完成了卵形的创建，如图 3-84 所示。

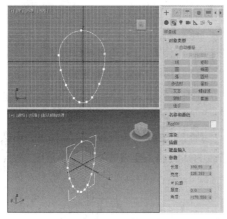

图 3-83

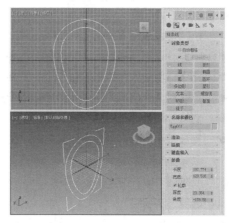

图 3-84

"卵形"工具的"参数"卷展栏（见图 3-85）中的选项功能如下。

图 3-85

- 长度：用于设定卵形的长度（其长轴）。

- 宽度：用于设定卵形的宽度（其短轴）。

- 轮廓：勾选该复选框后，会创建一个轮廓，这是与主图形分开的另外一个卵形图形。默认设置为启用。

- 厚度：勾选"轮廓"复选框后，设定主卵形图形与其轮廓之间的偏移。

- 角度：用于设定卵形的角度。即卵形绕其局部 z 轴的旋转角度。当角度为 0.0 时，卵形的长度是垂直于 x 轴的，较窄的一端在上。

3.2.15　徒手

使用"徒手"工具可在视口中直接手绘样条线。

手绘样条线的操作步骤如下。

单击"✚（创建）>❏（图形）>徒手"按钮，在视口中，按住鼠标左键拖动即可绘制样条线，释放鼠标完成绘制，如图 3-86 所示。

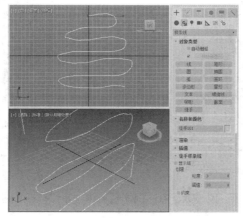

图 3-86

（1）"徒手样条线"创建面板的卷展栏（见图 3-87）中的选项功能如下。

● 显示结：显示样条线上的结。

① "创建"选项组

● 粒度：设置创建新结之前获取的鼠标指针位置采样数。

● 阈值：设置创建新结之前鼠标指针必须移动的距离。值越大，移动距离越远。

● 约束：用于只在拾取的对象上绘制徒手样条线，且附着在拾取的对象表面。

● 拾取对象：启用"约束"对象选择模式。完成了对象拾取时，再次单击以完成操作。

● 清除：清除选定对象列表。

● 释放按钮时结束创建：如果启用，在释放鼠标左键时创建徒手样条线。如果禁用，再次按下鼠标左键时会继续绘制图形，并自动连接样条线的开口端；要完成绘制，必须按"Esc"键或在视口中右击。

② "选项"选项组

● 弯曲/变直：设置结之间的线是弯曲的还是直的。

● 闭合：在样条线的起点和终点之间绘制一条线以将其闭合。

● 法线：在视口中显示受约束样条线的法线。

● 偏移：使手绘样条线向远离约束对象曲面的方向偏移。

③ "统计信息"选项组

● 样条线数：显示图形中样条线的数量。

● 原始结数：显示绘制样条线时自动创建的结数（绘制之前为 0）。

● 新结数：显示新结数（绘制之前为 0）

（2）"徒手样条线"修改面板的卷展栏（见图 3-88）中的选项功能如下。

图 3-87

图 3-88

● 采样：设置采样数量。值越大于 0，相邻结越少，手绘样条线越平滑。

其他选项功能同前。

课堂练习——铁艺招牌的制作

📖 知识要点

使用可渲染的"线""圆"工具和几何体的"切角长方体""长方体"工具制作铁艺招牌。完成的招牌效果如图 3-89 所示。

📖 效果所在位置

云盘/场景/Ch03/铁艺招牌 ok.max。

图 3-89

微课视频

铁艺招牌的制作

课后习题——人字牌的制作

📖 知识要点

使用可渲染的"线"工具创建线并调整线的形状，然后创建平面或设置样条线的"挤出"以制作出人字牌模型。完成的人字牌效果如图 3-90 所示。

📖 效果所在位置

云盘/场景/Ch03/人字牌 ok.max。

图 3-90

微课视频

人字牌的制作

04

第 4 章
编辑修改器

本章主要讲解各种常用的修改器命令，通过编辑修改器命令，可以使图形和几何体的形体发生改变。通过学习本章内容，读者可以掌握各种修改器命令的属性和作用，从而可以使用正确的修改器制作出各种精美的模型。

课堂学习目标

✔ 熟悉"修改"命令面板
✔ 掌握二维图形生成三维模型的修改器命令
✔ 掌握三维模型常用的修改器命令

4.1 初识"修改"命令面板

对于"修改"命令面板，我们在前面章节中对几何体的修改过程中已经有过接触，通过"修改"命令面板可以直接对几何体进行修改，还能实现修改器命令之间的切换。

创建几何体后，进入"修改"命令面板，面板中显示的是几何体的修改参数。当对几何体进行修改命令编辑后，修改器堆栈中就会显示修改器命令的各项参数，如图 4-1 所示，具体介绍如下。

● 修改器堆栈：用于显示使用的修改器命令。

提示　在修改器堆栈中，有些修改器命令左侧有一个 ▶ 图标，表示该命令拥有子对象层级命令，单击此按钮，子层级就会打开，可以选择子层级命令，如图 4-2 所示。选择子层级命令后，该命令会变为蓝色，表示已启用，如图 4-3 所示。

● 修改器列表：用于选择修改器命令，单击后会弹出下拉菜单，可以选择要使用的修改器命令。
● ◉（修改器命令开关）：用于开启和关闭修改器命令。单击后会变为 图标，表示该修改器命令被关闭，被关闭的命令不再对物体产生影响，再次单击此图标，命令会重新开启。
● ▣（从堆栈中移除修改器）：用于删除当前修改器命令。在修改器堆栈中选择修改器命令，然后单击该按钮，即可删除修改器命令，此修改器命令对几何体进行过的编辑也会被撤销。

● 🖹（配置修改器集）：单击该按钮会弹出相应的快捷菜单，如图4-4所示。用于对修改器命令的布局重新进行设置，可以将常用的命令以列表或按钮的形式表现出来。

图 4-1

图 4-2

图 4-3

图 4-4

提 示

右击"修改器列表"也会弹出相同的快捷菜单。"显示按钮"命令激活时，在"修改器列表"与堆栈之间会显示修改器按钮，可快速指定常用的修改器；选择"配置修改器集"可以设置按钮的数量和指定修改器按钮；"显示列表中的所有集"命令激活时，在弹出的修改器列表中所有的修改器命令会以类别集的方式显示。

4.2　二维图形生成三维模型

第 3 章介绍了二维图形的创建，通过对二维图形基本参数的修改，可以创建出各种形状的图形，但如何把二维图形转化为立体的三维图形并应用到建模中呢？本节将介绍使用修改器将二维图形转化为三维模型的建模方法。

微课视频

4.2.1　课堂案例——花瓶的制作

📝 学习目标
学会使用"车削"修改器和"倒角"修改器制作花瓶模型。

📝 知识要点
使用"矩形"工具，结合使用"编辑样条线""车削""壳""编辑多边形""涡轮平滑"修改器制作玻璃花瓶模型。制作完成的花瓶效果如图 4-5 所示。

📝 模型所在位置
云盘/场景/Ch04/花瓶.max。

📝 效果所在位置
云盘/场景/Ch04/花瓶 ok.max。

📝 贴图所在位置
云盘/贴图。

花瓶的制作

图 4-5

（1）单击"✛（创建）>🖼（图形）>矩形"按钮，在"前"视口中创建矩形，在"参数"卷展栏中设置"长度"为180，"宽度"为40，如图4-6所示。

（2）切换到🖉（修改）命令面板，为矩形施加"编辑样条线"修改器，将选择集定义为"分段"，在场景中选择图4-7所示的分段，按"Delete"键删除。

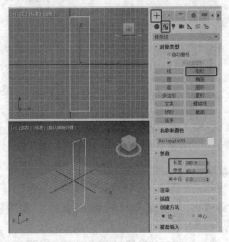

图 4-6

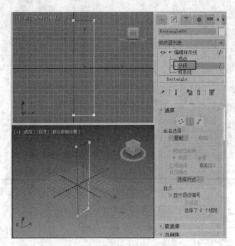

图 4-7

（3）将选择集定义为"顶点"，在"几何体"卷展栏中单击"优化"按钮，在图4-8所示的位置优化顶点。

（4）关闭"优化"按钮，在场景中调整顶点的位置，如图4-9所示。

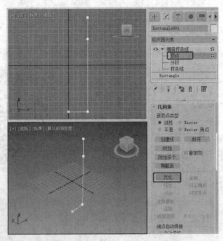

图 4-8

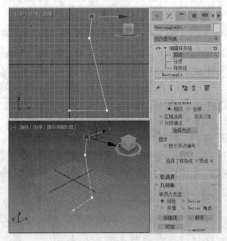

图 4-9

（5）在"几何体"卷展栏中单击"圆角"工具，在场景中设置角的圆角效果，如图4-10所示。

（6）为模型施加"车削"修改器，选择车削的"方向"为"Y"，选择"对齐"为"最小"，如图4-11所示。

（7）为模型施加"壳"修改器，在"参数"卷展栏中设置"外部量"为4，如图4-12所示。

（8）施加"编辑多边形"修改器，将选择集定义为"边"，在场景中选择图4-13所示的边。

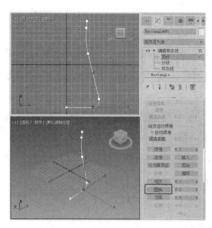

图 4-10

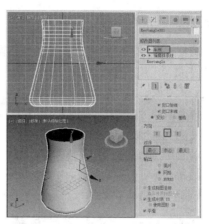

图 4-11

图 4-12

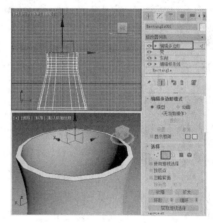

图 4-13

（9）选择边后在"编辑边"卷展栏中单击"切角"后的 ▣（设置）按钮，弹出助手小盒，从中设置切角量为 1，分段为 2，如图 4-14 所示。

（10）关闭选择集，为模型施加"涡轮平滑"修改器，使用默认的参数即可，完成后的效果如图 4-15 所示。

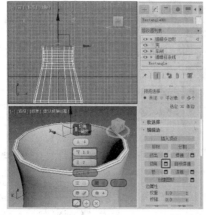

图 4-14

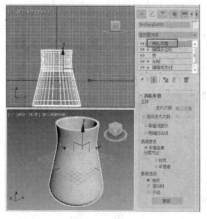

图 4-15

4.2.2 "车削"修改器

"车削"修改器将一个二维图形沿一个轴向旋转一周，从而生成一个三维旋转体。它是非常实用的建模工具，常用来建立诸如高脚杯、装饰柱、花瓶及一些对称的旋转体模型。旋转的角度可以是0°～360°的任何数值。

对于所有修改器来说，都必须在相应对象被选中时才能对其修改器命令进行选择。"车削"修改器是用于对二维图形进行编辑的命令，所以只有选择二维图形后才能选择"车削"修改器命令。

在视口中任意创建一个二维图形，如图4-16所示。单击 （修改）按钮，然后单击"修改器列表"，从中选择"车削"修改器，建模效果如图4-17所示。

"车削"修改器的"参数"卷展栏（见图4-18）中的选项功能如下。

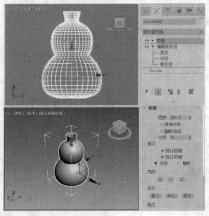
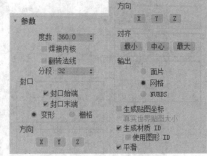

图4-16   图4-17   图4-18

● 度数：用于设置旋转的角度，如图4-19、图4-20所示。

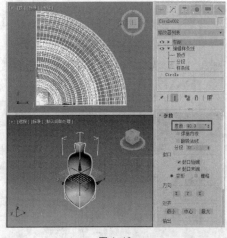
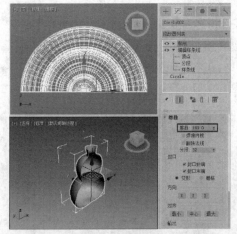

图4-19   图4-20

● 焊接内核：通过将旋转轴中的顶点进行"焊接"来简化网格。如果要创建一个变形目标，应禁用该复选框。图4-21所示为"焊接内核"的前后对比。
● 翻转法线：依赖图形上顶点的方向和旋转方向，旋转对象可能会内部外翻。勾选"翻转法线"复选框可修复这个问题。如果出现图4-22左图所示的效果，勾选"翻转法线"复选框会变为图 4-22 右图所示"翻转法线"后的效果。

图 4-21   图 4-22

（1）"封口"选项组：当车削对象的"度数"小于360°时，它控制是否在车削对象内部创建封口。

● 封口始端：封口设置的"度数"小于360°的车削对象的始点，并形成闭合的面。

● 封口末端：封口设置的"度数"小于360°的车削对象的终点，并形成闭合的面。

● 变形：选中该按钮，将不进行面的精简计算，以便用于变形动画的制作。

● 栅格：选中该按钮，将进行面的精简计算，但不能用于变形动画的制作。

（2）"方向"选项组："方向"选项组用于设置旋转中心轴的方向。"X""Y""Z"分别用于设置不同的轴向。系统默认"Y"为旋转中心轴。

（3）"对齐"选项组：用于设置曲线与中心轴线的对齐方式。

● 最小：将曲线内边界与中心轴线对齐。

● 中心：将曲线中心与中心轴线对齐。

● 最大：将曲线外边界与中心轴线对齐。

4.2.3 "倒角"修改器

"倒角"修改器可以使线形模型增长一定的厚度形成立体模型，还可以使生成的立体模型产生一定的线形或圆形倒角。下面介绍"倒角"修改器的用法和命令面板的参数。

选择"倒角"修改器命令的方法与"车削"修改器命令相同，选择时应先在视口中创建二维图形，选中二维图形后再选择"倒角"修改器命令。图 4-23 所示为给一个二维图形施加"倒角"修改器命令的前后对比。

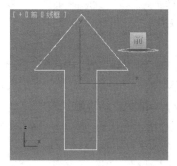

图 4-23

下面介绍"倒角"修改器的参数面板中各选项的功能。

（1）"参数"卷展栏（见图 4-24）中的选项功能如下。

① "封口"选项组：用于控制两端的面是否封口。

● "封口类型"选项组：用于设置封口表面的构成类型。

● 变形：不处理表面，以便进行变形操作，制作变形动画。

● 栅格：进行表面网格处理，它产生的渲染效果要优于"Morph"（变形）方式。

② "曲面"选项组：用于控制侧面的曲率、光滑度并指定贴图坐标。

● 线性侧面：设置倒角内部片段划分为直线方式。

● 曲线侧面：设置倒角内部片段划分为弧形方式。

● 分段：设置倒角内部的段数。

● 级间平滑：勾选该复选框，将对倒角进行光滑处理，但总是保持顶盖不被光滑处理。

③ "相交"选项组：用于在制作倒角时，改进因尖锐的折角而产生的突出变形。

● 避免线相交：勾选该复选框，可以防止尖锐折角产生的突出变形。

● 分离：设置 2 个边界线之间保持的距离间隔，以防止越界交叉。

（2）"倒角值"卷展栏（见图 4-25）用于设置不同倒角级别的高度和轮廓，其选项功能如下。

● 起始轮廓：设置原始图形的外轮廓大小。

● 级别 1/级别 2/级别 3：分别设置 3 个级别的高度和轮廓大小。

图 4-24

图 4-25

4.2.4 "挤出"修改器

"挤出"修改器的作用是给二维图形沿着其局部坐标系的 z 轴方向增加一个厚度，还可以沿着挤出方向为它指定段数，如果二维图形是封闭的，可以指定挤出的物体是否有顶面和底面。下面介绍"挤出"修改器的使用方法和命令面板参数。

在场景中选择需要施加"挤出"修改器的图形，在"修改器列表"中选择"挤出"修改器。图 4-26 所示为给一个二维星形施加"挤出"修改器的前后对比。

"挤出"修改器的"参数"卷展栏（见图 4-27）中的选项功能如下。

● 数量：用于设置挤出的高度。

● 分段：用于设置在挤出高度上的段数。

（1）"封口"选项组

● 封口始端：将挤出的对象顶端加面覆盖。

- 封口末端：将挤出的对象底端加面覆盖。
- 变形：选中该按钮，将不进行面的精简计算，以便用于变形动画的制作。
- 栅格：选中该按钮，将进行面的精简计算，不能用于变形动画的制作。

（2）"输出"选项组

- 面片：将挤出的对象输出为面片造型。
- 网格：将挤出的对象输出为网格造型。
- NURBS：将挤出形成的对象输出为 NURBS 曲面造型。

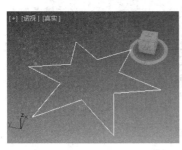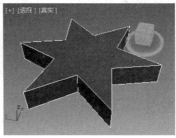

图 4-26　　　　　　　　　　　　　　　　　　　　图 4-27

4.2.5　课堂案例——石膏线的制作

📋 **学习目标**

学会使用"扫描"修改器制作石膏线模型。

📋 **知识要点**

使用"矩形"工具、"圆"工具，结合使用"编辑样条线"修改器、"扫描"修改器制作石膏线模型，完成效果如图 4-28 所示。

📋 **模型所在位置**

云盘/场景/Ch04/石膏线.max。

📋 **效果所在位置**

云盘/场景/Ch04 石膏线 ok.max。

📋 **贴图所在位置**

云盘/贴图。

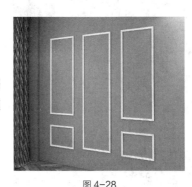

微课视频

石膏线的制作

图 4-28

（1）单击"➕（创建）> ⚙（图形）>矩形"按钮，在"前"视口中创建矩形作为扫描路径，在"参数"卷展栏中设置"长度"为 1 200，"宽度"为 400，如图 4-29 所示。

（2）继续创建矩形（参数设置见图 4-30），该矩形作为扫描图形。

（3）在"顶"视口中创建"圆"，设置合适的参数，复制圆，如图 4-31 所示。

（4）为矩形施加"编辑样条线"修改器，在"几何体"卷展栏中单击"附加"按钮，在场景中附加圆，如图 4-32 所示。

（5）将选择集定义"样条线"，在"几何体"卷展栏中选择"修剪"工具，将多余的线段修剪掉，如图 4-33 所示。

（6）修改图形后，将选择集定义为"顶点"，按"Ctrl+A"组合键，全选顶点，在"几何体"卷展栏中单击"焊接"按钮，焊接顶点，如图 4-34 所示。

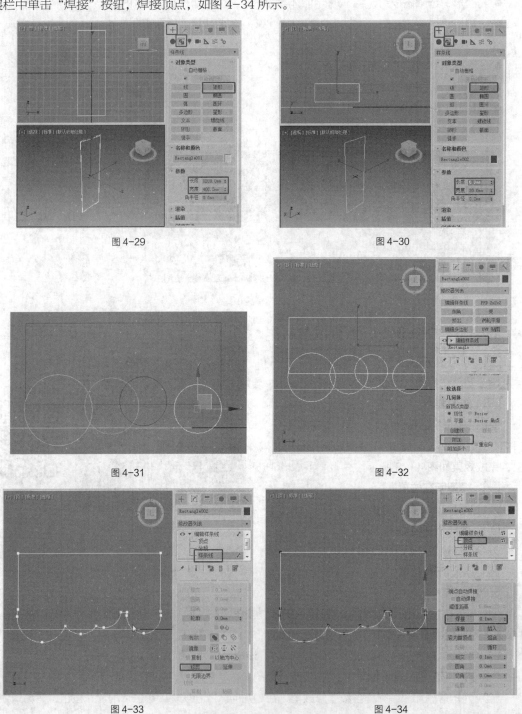

图 4-29   图 4-30

图 4-31   图 4-32

图 4-33   图 4-34

（7）在场景中选择第 1 个矩形，为其施加"扫描"修改器，在"截面类型"中选择"使用自定义截面"单选按钮，单击"拾取"按钮，拾取修剪后的图形，如图 4-35 所示。

（8）在"扫描参数"卷展栏中设置合适的参数，如图 4-36 所示，石膏线即制作完成。

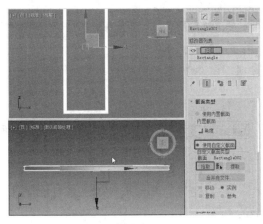

图 4-35

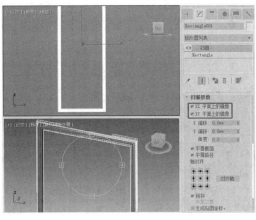

图 4-36

4.2.6 "倒角剖面"修改器

"倒角剖面"修改器使用一个图形作为路径或"倒角剖面"来挤出另一个图形，它是"倒角"修改器的一种变化。

提示

"倒角剖面"修改器拾取的剖面图形必须保留，如果删除，"倒角剖面"修改器会失去效果。与提供图形的"放样"对象不同，"倒角剖面"只是一个简单的修改器。

为图形施加"倒角剖面"修改器后，在 ▣（修改）命令面板中会显示出其修改参数，如图 4-37 所示。在该参数面板中有 2 种版本的倒角剖面参数，一种是"经典"，另一种是"改进"。

"剖面 Gizmo"子对象层级：在修改器堆栈中将选择集定义为"剖面 Gizmo"，可以调整剖面坐标的角度或位置。

在场景中选择需要施加"倒角剖面"修改器的图形，如图 4-38 所示。在"修改器列表"中选择"倒角剖面"修改器，视口内效果如图 4-39 所示。单击"拾取剖面"按钮，拾取剖面图形，视口内效果如图 4-40 所示。

图 4-37

图 4-38

图 4-39

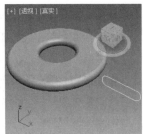

图 4-40

"参数"卷展栏中"经典"面板中的选项功能如下。

● 拾取剖面：选中一个图形或 NURBS 曲线作为剖面路径。

● 避免线相交：防止倒角曲面自相交。这需要更多的处理器计算，而且在处理复杂几何体时很耗时。

● 分离：设定侧面为防止自相交而分开的距离。

4.2.7 "扫描"修改器

"扫描"修改器类似于"挤出"修改器，原理是沿着基本样条线或 NURBS 曲线路径挤出横截面，可以处理一系列预制的横截面，如角度、通道和宽法兰，也可以使用用户自定义的样条线或 NURBS 曲线作为截面。

在创建结构钢细节、建模细节或任何需要沿着样条线挤出截面的模型时，该修改器也非常有用。其作用类似于"放样"复合对象，但它是一种更有效的方法。

下面介绍"扫描"修改器的参数面板中各选项的功能。

（1）"截面类型"卷展栏（见图 4-41）中的选项功能如下。

● 使用内置截面：选择该单选按钮后，可以使用一个内置的备用截面。在使用内置截面时，相应地会有"参数"和"插值"卷展栏。

①"内置截面"选项组：单击下方列表右侧的下拉按钮会显示系统内置的截面，如图 4-42 所示。各种内置截面前均有形象的图标显示，这里就不详细介绍了。

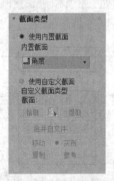

图 4-41

图 4-42

● 使用自定义截面：勾选该复选框后，可以在场景中拾取用户自定义的截面图形。一般用于处理室内灯池和墙裙、各类门窗或建筑的细节包边等模型。

②"自定义截面类型"选项组：用于控制自定义截面。

● 截面：用于显示自定义截面图形的名称。

● 拾取：单击该按钮，在场景中拾取图形，自定义的模型效果即在场景中显示。

● ▣（拾取图形）：单击该按钮，弹出"拾取图形"对话框，从中可以按名称选择自定义图形。

● 提取：单击该按钮，可以创建一个新的当前自定义截面图形，该图形可以选择为副本、实例或参考。

● 合并自文件：单击该按钮，弹出"合并文件"对话框，从中可以选择存储在另一个.max 文件中的截面。

（2）"插值"卷展栏（见图 4-43）中的选项功能如下。

"插值"卷展栏中控件只影响选中的内置截面，而不影响截面扫描所沿的样条线。

（3）"参数"卷展栏（见图 4-44）中的选项功能如下。

"参数"卷展栏是与"内置截面"的类型相关的，会根据内置截面显示不同的设置。例如，较复杂的截面如"角度"截面有 7 个可以更改的设置，而"四分之一圆"截面则只有一个设置。

（4）"扫描参数"卷展栏（见图 4-45）中的选项功能如下。

图 4-43　　　　　　　图 4-44　　　　　　　图 4-45

"扫描参数"卷展栏包含用来构建扫描几何体的各种控件。

- 在 XZ 平面上的镜像：勾选该复选框后，截面相对于应用"扫描"修改器的样条线垂直翻转。默认设置为禁用状态。

- 在 XY 平面上的镜像：勾选该复选框后，截面相对于应用"扫描"修改器的样条线水平翻转。默认设置为禁用状态。

- X 偏移：相对于基本样条线移动截面的水平位置。

- Y 偏移：相对于基本样条线移动截面的垂直位置。

- 角度：相对于基本样条线所在的平面旋转截面。

- 平滑截面：勾选该复选框后系统提供一个平滑曲面，该曲面环绕着沿基本样条线扫描的截面的周界。默认设置为启用。

- 平滑路径：勾选该复选框后系统沿着基本样条线的"长度"方向提供一个平滑曲面。对曲线路径这类平滑十分有用。默认设置为启用状态，当路径样条线有明显转折时应取消勾选。

- 轴对齐：用于控制截面与基本样条线路径对齐的 2D 栅格。选择 9 个按钮之一来围绕样条线路径移动截面的轴。

提　示

在精确建模中，"轴对齐"中选择的按钮一般应与截面图形的首顶点是相辅的。如首顶点在截面的左侧，则应选择左侧的任意点。

- 对齐轴：单击该按钮后，"轴对齐"栅格在视口中以 3D 外观显示，如图 4-46 所示。只能看到 3×3 的对齐栅格、截面和基本样条线路径。实现满意的对齐后，就可以弹起"对齐轴"按钮或右键单击以查看扫描。对齐的点以黄色显示，其他点以橙色显示。

- 倾斜：勾选该复选框后，只要路径弯曲并改变其局部 z 轴的高度，截面便围绕样条线路径旋转。如果样条线路径为 2D，则忽略倾斜；如果取消选取，则图形在穿越 3D 路径时不会围绕其 z 轴旋转。默认设置为勾选。

图 4-46

- 并集交集：如果使用多个交叉样条线，比如栅格，那么启用该开关可以生成清晰且更真实的交叉点。

4.3 三维模型的常用修改器

本节将介绍常用的可以使三维模型变形的修改器。

4.3.1 课堂案例——蜡烛的制作

📋 **学习目标**

学会使用"锥化"修改器和"扭曲"修改器制作蜡烛模型。

📋 **知识要点**

使用"星形"工具、"线"工具，结合使用"挤出"修改器、"锥化"修改器、"扭曲"修改器制作蜡烛模型。制作完成的蜡烛的效果如图 4-47 所示。

📋 **模型所在位置**

云盘/场景/Ch04/蜡烛的制作.max。

📋 **效果所在位置**

云盘/场景/Ch04/蜡烛的制作 ok.max。

图 4-47

📋 **贴图所在位置**

云盘/贴图。

（1）单击"➕（创建）>🟢（图形）>星形"按钮，在"顶"视口中创建星形作为蜡烛。在"参数"卷展栏中设置"半径 1"为 16.65，"半径 2"为 12.5，"点"为 8，"圆角半径 1"为 4，"圆角半径 2"为 1.25，如图 4-48 所示。

（2）为图形施加"挤出"修改器，在"参数"卷展栏中设置"数量"为 200，"分段"为 50，如图 4-49 所示。

（3）为模型施加"锥化"（Taper）修改器，在"参数"卷展栏中设置"数量"为-0.5，"曲线"为 0.5，"主轴"为"Z"，"效果"为"XY"，如图 4-50 所示。

（4）为模型施加"扭曲"（Twist）修改器，在"参数"卷展栏中设置扭曲的"角度"为 450，"扭曲轴"为"Z"，如图 4-51 所示。

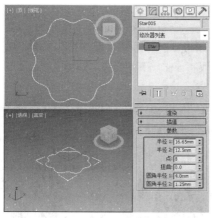

图 4-48

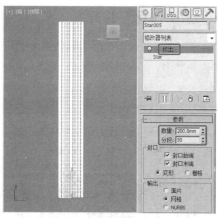

图 4-49

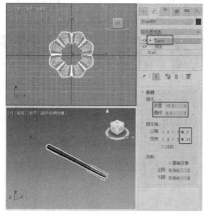

图 4-50

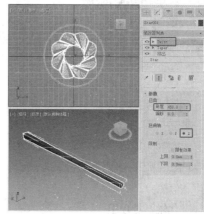

图 4-51

（5）如果模型没有出现扭曲，在修改器堆栈中选择"挤出"修改器，设置挤出的"分段"为 50，如图 4-52 所示，返回到"扭曲"修改器，可以发现模型的变化。

（6）在"顶"视口中创建图 4-53 所示的可渲染的"线"作为烛芯模型，在"渲染"卷展栏中勾选"在渲染中启用""在视口中启用"复选框，设置"径向"的"厚度"为 4，调整模型至合适的位置，如图 4-53 所示。蜡烛制作完成。

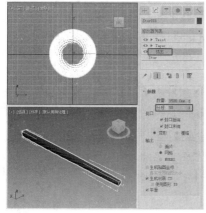

图 4-52

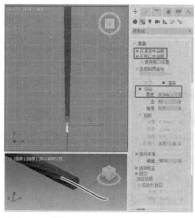

图 4-53

4.3.2 "锥化"修改器

"锥化"修改器通过缩放对象几何体的两端（一端放大而另一端缩小）产生锥化轮廓。可以在 2 组轴上控制锥化的量和曲线，也可以对几何体的某一段限制锥化。下面介绍"锥化"修改器的使用方法和命令面板参数。

在场景中选择需要施加"锥化"修改器的几何体，在"修改器列表"中选择"锥化"修改器，设置合适的参数。图 4-54 所示为给圆柱体施加"锥化"修改器的前后对比。

"锥化"修改器的"参数"卷展栏（见图 4-55）中的选项功能如下。

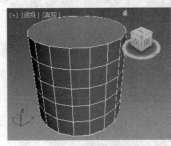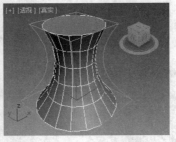

图 4-54   图 4-55

1. "锥化"选项组

- 数量：用来控制对物体锥化的倾斜程度，正值向外倾斜，负值向里倾斜。该数量是相对值，最大为 10。
- 曲线：用来控制侧面轮廓的曲度，正值向外曲，负值向里曲。值为 0 时，侧面曲度不变。默认值为 0。

2. "锥化轴"选项组

- 主轴：锥化的中心轴或中心线，有"X""Y""Z"3 种选择，默认为"Z"。
- 效果：用于影响锥化效果的轴向。影响轴可以是剩下 2 个轴的任意一个，或者是它们的合集。如果主轴是 x，影响轴可以是 y、z 或 yz，默认设置为 xy。
- 对称：如果勾选该选项物体将围绕一个轴来对称锥化效果。默认设置为禁用状态。

3. "限制"选项组

- 限制效果：勾选此复选框并设置其参数可以控制锥化效果的影响范围。
- 上限：用于设置锥化的上限，在此限度以上的区域将不受到锥化影响。
- 下限：用于设置锥化的下限，在此限度与上限之间的区域都会受到锥化的影响。

4.3.3 "扭曲"修改器

"扭曲"修改器在对象几何体中产生一个旋转效果（就像拧湿抹布）。可以控制任意 3 个轴上扭曲的角度，并设置偏移来压缩扭曲相对于轴点的效果，也可以对几何体的某一段限制扭曲。

在场景中选择需要施加"扭曲"修改器的模型，在"修改器列表"中选择"扭曲"修改器，设置合适的参数。图 4-56 所示为给长方体施加"扭曲"修改器的前后对比。

"扭曲"修改器的"参数"卷展栏（见图 4-57）中的选项功能如下。

1. "扭曲"选项组

- 角度：用来控制围绕垂直轴扭曲的程度。

● 偏移：使扭曲旋转在对象的任意末端聚团。数值范围为−100～100，默认为 0。

2. "扭曲轴"选项组

该选项组用于选择执行扭曲所沿着的轴。默认设置为"Z"。

3. "限制"选项组

● 上限：用于设置扭曲效果的上限。默认值为 0。

● 下限：用于设置扭曲效果的下限。默认值为 0。

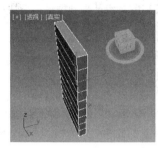 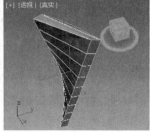 

图 4-56　　　　　　　　　　　　　　　　图 4-57

4.3.4　"噪波"修改器

"噪波"修改器是一种能使物体表面凸起、破碎的工具，一般来创建地面、山体和水面的波纹等不平整的模型。

在场景中选择需要施加"噪波"修改器的模型，并在"修改器列表"中选择"噪波"修改器，设置合适的参数。图 4-58 所示为给立方体施加"噪波"修改器的前后对比。

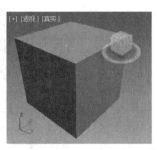 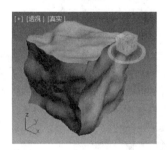

图 4-58

"噪波"修改器的"参数"卷展栏（见图 4-59）中的选项功能如下。

（1）"噪波"选项组：控制噪波的出现，及由此引起的在对象的物理变形上的影响。默认情况下，此控制处于非活动状态直到用户更改设置。

● 种子：从设置的数中生成一个随机起始点。在创建地形时尤其有用，因为每种设置都可以生成不同的配置。

● 比例：设置噪波影响（不是强度）的大小。较大的值产生更为平滑的噪波，较小的值产生锯齿现象更严重的噪波。

● 分形：根据当前设置产生分形效果。默认设置为禁用状态。

● 粗糙度：决定分形变化的程度。

图 4-59

- **迭代次数**：控制分形功能所使用的迭代的数目。较小的迭代次数使用较少的分形能量并生成更平滑的效果。

（2）"强度"选项组：控制噪波效果（强度）的大小。

- X、Y、Z：分别沿着3条轴设置噪波效果的强度。

（3）"动画"选项组：用于设置动画的频率强度和时长。

- 动画噪波：调节"噪波"和"强度"参数的组合效果。

- 频率：设置正弦波的周期，以调节噪波效果的速度感。较高的频率使噪波振动得更快；较低的频率产生较为平滑和更温和的噪波。

- 相位：移动噪波的开始和结束点。

4.3.5 "编辑多边形"修改器

"编辑多边形"修改器是一种网格修改器，它在功能和使用上几乎包含了"编辑网格"修改器的所有功能，二者最大的区别是"编辑网格"修改器的对象是由三角面构成的框架结构，"编辑网格"修改器可以通过编辑"面"子对象层级来编辑对象的三角面；而"编辑多边形"修改器比"编辑网格"修改器多了一个"边界"子对象层级，且功能比"编辑网格"修改器强大很多。

1．"编辑多边形"修改器与"可编辑多边形"修改器的区别

"编辑多边形"修改器（见图4-60）与"可编辑多边形"修改器（见图4-61）大部分参数相同，但卷展栏参数有不同之处。

图 4-60

图 4-61

"编辑多边形"是一个修改器，可在修改器堆栈中添加该修改器。

"可编辑多边形"是一个塌陷型修改器，比"编辑多边形"修改器多了"细分曲面""细分置换"卷展栏。

"编辑多边形"还具有"模型"和"动画"2种操作模式。在"模型"模式下，可以使用各种工具编辑多边形；在"动画"模式下可以结合"自动关键点"或"设置关键点"工具将"编辑多边形"的操作设置为动画，此模式下只有用于设置动画的功能可用。

2. "编辑多边形"修改器的子对象层级

"编辑多边形"修改器为选定的对象"顶点""边""边界""多边形"和"元素"提供了显式编辑工具。

为模型施加"编辑多边形"修改器后，在修改器堆栈中可以查看"编辑多边形"修改器的子对象层级，如图4-62所示。各子对象层级介绍如下。

- ▦（顶点）：顶点是位于相应位置的点，它们定义了构成"多边形"子对象的其他子对象的结构。当移动或编辑顶点时，它们形成的几何体也会受影响。顶点也可以独立存在，这些孤立顶点可以用来构建其他几何体，但在渲染时，它们是不可见的。

- ▨（边）：边是连接2个顶点的直线，它可以形成多边形的边。边不能由2个以上的多边形共享。

图 4-62

- ▦（边界）：边界是网格的线性部分，它通常是多边形某一面的边序列。

- ▦（多边形）：多边形是通过曲面连接的3条或多条边的封闭序列。多边形提供"编辑多边形"修改器的可渲染曲面。当将选择集定义为"多边形"时，可选择单个或多个多边形，然后使用标准方法变换它们。

- ▦（元素）：元素指单个的网格对象，2个或2个以上的元素可组合为一个更大对象。

3. 公共参数卷展栏

"编辑多边形"修改器的各子对象层级都有一些公共的卷展栏参数，在"参数"卷展栏中选择子对象层级后，相应的命令就会被激活。下面我们就来介绍这些公共卷展栏中的各种命令和工具的应用。

（1）"编辑多边形模式"卷展栏（见图4-63）中的选项功能如下。

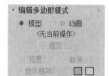

- 模型：用于使用"编辑多边形"修改器建模。在"模型"模式下，不能设置操作的动画。

- 动画：用于使用"编辑多边形"修改器设置动画。除选择"动画"外，必须启用"自动关键点"或使用"设置关键点"才能设置子对象变换和参数更改的动画。

图 4-63

- 标签：显示当前存在的任何命令；如果不存在，它显示<无当前操作>。

- 提交：在"模型"模式下，使用小盒接受任何更改并关闭小盒（与小盒上的"确定"按钮相同）；在"动画"模式下，冻结已设置动画的选择对象在当前帧的状态，然后关闭对话框，会丢失所有现有关键帧。

- 设置：切换不同命令的小盒。

- 取消：取消最近使用的命令。

- 显示框架：在修改或细分之前，切换选择多边形子对象时的2种线框颜色。当前框架颜色显示为此复选框右侧的色样。第1种颜色表示未选定的子对象，第2种颜色表示选定的子对象。通过单击色样可更改颜色。注意"显示框架"的切换只能在子对象层级使用。

（2）"选择"卷展栏（见图4-64）中的选项功能如下。

5个子对象层级按钮用于显示和激活相对应的子对象层级。

- 使用堆栈选择：启用该选项后，"编辑多边形"修改器自动使用在堆

图 4-64

栈中向上传递的任何现有子对象，并禁止用户手动选择。

● 按顶点：启用该选项后，只有通过选择顶点才能选择子对象。单击顶点时，将选择使用了该顶点的所有子对象。该功能在"顶点"子对象层级上不可用。

● 忽略背面：启用该选项后，只选择朝向正面的那些子对象。

● 按角度：启用该选项后，选择一个多边形后会基于复选框右侧的角度设置同时选择相邻多边形。该值可以确定要选择的邻近多边形之间的最大角度。仅在"多边形"子对象层级可用。

● 收缩：通过取消选择最外部的子对象以缩小子对象的选择区域。如果一直选择"收缩"选项，选择的子对象会直至无可选择为止，示例如图 4-65 所示。

● 扩大：朝所有可用方向外侧扩展选择区域，示例如图 4-66 所示。

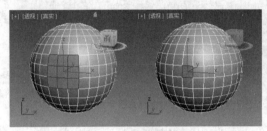 

图 4-65　　　　　　　　　　　　　　　　图 4-66

● 环形：调节"环形"按钮旁边的微调器可在任意方向上将选择移动到相同环上的其他边，即相邻的平行边，示例如图 4-67 所示。如果选择了"循环"，则可以使用该功能选择相邻的循环。注意它和"循环"只适用于"边"和"边界"子对象层级。

● 循环：在与所选边对齐的同时，尽可能远地扩展边选定范围。循环选择仅通过"四向连接"进行传播，示例如图 4-68 所示。

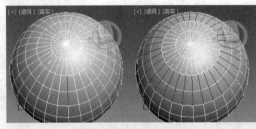 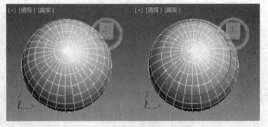

图 4-67　　　　　　　　　　　　　　　　图 4-68

● 获取堆栈选择：使用在堆栈中向上传递的子对象替换当前选择。

选择子对象之前，用户可利用"预览选择"选项组进行预览。根据鼠标指针的位置，可以在当前子对象层级预览，或者自动切换子对象层级。

● 关闭：预览不可用。

● 子对象：仅在当前子对象层级启用预览，鼠标指针移至子对象时该子对象会以高亮显示。如果需要选择特定的子对象，可以按住"Ctrl"键移动鼠标指针拖曳过需要选择的子对象，单击鼠标即可选择，示例如图 4-69 所示。

● 多个：功能与"子对象"选项一样，但根据鼠标指针的位置，它可在"顶点""边"和"多边形"子对象层级级别之间自动变换。

- 文本提示行：选择卷展栏底部是一个文本显示，提供有关当前选择的信息。如果没有子对象选中，或者选中了多个子对象，那么该文本给出选择的数目和类型。

（3）"软选择"卷展栏（见图 4-70）中的选项功能介绍如下。

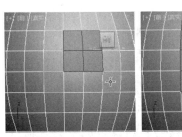
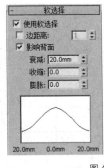

图 4-69　　　　　　　　　　　　　图 4-70

- 使用软选择：勾选该复选框后，3ds Max 会将样条线对象的变形操作应用到该对象周围的未选定子对象。要产生效果，必须在变换或修改样条线对象之前启用该复选框。
- 边距离：勾选该复选框后，将软选择限制到指定的面数。
- 影响背面：勾选该复选框后，那些法线方向与选定子对象平均法线方向相反的、取消选择的面就会受到软选择的影响。
- 衰减：用以定义"影响背面"区域的大小（球体）。设置越大的衰减值，就可以实现越平缓的斜坡，具体情况取决于几何体比例。
- 收缩：沿着垂直轴提高或降低曲线的顶点。设为正数时，将生成凸起；设为负数时，将生成凹陷；设为 0 时，收缩将跨越该轴生成平滑变换。
- 膨胀：沿着垂直轴展开和收缩曲线。
- 明暗处理面切换：显示颜色渐变，它与软选择的范围权重相适应。
- 锁定软选择：勾选该复选框后，将禁用标准软选择选项。通过锁定标准软选择的一些选项，可避免程序对它们进行更改。

用户可以通过绘制不同权重的不规则形状来表达想要的选择效果。与标准软选择相比，使用"绘制软选择"选项组中的选项可以更灵活地控制软选择图形的范围，让用户不再受固定衰减曲线的限制。

- 绘制：选择该选项，在视口中拖动鼠标，可在当前对象上绘制软选择。
- 模糊：选择该选项，在视口中拖动鼠标，可软化当前软选择的轮廓。
- 复原：选择该选项，在视口中拖动鼠标，可软化软选择。
- 选择值：设置绘制或复原软选择的最大权重，最大值为 1。
- 笔刷大小：设置绘制软选择的笔刷大小。
- 笔刷强度：设置绘制软选择的笔刷强度，强度越高，达到完全值的速度越快。

提示　通过"Ctrl+Shift+鼠标左键"可以快速调整笔刷大小，通过"Alt+Shift+鼠标左键"可以快速调整笔刷强度，绘制时按住"Ctrl"键在绘制的软选择上绘制，就会减选绘制的软选择。

- 笔刷选项：单击该按钮可打开"绘制选项"对话框来自定义笔刷的形状、镜像、压力设置等相关属性，如图 4-71 所示。

（4）"编辑几何体"卷展栏（见图 4-72）中的选项功能如下。

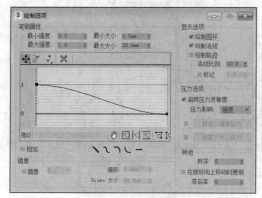

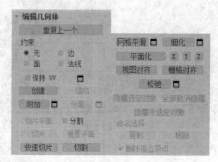

图 4-71   图 4-72

- 重复上一个：重复最近使用的命令。

① "约束"选项组：可以使用现有的几何体约束子对象的变换。

- 无：没有约束。这是默认选项。
- 边：约束子对象到边界的变换。
- 面：约束子对象到单个曲面的变换。
- 法线：约束子对象到其法线（或法线平均）的变换。
- 保持 UV：勾选该复选框后，可以编辑子对象，而不影响对象的 UV 贴图。
- 创建：创建新的几何体。
- 塌陷：通过将其顶点与选择中心的顶点焊接，使有连续选定子对象的组产生塌陷，示例如图 4-73 所示。
- 附加：用于将场景中的其他对象附加到选定的"多边形"子对象。单击 🔲（附加列表）按钮，在弹出的对话框中可以选择一个或多个对象进行附加，示例如图 4-74 所示。

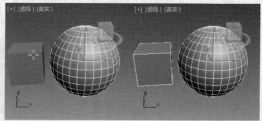

图 4-73   图 4-74

- 分离：将选定的子对象和附加到子对象的多边形作为单独的对象或元素进行分离。单击 🔲（设置）按钮，可打开"分离"对话框，使用该对话框可设置多个分离选项。
- 切片平面：为切片平面创建 Gizmo（后面会讲到），可以定位和旋转它，来指定切片位置。同时启用"切片"和"重置平面"按钮。单击"切片"可在平面与几何体相交的位置创建新边。
- 分割：勾选该复选框后，通过"快速切片"和"分割"操作，可以为划分边的位置处的点创建 2 个顶点集。

● 切片：在切片平面位置处执行"切片"操作。只有启用"切片平面"时，才能使用该选项。

● 重置平面：将切片平面恢复到其默认位置和方向。只有启用"切片平面"时，才能使用该选项。

● 快速切片：可以将对象快速切片，而不用操纵 Gizmo。先选择对象，并单击"快速切片"，然后在切片的起点处单击一次，再在其终点处单击一次即可实现快速切片。要停止切片操作，可在视口中右击，或者重新单击"快速切片"将其关闭。

● 切割：用于创建一个多边形到另一个多边形的边，或在多边形内创建边。

● 网格平滑：使用当前设置平滑对象。单击■（设置）按钮，可指定"平滑"的应用方式。

● 细化：根据细化设置细分对象中所有多边形。

● 平面化：强制所有选定的子对象成为共面。

● X、Y、Z：平面化选定的所有子对象，并使该平面与对象的局部坐标系中的相应平面对齐。例如，使用的平面是与"X"按钮（x 轴）相垂直的平面，则单击"X"按钮时，可以使该对象与局部 yz 平面对齐。

● 视图对齐：使对象中的所有顶点与活动视口所在的平面对齐。在子对象层级，此功能只会影响选定顶点或属于选定子对象的那些顶点。

● 栅格对齐：使选定对象中的所有顶点与活动视口所在的平面对齐。在子对象层级，只会对齐选定的子对象。

● 松弛：使用当前的松弛设置将"松弛"功能应用于当前选择对象。"松弛"可以规格化网格空间，方法是朝着邻近对象的平均位置移动每个顶点。单击■（设置）按钮，可指定"松弛"功能的应用方式。

● 隐藏选定对象：隐藏选定的子对象。

● 全部取消隐藏：将隐藏的子对象恢复为可见。

● 隐藏未选定对象：隐藏未选定的子对象。

② "命名选择"选项组：用于复制和粘贴子对象的命名选择集。

● 复制：打开一个对话框，使用该对话框，可以指定要放置在复制缓冲区中的命名选择集。

● 粘贴：从复制缓冲区中粘贴命名选择集。

● 删除孤立顶点：启用时，在删除连续的子对象时会删除孤立顶点；禁用时，删除子对象时会保留所有顶点。默认设置为启用。

（5）"绘制变形"卷展栏（见图 4-75）中的选项功能如下。

"绘制变形"卷展栏一般用于制作有丘陵状起伏的模型，如山地、雪堆等。

● 推/拉：将顶点移入对象曲面内（推）或移出曲面外（拉）。推/拉的方向和范围由设置的推/拉值所确定。

● 松弛：将每个顶点移到由它的邻近顶点平均位置所计算出来的位置上，以规格化顶点之间的距离。"松弛"的使用方法与"松弛"修改器相同。

● 复原：通过绘制可以逐渐擦除或反转"推/拉"或"松弛"的效果。仅影响从最近的提交操作开始变形的顶点。如果没有顶点可以复原，"复原"按钮不可用。

图 4-75

"推/拉方向"选项组用以指定对顶点的推或拉是根据原始法线或变形法线进行，还是沿着指定轴进行。

- 原始法线：选择该单选按钮后，对顶点的推或拉会使顶点以它变形之前的法线方向进行移动。重复应用"绘制变形"则总是将每个顶点以与它最初移动时相同的方向进行移动。

- 变形法线：选择该单选按钮后，对顶点的推或拉会使顶点以它现在的法线（变形后的法线）方向移动。

- 变换轴：选择"变换轴"下的"X""Y""Z"单选按钮后，对顶点的推或拉会使顶点沿着指定的轴进行移动。

- 推/拉值：确定单个推/拉操作应用的方向和最大范围。正值将顶点拉出对象曲面，负值将顶点推入曲面。

- 笔刷大小：设置圆形笔刷的半径。

- 笔刷强度：设置笔刷应用推/拉值的速率。强度值越低，应用效果的速率越慢。

- 笔刷选项：单击此按钮可以打开"绘制选项"对话框，在该对话框中可以设置各种笔刷相关的参数。

- 提交：使变形的更改永久化。注意在使用"提交"后，就不可以将复原应用到更改上了。

- 取消：取消自最初应用"绘制变形"以来的所有更改，或取消最近的"提交"操作。

4. 子物体层级卷展栏

除了公共参数卷展栏，在"编辑多边形"修改器中还有许多参数卷展栏是与子对象层级相关联的，选择子对象层级时，相应的卷展栏将出现。下面我们对这些特定卷展栏进行详细的介绍。

图 4-76

（1）"编辑顶点"卷展栏（见图 4-76）。只有当子对象层级为"顶点"时，该卷展栏才会显示。其选项功能如下。

- 移除：删除选中的顶点，并接合起使用这些顶点的多边形。

提示

选中需要删除的顶点，如图 4-77 所示。如果直接按"Delete"键，此时网格中会出现一个或多个洞，如图 4-78 所示；如果按"移除"按钮则不会出现孔洞，如图 4-79 所示。

图 4-77

图 4-78

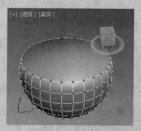

图 4-79

- 断开：在与选定顶点相连的每个多边形上，都创建一个新顶点，这可以使多边形的转角相互分开，使它们不再相连于原来的顶点上。如果顶点是孤立的或者只有一个多边形使用，则顶点将不受影响。

- 挤出：让用户可以手动挤出顶点。方法是单击此按钮，然后垂直拖动到视口中任何顶点上，就可以挤出此顶点。挤出顶点时，顶点会沿法线方向移动，并且创建新的多边形，形成挤出的面，顶点会与对象相连。此对象的面的数目与原来挤出了顶点的多边形数目一样。单击■（设置）按钮可以打开挤出顶点助手，可通过交互式操行执行"挤出"。

● 焊接：对焊接助手中指定的公差范围内选定的连续顶点进行合并。所有边都会与产生的单个顶点连接。单击■（设置）按钮可以打开焊接顶点助手，以便设定焊接阈值。

● 切角：单击此按钮，然后在活动对象中拖动顶点即可生成切角，示例如图 4-80 所示。如果想准确地设置切角，先单击■（设置）按钮，然后设置切角量值。如果选定多个顶点，那么它们都会被施加同样的切角。

● 目标焊接：将一个顶点焊接到相邻目标顶点，示例如图 4-81 所示。目标焊接只焊接成对的连续顶点，也就是说，顶点间要有一个边相连。

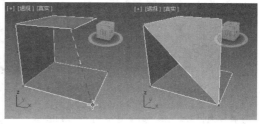

图 4-80　　　　　　　　　　　　　　　　　图 4-81

● 连接：在选中的顶点对之间创建新的边。

● 移除孤立顶点：将不属于任何多边形的所有顶点删除。

● 移除未使用的贴图顶点：某些建模操作会留下未使用的（孤立）贴图顶点，它们会显示在"展开 UVW"修改器中，但是不能用于贴图。可以使用这个按钮来删除这些贴图顶点。

（2）"编辑边"卷展栏（见图 4-82）。只有当子对象层级为"边"时，该卷展栏才会显示。其选项功能如下。

● 插入顶点：用于用户手动细分可视的边。启用"插入顶点"后，单击某边即可在该位置处添加顶点。

● 移除：删除选定边并组合使用这些边的多边形。

● 分割：沿着选定边分割网格。对网格中心的单条边应用时，不会起任何作用。

● 桥：使用多边形的"桥"连接对象的边。桥只连接边界边，也就是只在一侧有多边形的边，示例如图 4-83 所示。创建边循环或剖面时，该工具特别有用。

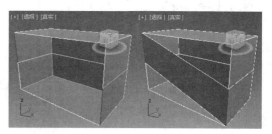

图 4-82　　　　　　　　　　　　　　　　　图 4-83

- 创建图形：选择一条或多条边创建新的样条线。
- 编辑三角剖分：用于修改绘制内边或对角线时多边形细分为三角形的方式。
- 旋转：用于通过单击对角线修改多边形细分为三角形的方式。激活"旋转"时，对角线可以在线框图和边面视口中显示为虚线。在"旋转"模式下，单击对角线可更改对角线的位置。要退出"旋转"模式，可在视口中右击或再次单击"旋转"按钮。

（3）"编辑边界"卷展栏（见图4-84）。只有当子对象层级为"边界"时，该卷展栏才会显示。其选项功能如下。

- 封口：使用单个多边形封住整个边界环，示例如图4-85所示。

图 4-84

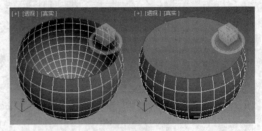

图 4-85

- 创建图形：选择边界创建新的曲线。
- 编辑三角剖分：用于修改绘制内边或对角线时多边形细分为三角形的方式。
- 旋转：用于通过单击对角线修改多边形细分为三角形的方式。

（4）"编辑多边形"卷展栏（见图4-86）。只有当子对象层级为"多边形"时，该卷展栏才会显示。其选项功能如下。

- 插入顶点：用于手动细分多边形。即使处于"元素"子对象层级，同样适用于多边形。启用"插入顶点"后，单击多边形即可在该位置处添加顶点。只要命令处于活动状态，就可以连续细分多边形。
- 挤出：单击"挤出"按钮，然后垂直拖曳任何多边形，即可将其挤出。单击"挤出"按钮后的 ■（设置）按钮，弹出的助手小盒如图4-87所示。从中可以选择挤出多边形的类型，小盒提供了"组法线""本地法线""按多边形"3种类型，还可以精准设置挤出"高度"，下方的3个按钮用于确定是否执行命令。
- ➢ "组法线"类型：使用所选多边形的公共轴向，且挤出的多边形不会变形，示例如图4-88所示。

图 4-86

图 4-87

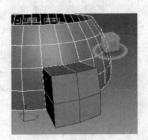

图 4-88

> "本地法线"类型：使用所选多边形的公共轴向，多边形随挤出方向缩放变形，示例如图 4-89 所示。

> "按多边形"类型：按每个多边形自有的轴向独立挤出，多边形不会变形，如图 4-90 所示。

> ⊘（确定）：该按钮用于确定当前挤出操作并退出助手小盒。

> ⊕（应用并继续）：该按钮用于确定当前挤出操作并再次挤出。

> ⊗（取消）：该按钮用于取消当前挤出操作并退出助手小盒。

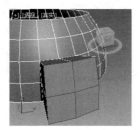

图 4-89

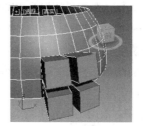

图 4-90

● 轮廓：用于增大或减小每组连续的选定多边形的外边，单击 ▫（设置）按钮可打开轮廓助手，以便通过数值设置施加的轮廓。

● 倒角：通过直接在视口中操作来手动设置倒角，示例如图 4-91 所示。单击 ▫（设置）按钮可打开倒角助手，以便通过交互式操作制作倒角。

● 插入：执行没有高度的倒角操作。图 4-92 所示即在选定多边形的平面内执行该操作。单击 "插入"按钮，然后垂直拖动任何多边形，即可将其插入。单击 ▫（设置）按钮可打开插入助手，以便通过交互式操作插入多边形。

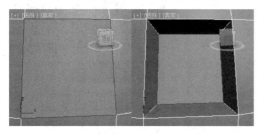

图 4-91

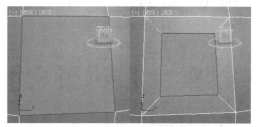

图 4-92

● 翻转：反转选定多边形的法线方向。

● 从边旋转：通过在视口中直接操作手动设置旋转。单击 ▫（设置）按钮可打开从边旋转助手，以便通过交互式操作旋转多边形。

● 沿样条线挤出：沿样条线挤出当前的选定内容。单击 ▫（设置）按钮可打开沿样条线挤出助手，以便通过交互式操作沿样条线挤出。

● 编辑三角剖分：可以通过绘制内边修改多边形细分为三角形的方式。

● 重复三角算法：允许 3ds Max 对"多边形"子对象自动执行最佳的三角剖分操作。

● 旋转：用于通过单击对角线修改多边形细分为三角形的方式。

（5）"多边形：材质 ID"卷展栏（见图 4-93）中的选项功能如下。

只有当子对象层级为"多边形"或"元素"时，该卷展栏才会显示；该卷

图 4-93

展栏一般与"多维/子对象"材质配合使用。

● 设置 ID：用于为选定的面片分配特殊的材质 ID 编号，以供"多维/子对象"材质和其他应用使用。

● 选择 ID：如果已经设置了 ID，可以在"选择 ID"数值框中输入 ID 号来选择对应的子对象。

● 清除选择：启用时，选择新 ID 或材质名称后会取消选择以前选定的所有子对象。

（6）"多边形：平滑组"卷展栏（见图 4-94）中的选项功能如下。

● 按平滑组选择：打开说明当前平滑组的对话框。

● 清除全部：清除选定多边形所分配的平面组。

● 自动平滑：基于多边形之间的角度设置平滑组。如果任何 2 个相邻多边形的法线之间的角度小于阈值角度（由该按钮右侧的微调器设置），它们就会包含在同一平滑组中。

图 4-94

"元素"子对象层级中的"编辑元素"卷展栏中的相关命令与其他子对象层级中的功能相同，这里就不重复介绍了。

课堂练习——形象标识牌的制作

📖 知识要点

使用"矩形"和"文本"工具，结合使用"挤出""编辑样条线"等修改器，制作一个形象标识牌，完成效果如图 4-95 所示。

📖 效果所在位置

云盘/场景/Ch04/形象标识牌 ok.max。

微课视频

形象标识牌的制作

图 4-95

课后习题——装饰葫芦的制作

📖 知识要点

使用"线"工具，以及"编辑样条线"修改器、"车削"修改器和"FFD"修改器来完成装饰葫芦的制作，完成效果如图 4-96 所示。

📖 效果所在位置

云盘/场景/Ch04/装饰葫芦 ok.max。

图 4-96

微课视频

装饰葫芦的制作

第 5 章
复合对象的创建

3ds Max 的基本内置模型是创建复合物体的基础。创建复合物体就是将多个基本内置模型组合在一起，从而产生出千变万化的复杂模型。"布尔"工具和"放样"工具曾经是 3ds Max 的主要建模工具，虽然现在这 2 个建模工具已不再是主力工具，但仍然是快速创建一些相对复杂物体的利器。

课堂学习目标

- ✔ 了解复合对象的类型
- ✔ 掌握使用布尔建模的方法
- ✔ 掌握使用放样建模的方法

5.1 复合对象的类型

3ds Max 中的复合对象通常指由 2 个或多个基本对象组合成的单个对象。对于组合对象的过程用户不仅可以反复调节，还可以表现为动画方式，使一些高难度的造型和动画制作成为可能。单击"➕（创建）>⬤（几何体）>复合对象"，即可打开"复合对象"工具面板，如图 5-1 所示。

"复合对象"工具面板中各工具的功能如下。

图 5-1

- ● 变形：变形是一种与 2D 动画中的中间画类似的动画技术。"变形"可以合并 2 个或多个对象，方法是插补第 1 个对象的顶点，使其与另外一个对象的顶点位置相符。如果随时执行这项插补操作，将会生成变形动画。

提示

变形的种子对象和目标对象必须都是网格、面片或多边形对象，且 2 个对象必须包含相同的顶点数量，否则将无法使用"变形"按钮。

- 散布："散布"是组合复合对象的一种形式，是将所选的源对象散布为阵列，或散布到分布对象的表面。

- 一致：通过将某个对象（称为"包裹器"）的顶点投影至另一个对象（称为"包裹对象"）的表面得到复合对象。

- 连接：可通过对象表面的"洞"连接 2 个或多个对象。要执行此操作，应先删除每个对象的面，在其表面创建一个或多个洞，并确定洞的位置，以使洞与洞之间"面对面"，然后应用"连接"。

- 水滴网格："水滴网格"工具可以通过几何体或粒子创建一组球体，还可以将球体连接起来，就好像这些球体是由柔软的液态物质构成的一样。

- 布尔："布尔"对象通过对 2 个对象执行布尔运算将它们组合起来。在 3ds Max 中，布尔对象是由 2 个重叠对象生成的。原始的 2 个对象是运算对象（A 和 B），而布尔对象自身是运算的结果。

- 图形合并：用于创建包含网格对象和一个或多个图形的复合对象。这些图形嵌入在网格中（将更改边与面的模式），或从网格中消失。

- 地形："地形"工具创建的复合对象是使用等高线数据创建的行星曲面。

- 放样："放样"对象是沿着第 3 个轴挤出的二维图形。可从 2 个或多个现有"样条线"对象中创建"放样"对象。这些样条线之一会作为路径，其余的样条线会作为"放样"对象的横截面或图形。沿着路径排列图形时，3ds Max 会在图形之间生成曲面。

- 网格化：以每帧为基准将程序对象转化为网格对象，这样可以应用修改器，如"弯曲"或"UVW贴图"修改器。它可用于任何类型的对象，但主要为使用粒子系统而设计。

- ProBoolean（超级布尔）："ProBoolean"是"布尔"的升级，它采用了 3ds Max 网格并增加了额外的智能。首先它组合了拓扑，确定了共面三角形并移除附带的边，然后不是在这些三角形上而是在多边形上执行布尔运算。完成布尔运算之后，对结果执行"重复三角算法"，然后在共面的边隐藏的情况下将结果发送回 3ds Max 中。这样额外工作的结果有双重意义：布尔对象的可靠性非常高；因为有更少的边和三角形，因此结果输出更清晰。

- ProCutter（超级切割）：ProCutter 运算的结果尤其适合在动态模拟中使用，主要目的是分裂或细分体积。

5.2 使用布尔建模

布尔运算类似于传统的雕刻建模技术，因此，布尔运算建模是许多设计制作人员常用、也非常喜欢使用的技术。通过使用基本几何体的布尔运算，可以快速、容易地创建任意复合对象。

布尔建模是指对 2 个或 2 个以上的物体进行并集、差集、交集的布尔运算，得到新的物体模型的过程。

3ds Max 提供了 5 种布尔运算方式：并集、交集、差集（A-B）、差集（B-A）和切割。下面将举例介绍布尔运算的基本用法。

（1）先在"顶"视口中创建一个"长度""宽度""高度"均为 100 的立方体，再创建一个"半径"为 65 的球体，然后将 2 个模型中心对齐，如图 5-2 所示。

（2）在场景中选择长方体，单击"＋（创建）>◉（几何体）>复合对象>布尔"按钮，在"布尔参数"卷展栏中单击"添加运算对象"按钮，如图 5-3 所示。

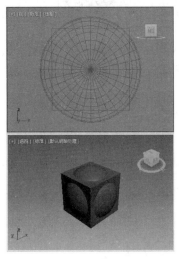

图 5-2

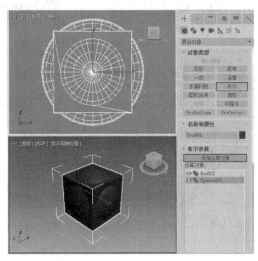

图 5-3

（3）在场景中单击球体对象，然后在"运算对象参数"组中通过改变不同的运算类型，可以生成不同的形体，如图 5-4 所示。

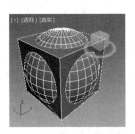

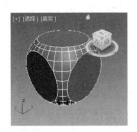

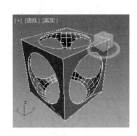

图 5-4

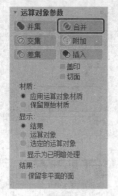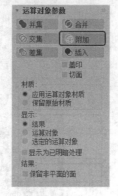

图 5-4（续）

（1）"布尔参数"卷展栏（见图 5-5）中的选项功能如下。

● 添加运算对象：用于选择完成布尔运算的第 2 个对象。

● 运算对象：显示当前的操作对象。

● 移除运算对象：可以在"运算对象"列表中选中，并单击"移除运算对象"
按钮将选中的运算对象移除出运算列表。

图 5-5

● 打开布尔操作资源管理器：单击该按钮，可以打开"布尔操作资源管理
器"对话框，使用"布尔操作资源管理器"可在组合复杂的复合对象时
跟踪操作对象。当用户在"布尔参数"卷展栏中添加操作对象后，操作
对象将自动显示在"布尔操作资源管理器"中。也可以将对象从"场景
资源管理器"拖至"布尔操作资源管理器"，以将其添加为新操作对象。
在"布尔参数"卷展栏中对操作对象及其操作的顺序的所有更改会在"布尔操作资源管理
器"中自动更新。

（2）"运算对象参数"卷展栏（见图 5-6）中的选项功能如下。

● 并集：布尔对象包含 2 个原始对象的体积，但将移除原始对象的相交部
分（重叠部分）。

● 交集：只包含 2 个原始对象的相交部分，剩余几何体会被丢弃。应用了
"交集"的操作对象在视口中显示时会以黄色标出其轮廓。

● 差集：从基础（最初选定）对象移除两对象相交的体积。应用了"差集"
的操作对象在视口中显示时会以蓝色标出其轮廓。

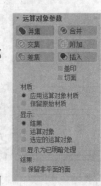

图 5-6

● 合并：使 2 个对象网格相交并组合，而不移除任何原始对象。在对象相
交的位置创建新边。应用了"合并"的操作对象在视口中显示时会以紫色

标出其轮廓。

● 附加：将多个对象合并成一个对象，而不影响各对象的拓扑；各对象实质上是复合对象中的独立元素。应用了"附加"的操作对象在视口中显示时会以橙色标出其轮廓。

● 插入：从操作对象 A（当前结果）减去操作对象 B（新添加的操作对象）的边界图形，操作对象 B 的图形不受此操作的影响。插入与附加类似，不同的是插入会改变操作对象 A，使完整的操作对象 B 融入操作对象 A 中。

● 盖印：勾选该复选框可在操作对象与原始网格之间插入相交边（盖印），而不移除或添加面。"盖印"只分割面，并将新边添加到基础（最初选定）对象的网格中。

● 切面：勾选该复选框可执行指定的布尔操作，但不会将操作对象的面添加到原始网格中，即选定运算对象的面不添加到布尔结果中。勾选该复选框后可以在网格中剪切一个洞，或获取网格在另一对象内部的部分。

① "材质"选项组：设置布尔运算结果的材质属性。

● 应用运算对象材质：将操作对象的材质应用于整个复合对象。

● 保留原始材质：保留应用到复合对象的现有材质。

② "显示"选项组：设置显示结果。

● 结果：显示布尔操作的最终结果。

● 运算对象：显示没有执行布尔操作的操作对象。操作对象的轮廓会以显示当前所执行的布尔操作的颜色标出。

● 选定的运算对象：显示选定的操作对象。操作对象的轮廓会以显示当前所执行的布尔操作的颜色标出。

● 显示为已明暗处理：选择该单选按钮后，在视口中会显示已明暗处理的操作对象，并关闭颜色编码显示。

③ "结果"选项组：在该组中选择是否要保留非平面的面（视情况而定）。

5.3 使用放样建模

放样造型起源于古代的造船技术，以龙骨为路径，在不同截面处放入木板，从而产生船体模型。这种技术被应用于三维建模领域，就是放样建模。"放样"同"布尔"一样，都属于合成复合对象的一种建模工具，放样的原理就是在一条指定的路径上排列截面，从而形成对象表面。

5.3.1 课堂案例——花篮的制作

📓 **学习目标**

学习"放样"工具的用法。

📓 **知识要点**

本例介绍使用"星形""线""圆""弧""放样"工具，结合使用"车削"修改器制作花篮模型。模型效果如图 5-7 所示。

微课视频

花篮的制作

📑 **模型所在位置**

云盘/场景/Ch05/花篮的制作.max。

📑 **效果所在位置**

云盘/场景/Ch05/花篮的制作 ok.max。

📑 **贴图所在位置**

云盘/贴图。

图5-7

（1）单击"➕（创建）>🔷（图形）>星形"按钮，在"前"视口中创建星形作为放样图形。在"参数"卷展栏中设置"半径1"为30，"半径2"为10，"点"为4，如图5-8所示。

（2）切换到🔷（修改）命令面板，在"修改器列表"中选择"编辑样条线"修改器，将选择集定义为"顶点"，在"顶"视口中调整星形到合适的形状，如图5-9所示。

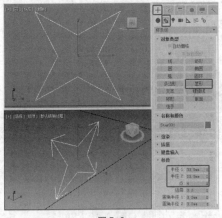

图5-8

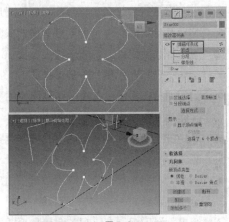

图5-9

（3）单击"➕（创建）>🔷（图形）>圆"按钮，在"顶"视口中创建圆作为篮子上花边的放样路径，在"参数"卷展栏中设置"半径"为360，如图5-10所示。

（4）单击"➕（创建）>⚫（几何体）>复合对象>放样"按钮，在"创建方法"卷展栏中单击"获取图形"按钮，拾取场景中的放样图形，如图5-11所示。

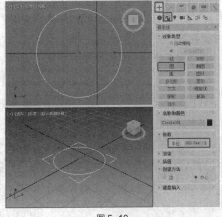

图5-10

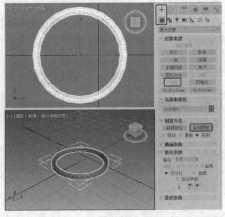

图5-11

（5）切换到 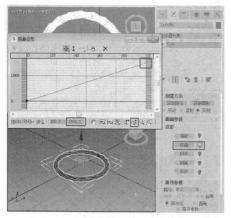（修改）命令面板，在"变形"卷展栏中单击"扭曲"按钮，在弹出的"扭曲变形"对话框中单击 ⛖（垂直缩放）按钮，将对话框中的表格进行垂直缩放，单击 ✥（移动控制点）工具，调整右侧的控制节点，调整"位置"为 1 500，如图 5-12 所示。

（6）在"蒙皮参数"卷展栏中设置"选项"选项组中"路径步数"为 25，如图 5-13 所示。

图 5-12

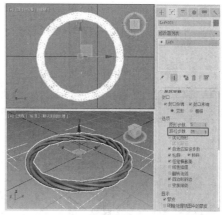

图 5-13

（7）单击"＋（创建）>（图形）>弧"按钮，在"前"视口中创建弧作为篮子提手的放样路径，在"参数"卷展栏中设置"半径"为 360，"从"为 350，"到"为 186，如图 5-14 所示。

（8）单击"＋（创建）>（几何体）>复合对象>放样"按钮，在"创建方法"卷展栏中单击"获取图形"按钮，拾取场景中的放样图形，如图 5-15 所示。

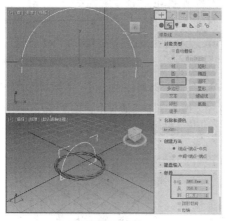

图 5-14

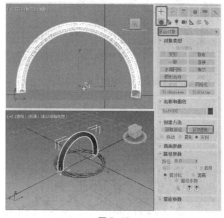

图 5-15

（9）切换到 （修改）命令面板，在"变形"卷展栏中单击"扭曲"按钮，在弹出的"扭曲变形"对话框中单击 ⛖（垂直缩放）按钮，将对话框中的表格进行垂直缩放，单击 ✥（移动控制点）工具，调整右侧的控制节点，调整"位置"为 1 300，如图 5-16 所示。

（10）在"蒙皮参数"卷展栏中设置 "选项"选项组中"路径步数"为 20，如图 5-17 所示。

（11）单击"＋（创建）>（图形）>线"按钮，在"前"视口中创建样条线，将选择集定义为"顶点"，切换到 （修改）命令面板调整样条线的形状，如图 5-18 所示。

（12）将选择集定义为"样条线"，在"几何体"卷展栏中单击"轮廓"按钮，为样条线设置合适的轮廓，如图 5-19 所示，关闭选择集。

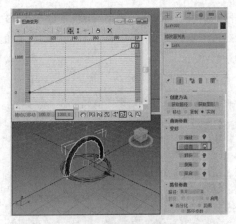

图 5-16

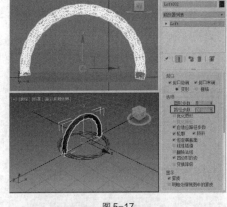

图 5-17

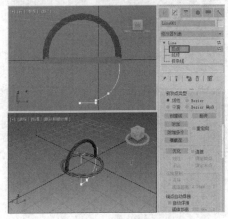

图 5-18

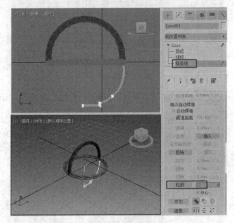

图 5-19

（13）在"修改器列表"中选择"车削"修改器，在"参数"卷展栏中设置"度数"为 360，设置"分段"为 32，在"方向"组中单击"Y"，在"对齐"组中单击"最小"，如图 5-20 所示。

（14）对篮子上的花边模型进行复制，调整其到底部位置作为底部花边模型，并调整其到合适的大小。完成的模型效果如图 5-21 所示。

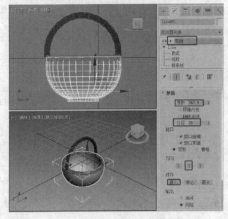

图 5-20

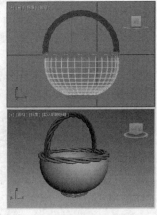

图 5-21

5.3.2　"放样"工具的用法

"放样"工具的用法主要分为 2 种：一种是单截面放样变形，只用一次放样变形即可制作出所需要的形体；另一种是多截面放样变形，用于制作较为复杂的几何形体，在制作过程中要进行多个路径的放样变形。

1. 单截面放样变形

单截面放样变形是放样建模的基础，也是使用比较普遍的放样方法。

（1）在视口中创建一个星形和一个路径，如图 5-22 所示。

（2）选择作为路径的弧，单击"┿（创建）>◉（几何体）>复合对象>放样"按钮，在"创建方法"卷展栏中单击"获取图形"按钮，在视口中单击星形作为"放样"对象，星形会作为截面图形沿路径挤出三维模型，如图 5-23 所示。

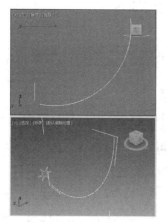

图 5-22

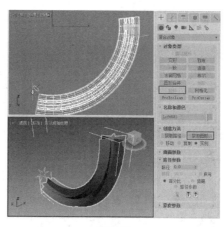

图 5-23

2. 多截面放样变形

在实际制作过程中，有一部分复杂的模型只用单截面放样变形是不能完成的，这些模型由不同的截面结合而成，这时就要用到多截面放样变形。

在路径的不同位置拾取不同的二维截面图形，主要是通过在"路径参数"卷展栏中的"路径"文本框中输入数值或拖曳 ⬍（微调器）按钮（百分比、距离、路径步数）来实现的。

（1）在场景中分别创建圆和六角星形作为放样图形，然后在"前"视口中创建弧作为放样路径，且在"前"视口中可以看到首顶点在下方，如图 5-24 所示。

提示 在创建放样路径时，必须要注意路径的首顶点位置。首顶点是"路径参数"卷展栏中"路径"为 0 时的位置，在多截面放样变形中它是非常关键的。如果路径首顶点在创建时无法确定或与方案不符时，为路径施加"编辑样条线"修改器，将选择集定义为"顶点"，选择顶点，右击，在弹出的快捷菜单中选择"设为首顶点"命令即可。

（2）选择路径，单击"┿（创建）>◉（几何体）>复合对象>放样"按钮，此时"路径"为 0。在"创建方法"卷展栏中单击"获取图形"按钮，在视口中单击星形，如图 5-25 所示。

（3）在"路径参数"卷展栏中设置"路径"为100，再次单击"创建方法"卷展栏中的"获取图形"按钮，在视口中单击圆，如图5-26所示。

（4）切换到☑（修改）命令面板，将当前选择集定义为"图形"，这时命令面板中会出现新的命令参数。

（5）在"图形命令"卷展栏中单击"比较"按钮，弹出"比较"窗口。

（6）在"比较"窗口中单击☑（拾取图形）按钮，在视口中分别在放样模型的2个截面图形的位置上单击，将2个截面拾取到"比较"窗口中，如图5-27所示。在"比较"窗口中，可以看到2个截面图形的起始点，如果起始点没有对齐，可以使用☑（选择并旋转）工具手动调整，使之对齐。

（7）如果截面所在位置需要调整，可以在视口中选择截面，在"图形命令"卷展栏的"路径级别"后的数值框中直接设置。图5-28所示为调整星形的"路径级别"后的效果。

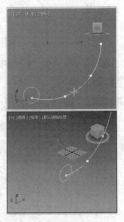

图 5-24

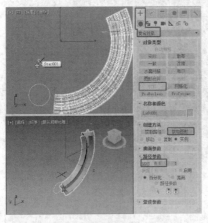

图 5-25

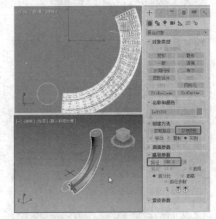

图 5-26

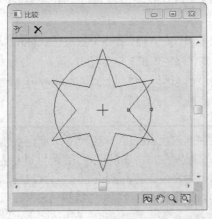

图 5-27

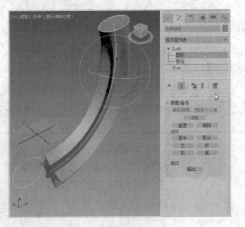

图 5-28

5.3.3 "放样"对象的参数修改

"放样"命令的参数包括创建方法、路径参数、蒙皮参数、变形。

（1）"创建方法"卷展栏（见图 5-29）中的选项功能如下。

该卷展栏用于决定在放样过程中使用哪一种方式来进行放样。

图 5-29

- 获取路径：用于将路径指定给选定图形或更改当前指定的路径。
- 获取图形：用于将图形指定给选定路径或更改当前指定的图形。
- 移动：选择的路径或截面不产生复制品，这意味选择后的模型在场景中不独立存在，其他路径或截面无法再使用。
- 复制：选择后的路径或截面产生原型的一个复制品。
- 实例：选择后的路径或截面产生原型的一个关联复制品，关联复制品与原型间相关联，即对原型修改时，关联复制品也会改变。

（2）"路径参数"卷展栏（见图 5-30）中的选项功能如下。

该卷展栏用于控制在放样路径上的多个图形的位置。

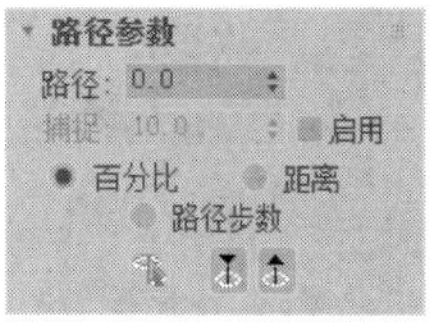

图 5-30

- 路径：用于设置截面图形在路径上的位置。
- 捕捉：用于设置在放样路径上的图形之间的恒定距离。该捕捉值依赖于所选择的测量方法，更改测量方法也会更改捕捉值以保持捕捉间距不变。
- 启用：勾选该复选框后，"捕捉"处于活动状态。默认设置为禁用状态。
- 百分比：可将路径级别表示为路径总长度的百分比。
- 距离：可将路径级别表示为路径第 1 个顶点的绝对距离。
- 路径步数：可将图形置于具体的步数和顶点上。
- ▶（拾取图形）：将路径上的所有图形设置为当前级别。当在路径上拾取一个图形时，将禁用"捕捉"，且路径设置为"拾取图形"的级别，会出现黄色的 X。"拾取图形"仅在"修改"命令面板中可用。
- ↑（上一个图形）：从路径级别的当前位置上沿路径跳至上一个图形上。黄色 X 出现在当前级别上。单击该按钮可以禁用"捕捉"。
- ↑（下一个图形）：从路径层级的当前位置上沿路径跳至下一个图形上。黄色 X 出现在当前级别上。单击该按钮可以禁用"捕捉"。

（3）"蒙皮参数"卷展栏（见图 5-31）中的选项功能如下。

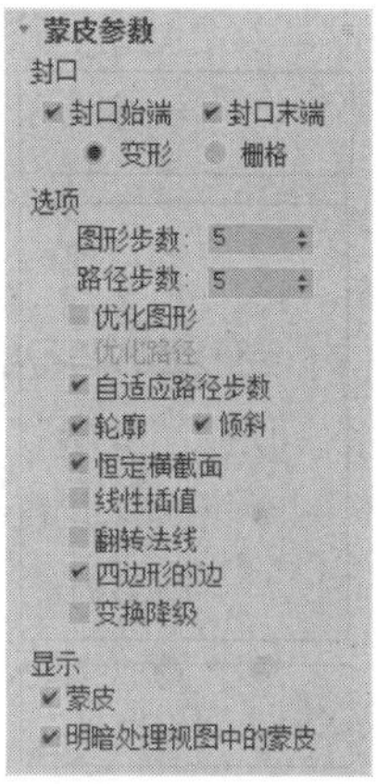

图 5-31

- 封口始端：用于控制路径第 1 个顶点处的放样端是否封口。
- 封口末端：用于控制路径最后 1 个顶点处的放样端是否封口。
- 变形：创建变形目标所需的重复排列模式的封口面。"变形"封口能产生细长的面，与那些采用栅格封口创建的面一样。
- 栅格：在图形边界处修剪的矩形栅格中排列封口面。此方法将产生一个由大小均等的面构成的表面，这些面可以被其他修改器很容易地变形。
- 图形步数：用于设置横截面图形的每个顶点之间的步数。
- 路径步数：用于设置路径的每个主分段之间的步数。
- 优化图形：勾选该复选框后，对于横截面图形的直分段，忽略"图形步数"。如果路径上有多个图形，则只优化在所有图形上都匹配的直分段。
- 优化路径：勾选该复选框后，对于路径的直分段，忽略"路径步数"。"路径步数"设置仅适用于弯曲截面。该选项仅在"路径步数"模式下才可用。

- 自适应路径步数：如果启用该复选框，则分析放样，并调整路径分段的数目，以生成最佳蒙皮。主分段将沿路径出现在路径顶点、图形位置和变形曲线顶点处。
- 轮廓：如果启用该复选框，则每个图形都将遵循路径的曲率。
- 倾斜：如果启用该复选框，则只要路径弯曲并改变了其局部 z 轴的高度，图形便会围绕路径旋转。
- 恒定横截面：如果启用该复选框，则在路径中的角处缩放横截面，以保持放样截面宽度一致。
- 线性插值：如果启用该复选框，则使用每个截面之间的直边生成放样蒙皮。
- 翻转法线：如果启用该复选框，则将法线翻转 180°。可使用此复选框来修正内部外翻的对象。
- 四边形的边：如果启用该复选框，且放样对象的 2 部分具有相同数目的边，则将 2 部分缝合到一起的面将显示为四边形。具有不同边数的 2 部分之间的边将不受影响，仍与三角形连接。
- 变换降级：使放样蒙皮在子对象图形/路径变换过程中消失。
- 蒙皮：如果启用该复选框，则在所有视口中显示放样的蒙皮，并忽略"明暗处理视口中的蒙皮"设置。
- 明暗处理视图中的蒙皮：如果启用该复选框，则忽略"蒙皮"设置，在着色视口中显示放样的蒙皮。

（4）"变形"卷展栏（见图 5-32）包含"缩放""扭曲""倾斜""倒角""拟合"5 个按钮。单击任意按钮会弹出该按钮对应的"变形"对话框。

"变形"对话框（见图 5-33）中的选项功能如下。

图 5-32

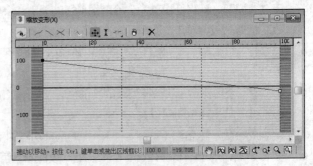

图 5-33

变形曲线默认为一条使用常量值的直线。要生成更精细的曲线，可以插入控制点并更改它们的属性。使用"变形"对话框工具栏中间的按钮可以插入和更改变形曲线控制点。

- （均衡）：均衡是一个动作按钮，也是一种曲线编辑模式，可以用于对轴和形状应用相同的变形。
- （显示 x 轴）：仅显示红色的 x 轴变形曲线。
- （显示 y 轴）：仅显示绿色的 y 轴变形曲线。
- （显示 xy 轴）：同时显示 x 轴和 y 轴变形曲线，各条曲线使用各自的颜色。
- （变换变形曲线）：在 x 轴和 y 轴之间复制曲线。此按钮在启用 （均衡）时是禁用的。
- （移动控制点）：更改变形的量（垂直移动）和变形的位置（水平移动）。
- （缩放控制点）：更改变形的量，而不更改位置。

- （插入角点）：单击变形曲线上的任意处可以在该位置插入角点控制点。

- （删除控制点）：删除所选的控制点，也可以通过按"Delete"键来删除所选的点。

- ✕（重置曲线）：删除所有控制点（但两端的控制点除外）并恢复曲线的默认值。

- 数值字段：仅当选择了一个控制点时，才能访问这 2 个数值框。第 1 个字段提供了点的水平位置，第 2 个字段提供了点的垂直位置（或值）。可以使用键盘编辑这 2 个字段。

- （平移）：在视口中拖动，向任意方向移动。

- （最大化显示）：更改视图放大值，使整个变形曲线可见。

- （水平方向最大化显示）：更改沿路径长度进行的视图放大值，使得整个路径区域在对话框中可见。

- （垂直方向最大化显示）：更改沿变形值进行的视图放大值，使得整个变形区域在对话框中显示。

- （水平缩放）：更改沿路径长度进行的放大值。

- （垂直缩放）：更改沿变形值进行的放大值。

- （缩放）：更改沿路径长度和变形值进行的放大值，保持曲线纵横比。

- （缩放区域）：在变形栅格中拖动区域，区域会相应放大，以填充变形对话框。

微课视频

记事本的制作

课堂练习——记事本的制作

知识要点

创建长方体或平面作为书页，创建圆柱体作为布尔对象的操作对象，使用"布尔"或"ProBoolean"工具为平面或长方体"布尔"出圆孔，创建可渲染的圆或管状体来制作记事本的固定环。完成的效果如图 5-34 所示。

效果所在位置

云盘/场景/Ch05/记事本 ok.max。

图 5-34

课后习题——流线花瓶的制作

知识要点

使用"线"工具、"星形"工具、"放样"工具，结合"壳"修改器和"涡轮平滑"修改器，制作流线花瓶模型。完成的效果如图 5-35 所示。

效果所在位置

云盘/场景/Ch05/花瓶 ok.max。

微课视频

流线花瓶的制作

图 5-35

第6章
材质与贴图

在专业级效果图和动画的制作中，精美的模型只能满足最基本的形体要求，想要达到真实的产品级画面效果，则必须要有材质与贴图，以及灯光的配合。

本章将对 3ds Max 2019 中的材质和贴图进行系统的介绍，并介绍 3ds Max 中一个出色的渲染器插件——VRay 渲染器。希望通过对本章的学习，读者可以熟悉 3ds Max 中各种常用的材质，并根据材质的需求指定相应的贴图，从而设置出真实、专业的材质与贴图。

课堂学习目标

- ✔ 掌握材质编辑器的使用方法
- ✔ 熟悉明暗器的类型及扩展参数
- ✔ 掌握常用的材质和贴图的应用方法
- ✔ 熟悉 VRay 渲染器
- ✔ 掌握 VRay 材质和贴图的应用方法

6.1 材质编辑器

"材质编辑器"是一个浮动的窗口，用于创建和编辑材质及贴图，并将设置的材质指定给场景中的对象。

添加材质将使场景更加具有真实感。材质详细描述了对象如何反射或折射灯光，因此材质属性与灯光属性相辅相成，明暗处理或渲染将两者合并，用于模拟对象在真实世界环境下的表现。

指定给材质的图像称为贴图，通过将贴图指定给材质的不同组件，可以影响其颜色、不透明度、曲面的平滑度等。

下面对材质编辑器的主要构成进行讲解。

- 示例窗：材质示例窗是显示材质效果的窗口，从示例窗中可以看到 2 类物质，一种是有体积感的材质，另一种是平面的贴图。如果要对它们进行编辑首先要将它们激活。

- 将材质指定给选定对象：用于将当前激活的示例窗中的材质指定给场景中的选定对象，同时此材质会变成一个同步材质。材质的贴图被指定后，如果对象还未进行贴图坐标的指定，在最后渲染时也会自动进行坐标指定；如果单击"在视口中显示贴图"按钮，在视口中可以看到贴图效果，同时也会自动进行坐标指定。

- 参数区域：根据材质类型的不同和贴图类型的不同，设置材质的参数。

6.1.1 Slate 材质编辑器

在工具栏中单击 ▦（材质编辑器）按钮，即弹出"Slate 材质编辑器"窗口（快捷键为"M"键），如图 6-1 所示。

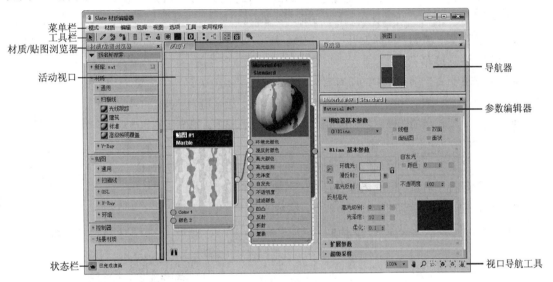

图 6-1

1. 菜单栏

在菜单栏中包含带有创建和管理场景中材质的各种选项的菜单。大部分菜单选项也可以从工具栏或导航按钮中找到，因此下面就按菜单选项来介绍相应的按钮。

（1）"模式"菜单：可以在"精简材质编辑器"和"Slate 材质编辑器"之间进行转换，如图 6-2 所示。

（2）"材质"菜单（见图 6-3）中的主要命令如下。

- 从对象选取（"工具栏"中显示为按钮 ✐）：选择此命令后，3ds Max 会显示一个滴管光标。单击视口中的一个对象，可以在当前视口中显示出其材质。

- 从选定项获取：从场景中选定的对象上获取材质，并显示在活动视口中。

- 获取所有场景材质：在当前视口中显示所有场景材质。

- 将材质指定给选定对象（ ▦ ）：将当前材质指定给当前选择的所有对象。快捷键为"A"。

- 导出为 XMSL 文件：打开一个文件对话框，将当前材质导出为"XMSL"文件。

（3）"编辑"菜单（见图 6-4）中的主要命令如下。

- 删除选定对象（ ▦ ）：在活动视口中，删除选定的节点或关联。快捷键为"Delete"。

- 清除视图：删除活动视口中的全部节点和关联。

图 6-2

图 6-3

图 6-4

- 更新选定的预览：自动更新关闭时，选择此选项可以为选定的节点更新预览窗口。快捷键为"U"。
- 自动更新选定的预览：切换选定预览窗口的自动更新。组合键为"Alt+U"。

（4）"选择"菜单（见图 6-5）中的主要命令如下。

- 选择工具：激活"选择工具"。"选择工具"处于活动状态时，此选项旁边会有一个复选标记。快捷键为"S"。
- 全选：选择当前视口中的所有节点。组合键为"Ctrl+A"。
- 全部不选：取消当前视口中的所有节点的选择。组合键为"Ctrl+D"。
- 反选：反转当前选择，之前选定的节点全都取消选择，未选择的节点现在全都选择。组合键为"Ctrl+I"。
- 选择子对象：选择当前选定节点的所有子节点。组合键为"Ctrl+C"。
- 取消选择子对象：取消选择当前选定节点的所有子节点。
- 选择树：选择当前树中的所有节点。组合键为"Ctrl+T"。

（5）"视图"菜单（见图 6-6）中的主要命令如下。

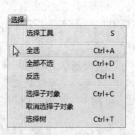

图 6-5

图 6-6

- 平移工具（"视口导航工具"区域显示为按钮🖑）：启用"平移工具"命令后，在当前视口中拖动就可以平移视口了。组合键为"Ctrl+P"。
- 平移至选定项（🖑）：将视口平移至当前选择的节点。组合键为"Alt+P"。
- 缩放工具（🔍）：启用"缩放工具"命令后，在当前视口中拖动就可以缩放视口了。组合键为"Alt+Z"。
- 缩放区域工具（▦）：启用"缩放区域工具"命令后，在视口中拖动一块矩形选区就可以放大该区域了。组合键为"Ctrl+W"。

- 最大化显示（）：放大"视口"，从而让视口中的所有节点都可见且居中显示。组合键为"Ctrl+Alt+Z"。

- 选定最大化显示（）：放大视口，从而让视口中的所有选定节点都可见且居中显示。快捷键为"Z"。

- 显示栅格：将一个栅格的显示切换为视口背景。默认设置为启用。快捷键为"G"。

- 显示滚动条：根据需要，切换视口右侧和底部滚动条的显示。默认设置为禁用状态。

- 布局全部：自动排列视口中所有节点的布局。快捷键为"L"。

- 布局子对象（"工具栏"显示为）：自动排列当前所选节点的子对象的布局，不会更改父节点的位置。快捷键为"C"。

- 打开/关闭选定的节点："展开"或"折叠"选定的节点。

- 自动打开节点示例窗：启用此命令时，新创建的所有节点都会"展开"。

- 隐藏未使用的节点示例窗（）：启用后，未使用节点的示例窗将不显示。快捷键为"H"。

（6）"选项"菜单（见图 6-7）中的主要命令如下。

- 移动子对象（）：启用此命令时，移动父节点会移动与之相随的子节点；禁用此命令时，移动父节点不会更改子节点的位置。默认设置为禁用状态。组合键为"Alt+C"。

- 将材质传播到实例：启用此命令时，任何指定的材质将被传播到场景中对象的所有实例，包括导入的 AutoCAD 块或基于 ADT 样式的对象，它们都是 DRF 文件（一种渲染文件格式）中常见的对象类型。

- 启用全局渲染：切换预览窗口中位图的渲染方式。默认设置为启用。组合键为"Alt+Ctrl+U"。

- 首选项：打开"选项"对话框，从中可设置面板中的材质参数。

（7）"工具"菜单（见图 6-8）中的主要命令如下。

- 材质/贴图浏览器（）：切换"材质/贴图浏览器"的显示。默认设置为启用。快捷键为"O"。

- 参数编辑器（）：切换"参数编辑器"的显示。默认设置为启用。快捷键为"P"。

- 导航器：切换"导航器"的显示。默认设置为启用。快捷键为"N"。

（8）"实用程序"菜单（见图 6-9）中的主要命令如下。

图 6-7

图 6-8

图 6-9

- 渲染贴图：此选项仅对贴图节点可用。单击后会打开"渲染贴图"对话框，可以渲染贴图（可能是动画贴图）来预览。

- 按材质选择对象（）：仅当为场景中使用的材质选择了单个材质节点时可用。使用"按材质选择对象"可以基于"材质编辑器"中的活动材质选择对象。选择此命令将打开"选择对象"对话框。

- 清理多重材质：打开"清理多重材质"工具，用于删除场景中未使用的子材质。

- 实例化重复的贴图：打开"实例化重复的贴图"工具，用于合并重复的位图。

2. 工具栏

使用"Slate 材质编辑器"工具栏可以快速访问上面介绍的许多命令。该工具栏还包含一个下拉列表框，使用户可以在命名的视口之间进行选择。图 6-10 所示为"Slate 材质编辑器"的工具栏。

图 6-10

工具栏中各个工具的功能如下（前面介绍过的工具这里就不重复介绍了）。

- ▨（视口中显示明暗处理材质）：在视口中显示设置的贴图。
- ▨（在预览中显示背景）：在预览窗口中显示方格背景。
- ▫▫（布局全部–水平）：单击此按钮将以水平模式自动布置所有节点。
- ▫（布局全部–垂直）：单击此按钮将以垂直模式自动布置所有节点。

3. 材质/贴图浏览器

"材质/贴图浏览器"中的每个库和组都有一个带有打开/关闭（+/–）图标的标题栏，该图标可用于展开/收缩列表。组可以有子组，子组有自己的标题栏，某些子组可以有更深层的子组。

"材质/贴图浏览器"（见图 6-11）中的卷展栏介绍如下。

- 材质、贴图："材质"卷展栏和"贴图"卷展栏可用于创建新的自定义材质以及贴图的基础材质和贴图类型。这些类型是"标准"类型，它们可能具有默认值，但实际上是供用户进行自定义的模板。
- 控制器："控制器"卷展栏显示可用于为材质设置动画的动画控制器。
- 场景材质："场景材质"卷展栏列出用在场景中的材质（有时为贴图）。默认情况下，它始终保持最新，以便显示当前的场景状态。
- 示例窗：示例窗卷展栏是"精简材质编辑器"使用的示例窗的小版本。

图 6-11

4. 活动视口

在活动视口中显示了材质和贴图节点，用户可以在节点之间创建关联。

（1）编辑节点

可以折叠节点隐藏其窗口，如图 6-12 所示；也可以展开节点显示窗口，如图 6-13 所示；还可以在水平方向调整节点大小，这样可以更易于读取窗口名称，如图 6-14 所示。

图 6-12

图 6-13

图 6-14

通过双击材质球，可以放大节点标题栏中材质球的大小；要减小材质球大小，再次双击材质球即可，如图 6-15 所示。

在节点的标题栏中，材质预览左上角的三角标志表明材质是否是"热材质"。没有三角形则表示场景中没有使用材质，如图 6-16 左图所示；轮廓式白色三角形表示此材质是热材质，换句话说，它已经在场景中实例化，如图 6-16 中图所示；实心白色三角形表示材质不仅是热材质，而且已经应用到当前选定的对象上，如图 6-16 右图所示。如果材质没有应用于场景中的任何对象，就称它是"冷材质"。

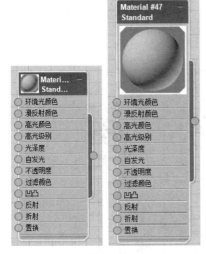

图 6-15

图 6-16

（2）关联节点

要设置材质组件的贴图，可将一个贴图节点关联到该组件窗口的输入套接字上，即将贴图套接字拖到材质套接字上。图 6-17 所示为创建的关联。

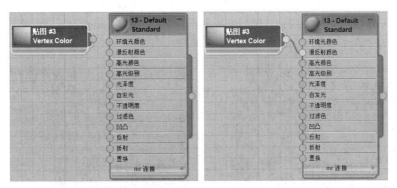

图 6-17

若要移除选定项，单击工具栏中的 ▣（删除选定对象）按钮，或直接按"Delete"键即可，移除效果如图 6-18 所示。

同样，使用这种方法也可以将创建的关联删除，如图 6-19 所示。

图 6-18

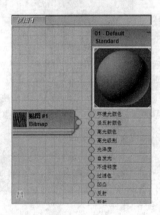

图 6-19

（3）创建新关联

在视口中拖动出关联，在视口的空白部分释放新关联，将打开一个用于创建新节点的菜单，如图 6-20 所示。用户可以从输入套接字向后拖动，也可以从输出套接字向前拖动。

如果将关联拖动到目标节点的空白处，则将显示一个弹出菜单，可通过它选择要关联的组件窗口，如图 6-21 所示。

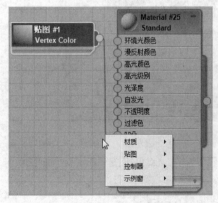
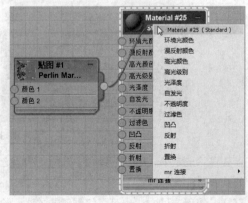

图 6-20   图 6-21

5. 状态栏

状态栏显示当前是否完成了预览窗口的渲染。

6. 视口导航工具

视口导航工具与"视图"菜单中的各项命令相同，这里就不重复介绍了。

7. 参数编辑器

材质和贴图上有各种可以调整的参数。要查看某节点的参数，双击此节点，参数就会出现在"参数编辑器"中的卷展栏上。图 6-22 左图所示为材质节点的控件，右图所示为贴图节点的控件。

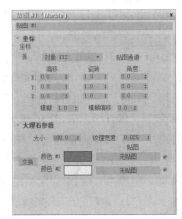

图 6-22

也可以右击选定项，在弹出的快捷菜单中选择"全部显示 附加参数"命令，直接在节点显示中编辑参数，如图 6-23 所示。但一般来说，"参数编辑器"界面更易于阅读和使用。默认情况下，不可用图表示的组件在节点显示中呈隐藏状态。

8. 导航器

"导航器"位于 Slate 材质编辑器右上角，用于浏览活动视口的控件，与 3ds Max 视口中用于浏览几何体的控件类似。图 6-24 所示为导航器对应的视口控件。

图 6-23　　　　　　　　　　图 6-24

"导航器"中的红色矩形显示活动视口的边界。在导航器中拖动矩形可以更改视口的布局。

6.1.2　精简材质编辑器

在工具栏中按住 （Slate 材质编辑器）按钮，选择弹出的 （精简材质编辑器）按钮，可打开

"精简材质编辑器"窗口,如图 6-25 所示。通常,"Slate 材质编辑器"在设计材质时功能更强大,而"精简材质编辑器"在只需应用已设计好的材质时更方便。

精简材质编辑器中的参数与 Slate 材质编辑器中的基本相同。下面介绍示例窗周围的主要工具按钮。

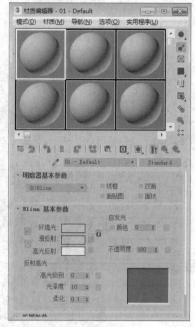

图 6-25

- ▦(将材质放入场景):在编辑材质之后更新场景中的材质。

- ▦(生成材质副本):通过复制自身的材质,生成材质副本,冷却当前热示例窗。

- ▦(使唯一):可以使贴图实例成为唯一的副本。

- ▦(放入库):可以将选定的材质添加到当前库中。

- ⓪(材质 ID 通道):可将材质标记为 Video Post 效果或渲染效果,或存储为以 RLA 或 RPF 格式保存的渲染图像的目标(以便通道值可以在后期处理应用程序中使用)。材质 ID 值等同于对象的图形缓冲区(G 缓冲区)值。范围为 1~15 表示将使用此通道 ID 的 Video Post 或渲染效果应用于该材质。

- ▦(显示最终结果):当此按钮处于启用状态时,示例窗将显示"显示最终结果",即材质树中所有贴图和明暗器的组合;当此按钮处于禁用状态时,示例窗只显示材质的当前层级。

- ▦(转到父对象):在当前材质中向上移动一个层级。

- ▦(转到下一个同级项):移动到当前材质中相同层级的下一个贴图或材质。

- ◉◖◙(采样类型):可以选择要显示在活动示例中的几何体,示例如图 6-26 所示。

- ▦(背光):启用后可将背光添加到活动示例窗中。默认情况下,此按钮处于启用状态。图 6-27 左图所示为启用背光后的效果,右图所示为未启用背光时的效果。

图 6-26   图 6-27

- ▮▦▦▦(采样 UV 平铺):可以在活动示例窗中调整采样对象上的贴图图案的重复,示例如图 6-28 所示。

图 6-28

- 🔲（视频颜色检查）：用于检查示例对象上的材质颜色是否超过安全 NTSC 或 PAL 阈值。图 6-29 左图所示为颜色过分饱和的材质，右图所示为启用"视频颜色检查"后显示超过视频阈值的黑色区域。

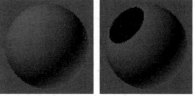

图 6-29

- 🔳🔳🔳（生成预览、播放预览、保存预览）：单击"生成预览"按钮，弹出"创建材质预览"对话框，可创建动画材质的 AVI 文件；"播放预览"使用 Windows Media Player 播放 AVI 预览文件；"保存预览"将 AVI 预览文件以另一名称的 AVI 文件形式保存。

- 🔲（选项）：单击该按钮将弹出"材质编辑器选项"对话框，可以帮助用户控制如何在示例中显示材质和贴图。

6.2 设置材质参数

标准材质是 3ds Max 默认的通用材质。在现实生活中，物体的反射光线取决于该物体的外观。在 3ds Max 中，标准材质用来模拟对象表面的反射属性，在不使用贴图的情况下，标准材质为对象提供了单一均匀的表面颜色效果。

标准材质的界面有"明暗器基本参数""基本参数""扩展参数""超级采样""贴图"卷展栏，通过单击卷展栏顶部的项目条可以收起或展开对应的参数面板；鼠标指针呈🖐手形时可以进行拖动；右侧还有一个细的滑块可以上下滑动。卷展栏具体用法和"修改"命令面板相同。

- "明暗器基本参数"卷展栏：可以在基本参数中选择明暗方式，用于改变灯光照射到材质表面的效果。明暗器有 8 种不同的类型，它们确定了不同材质渲染的基本性质，如图 6-30 所示。

- "基本参数"卷展栏：主要用于指定物体贴图，设置材质的颜色、反光度、透明度等基本属性。选择不同的明暗器类型，基本参数栏中会显示出相应的控制参数。图 6-31 所示为"Blinn 基本参数"卷展栏。

- "扩展参数"卷展栏（见图 6-32）：标准材质所有的明暗器类型的扩展参数相同，选项内容涉及透明衰减、过滤、反射、线框模式，以及关系标准透明材质真实程度的折射率设置。

图 6-30

图 6-31

图 6-32

- "贴图"卷展栏：在每种方式右侧有一个很宽的按钮，单击它们可以打开"材质/贴图浏览器"对话框，但只能选择贴图，这里提供了 30 多种贴图类型，可以用在不同的贴图方式上。当选择一个贴图类型后，会自动进入其贴图设置层级中，以便进行相应的参数设置。单击🔲（转到父对象）按钮可以返回到贴图方式设置层级，这时该按钮上会出现贴图类型的名称，左侧复选框被勾选，表示当前该贴图方式处于活动状态；如果取消左侧复选框的勾选，则会关闭该贴图方式对材质的影响，如图 6-33 所示。

- "超级采样"卷展栏（见图 6-34）：超级采样是 3ds Max 中的几种抗锯齿技术之一。在 3ds Max 中，纹理、阴影、高光及光线跟踪的反射和折射都具有自带的抗锯齿功能，与之相比，超级采样则是一种外部附加的抗锯齿方式，作用于标准材质和光线跟踪材质。

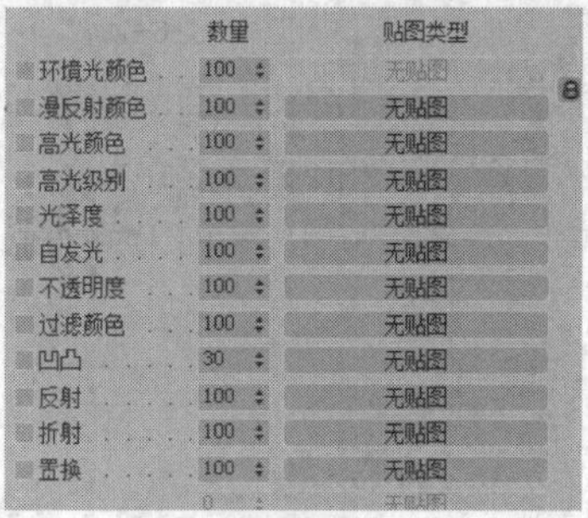

图 6-33

图 6-34

6.2.1 明暗器基本参数

标准材质的明暗器类型有 8 种，分别是各向异性、Blinn、金属、多层、Oren-Nayar-Blinn、Phong、Strauss 和半透明明暗器，如图 6-35 所示。

下面简单介绍这 8 种明暗方式。

（1）各向异性：适用于具有椭圆形"各向异性"高光的曲面。该明暗器通过调节 2 个垂直正交方向上可见高光级别之间的差实现一种"重折光"的高光效果。这种渲染属性可以很好地表现毛发、玻璃和被擦拭过的金属等模型效果。

（2）Blinn：该明暗器为默认设置，可以获得灯光以低角度擦过对象表面产生的高光，往往使高光柔化。

图 6-35

（3）金属：该明暗器提供效果逼真的金属表面及各种看上去像有机体的材质。对于反射高光处理具有不同的曲线，金属表面也拥有掠射高光。金属材质计算其自己的高光颜色（不可由用户设置），该颜色可以在材质的漫反射颜色和灯光颜色之间变化。由于没有单独的反射高光，2 个反射高光微调器与"Blinn"和"Phong"的微调器行为不同："高光级别"微调器仍然控制强度，但"光泽度"微调器影响高光区域的大小和强度。

（4）多层：适用于比"各向异性"更复杂的高光，但该明暗器具有 2 个反射高光控件、使用分层的高光，可以创建复杂高光，适用于模拟高度磨光的曲面等效果。"多层"明暗器中的高光可以为"各向异性"。当从 2 个垂直方向观看时，"各向异性"测量高光大小之间的区别。当"各向异性"为 0 时，根本没有区别（当使用"Blinn"或"Phong"明暗处理时，该高光为圆形）；当"各向异性"为 100 时，区别最大：一个方向高光非常清晰，另一个方向由光泽度单独控制。

（5）Oren-Nayar-Blinn：该明暗器是"Blinn"的一个特殊变量形式。通过它附加的"漫反射级别"和"粗糙度"设置，可以实现物质材质的效果。这种明暗器类型常用来表现织物、陶瓦品等无光曲面对象。

（6）Phong：Phong 明暗器可以平滑面之间的边缘，也可以真实地渲染有光泽、规则曲面的高光。Phong 与 Blinn 明暗器具有相同的"基本参数"卷展栏。

（7）Strauss：该明暗器用于对金属表面建模，比"金属"明暗器的参数更简单。

（8）半透明明暗器：该明暗器与"Blinn"类似，最大的区别在于它能够设置半透明的效果。光线可以穿透这些半透明效果的对象，并且在穿过对象内部时离散。通常"半透明明暗器"用来模拟很薄的对象，如窗帘、电影银幕、霜或者毛玻璃等。

在"明暗器基本参数"卷展栏中还包括"线框""双面""面贴图"和"面状"4 种材质指定渲染方式。

（1）线框：以网格线框的方式来渲染对象，它只能表现出对象的线架结构；对于线框的粗细，可以通过"扩展参数"卷展栏中的"线框"选项组来调节，"大小"值用于确定它的粗细，可以选择"像素"和"单位"2 种单位，如图 6-36 所示。

（2）双面：将对象法线为反方向的一面也进行渲染。通常计算机为了简化计算，只渲染对象法线为正方向的表面（即可视的外表面），这对大多数对象都适用，但有些敞开面的对象，其内壁看不到任何材质效果，这时就必须打开"双面"设置。

图 6-36

 提示　启用"双面"会使渲染变慢，最好的方法是对必须使用双面材质的对象使用双面材质，在最后渲染时不要打开渲染设置框中的"强制双面"渲染属性，这样既可以达到预期的效果，又加快了渲染速度。

（3）面贴图：将材质指定给造型的全部面，如果是含有贴图的材质，在没有指定贴图坐标的情况下，贴图会均匀分布在对象的每一个表面上。

（4）面状：将对象的每个表面以平面化进行渲染，不进行相邻面的平滑处理。

在相应的明暗器类型下都有相对应的"基本参数"卷展栏设置，这里不做具体介绍。

6.2.2　基本参数

在标准材质的"基本参数"卷展栏中，主要包括的参数设置如图 6-37 所示。

在该卷展栏中单击"环境光""漫反射""高光反射"右侧的色块，可以分别设置材质的阴影区、漫反射、高光区的颜色。

在"漫反射"等项右侧有个 ▓（无）按钮，单击该按钮可以为该项指定相应的贴图，然后进入该项目的贴图层级，属于贴图设置的快捷操作。如果指定了贴图，按钮上会显示"M"字样，如图 6-38 所示，以后单击它可以快速进入该贴图层级；如果该项目贴图目前是关闭状态，则按钮上显示小写"m"。

图 6-37

图 6-38

其中左侧的（锁定）按钮用来锁定"环境光""漫反射"和"高光反射"3 种材质中的 2 种（或 3 种全部锁定）。锁定的目的是使被锁定的 2 个区域颜色保持一致，调节一个时另一个也随之变化。

- 环境光：用于控制对象表面阴影区的颜色。
- 漫反射：用于控制对象表面过渡区的颜色。
- 高光反射：用于控制对象表面高光的过渡区域。
- "自发光"选项组：可使材质具备自身发光效果，常用于制作灯泡、太阳等光源对象。自发光使用漫反射颜色替换曲面上的阴影，从而创建白炽效果。当启用"自发光"时，自发光颜色将取代"环境光"。当设置为 100 时，材质没有阴影区域（虽然它可以显示反射高光）。

> **提示** 指定"自发光"有 2 种方式，一种是选中"颜色"前面的复选框，使用带有颜色的自发光；另一种是取消选中该复选框，使用可以调节数值的单一颜色的自发光，对数值的调节可以看作是对自发光颜色的灰度比例进行调节。

- 不透明度：用于设置材质的不透明度百分比值，默认值为 100，即不透明材质。降低值使透明度增加，值为 0 时变为完全透明材质。对于透明材质，还可以调节它的透明衰减，这需要在"扩展参数"中进行调节。
- 高光级别：影响反射高光的强度。随着该值的增大，高光将越来越亮。对于标准材质，默认设置为 0；对于光线跟踪材质，默认设置为 50。
- 光泽度：影响反射高光的大小。随着该值增大，高光将越来越小，材质将变得越来越亮。对于标准材质，默认设置为 10；对于光线跟踪材质，默认设置为 40。
- 柔化：柔化反射高光的效果，特别是由掠射光形成的反射高光。当"高光级别"很高，而"光泽度"很低时，材质表面上会出现剧烈的背光效果。增加"柔化"的值可以减轻这种效果。0 表示没有柔化；1.0 表示应用最大量的柔化。默认设置为 0.1。

6.2.3 扩展参数

标准材质中的"扩展参数"基本都相同，包括透明度、反射、线框模式以及折射率的设置，如图 6-39 所示。下面对常用的参数设置进行介绍。

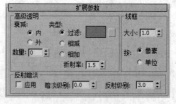

图 6-39

在"高级透明"区域中的"衰减"选项组包括"内""外"2 个单选按钮。其中"内"单选按钮，用于设置透明度由内向外逐渐减少透明度的程度；而"外"单选按钮则用于设置由外向内逐渐减少透明度的程度。这 2 个选项的衰减程度取决于下方"数量"数值框中的数值。

在"类型"选项组的"过滤"单选按钮右侧的色块用来产生彩色的透明度材质。选择"相减"单选按钮可根据背景色做递减色彩的处理，选择"相加"单选按钮可根据背景色做递增色彩的处理，常用来制作发光体。

在"线框"区域中，"大小"数值框用来调整线框网线的粗细，在设置大小时可以按"像素"或"单位"进行设置。

6.3　常用材质简介

在材质编辑器中有许多常用的材质，本节将对这些常用的材质进行简单的介绍。

微课视频

设置多维/子
对象材质

6.3.1　课堂案例——设置多维/子对象材质

📋 **学习目标**

学会设置多维/子对象材质。

📋 **知识要点**

根据材质分配材质 ID，对应材质 ID 设置每个子材质，完成的
效果如图 6-40 所示。

📋 **原始场景所在位置**

云盘/场景/Ch06/设置多维/樱桃材质.max。

📋 **效果所在位置**

云盘/场景/Ch06/设置多维/樱桃材质 ok.max。

📋 **贴图所在位置**

云盘/贴图。

图 6-40

（1）打开原始场景文件"樱桃材质.max"，如图 6-41 所示。

（2）选择其中一个没有设置材质的樱桃模型，该模型的材质 ID 已经分配好，将选择集定义为"元
素"，在"多边形：材质 ID"卷展栏的"选择 ID"后的数值框中输入"1"，单击"选择 ID"按钮，
可以看到当前材质 ID 为 1 的元素，如图 6-42 所示。

图 6-41

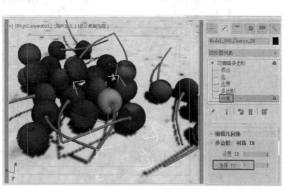

图 6-42

（3）在空白处单击取消多边形的选择状态，在"选择 ID"后输入"2"，单击"选择 ID"按钮，
看到材质 ID 为 2 的多边形，如图 6-43 所示。

（4）关闭选择集，按"M"键打开"材质编辑器"窗口，选择一个新的材质球。单击"Standard"
按钮，在弹出的"材质/贴图浏览器"中选择"多维/子对象"材质，单击"确定"按钮，如图 6-44
所示。

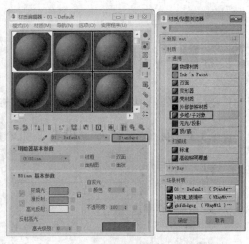

图 6-43   图 6-44

（5）在弹出的"替换材质"对话框中使用默认的参数，单击"确定"按钮，如图 6-45 所示。

（6）在"多维/子对象基本参数"卷展栏中单击"设置数量"按钮，在弹出的对话框中设置"材质数量"为 2，如图 6-46 所示。

（7）由于樱桃材质已经设置好了，可以使用 （从对象选取）工具，选择一个新的材质样本球，在场景中吸取樱桃柄的材质。继续选择新的材质样本球，使用 （从对象选取）工具，在场景中吸取樱桃果的材质，如图 6-47 所示。

图 6-45   图 6-46   图 6-47

（8）选择多维/子对象材质样本球，将樱桃柄拖曳到 1 号材质后的材质按钮上，如图 6-48 所示。

（9）在弹出的对话框中选择"复制"单选按钮，如图 6-49 所示。使用相同的方法将樱桃材质拖曳到 2 号材质后的材质按钮上。

（10）拖曳复制材质到多维/子对象材质后，单击 （将材质指定给选定对象）按钮，将材质指定给场景中的没有指定材质的樱桃模型，如图 6-50 所示。

  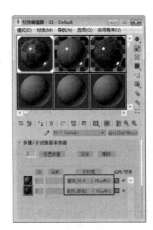

图 6-48 图 6-49 图 6-50

6.3.2 多维/子对象材质

要将多个材质组合为一个复合式材质，分别指定给一个物体的不同子对象选择级别，可先通过"编辑多边形"或"编辑网格"修改器的"多边形"或者"元素"子对象选择物体表面，并为需要表现不同材质的多边形指定不同的材质 ID，然后创建"多维/子对象"材质，分别为相应的材质 ID 设置材质，最后将设置好的材质指定给目标物体即可。

在介绍"多维/子对象"材质之前，首先介绍一下材质 ID 的设置。

（1）选择需要设置材质 ID 的对象，前提是需要设置材质 ID 的对象是一个整体，施加"编辑多边形"修改器，将当前选择集定义为"多边形"，在视口中选择需要设置某种材质的多边形，然后在"多边形：材质 ID"卷展栏中设置"设置 ID"的 ID 号，按"Enter"键确认。使用同样的方法依次为其他多边形设置材质 ID。

（2）设置完材质 ID 后，在"材质编辑器"中将 Standard（标准）材质转换为多维/子对象材质，并设置相应的材质数量，然后分别进入子材质层级设置材质。

"多维/子对象基本参数"卷展栏中的选项功能如下。

- 设置数量：用于设置拥有子级材质的数目，注意如果减少数目，已经设置的材质会丢失。
- 添加：用于添加一个新的子材质。新材质默认的 ID 号在当前 ID 号的基础上递增。
- 删除：用于删除当前选择的子材质。可以通过"撤销"命令取消删除。
- ID：用于将列表排序，其顺序开始于最低材质 ID 的子材质，结束于最高材质 ID。
- 名称：按名称栏中指定的名称进行排序。
- 子材质：可按子材质的名称进行排序。子材质列表中每个子材质有一个单独的材质项。该卷展栏一次最多显示 10 个子材质，如果材质数超过 10 个，则可以通过右边的滚动栏滚动列表。
- ID 号：用于显示指定给子材质的 ID 号，同时还可以在这里重新指定 ID 号。如果输入的 ID 号有重复，系统会提出警告。
- 无：用来选择不同的材质作为子级材质。右侧的颜色按钮用来确定材质的颜色，它实际上是该子级材质的"漫反射"值。最右侧的复选框可以对单个子级材质进行启用和禁用。
- 材质球：用于提供子材质的预览，单击材质球图标可以对子材质进行选择。

- 材质名称：可以在这里输入自定义的材质名称。

6.3.3　课堂案例——设置光线跟踪材质

📋 **学习目标**

学会设置光线跟踪材质。

📋 **知识要点**

设置光线跟踪材质各项参数。完成的效果如图 6-51所示。

📋 **原始场景所在位置**

云盘/场景/Ch06/螺丝刀.max。

📋 **效果所在位置**

云盘/场景/Ch06/螺丝刀 ok.max。

📋 **贴图所在位置**

云盘/贴图。

图 6-51

（1）打开原始场景文件，选择螺丝刀的把手，如图 6-52所示。

（2）打开材质编辑器，选择一个新的材质球，单击"Standard"按钮，在弹出的"材质/贴图浏览器"中选择"光线跟踪"材质，单击"确定"按钮，如图 6-53 所示。

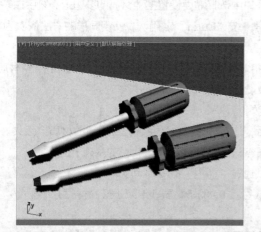

图 6-52

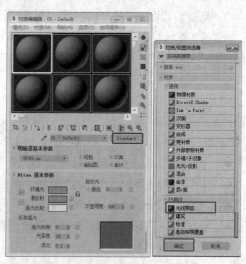

图 6-53

（3）将标准材质转换为光线跟踪（Raytrace）材质后，在"光线跟踪基本参数"卷展栏中设置"漫反射"的颜色为暗红色，并设置"高光级别"为 50，"光泽度"为 40，如图 6-54 所示。

（4）设置"反射"的红绿蓝均为 25，如图 6-55 所示。

（5）设置材质后，单击 🔲（将材质指定给选定对象）按钮，将材质指定给场景中的没有指定材质螺丝刀把手模型。

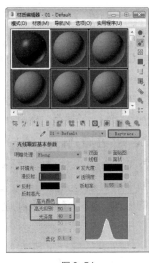

图 6-54

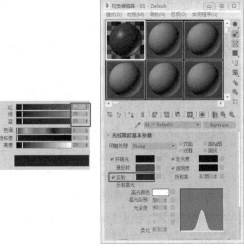

图 6-55

6.3.4 光线跟踪材质

光线跟踪材质是一种比标准材质更高级的材质类型，它不仅包括了标准材质具备的全部特性，还可以创建真实的反射和折射效果，并且还支持雾、颜色浓度、半透明、荧光灯其他特殊效果。

"光线跟踪"的原理是：当光线在场景中移动时，通过跟踪对象来计算材质颜色，这些光线可以穿过透明对象，在光亮的材质上反射，得到真实的效果。光线跟踪贴图与光线跟踪材质是相同的，能提供反射和折射效果，但光线跟踪材质产生的反射和折射的效果要比光线跟踪贴图更真实，又是渲染速度会变得更慢。

上节介绍了一个光线跟踪材质的制作案例，相信读者对光线跟踪材质的基本使用方法已经有所了解。本节介绍光线跟踪材质各卷展栏中的功能。

（1）"光线跟踪基本参数"卷展栏（见图 6-56）中的选项功能如下。

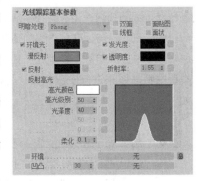

图 6-56

- 明暗处理：可在下拉列表中选择一个明暗器。用户选择的明暗器不同，"反射高光"中显示的明暗器的控件也会不同。明暗器的控件有 5 种类型：Phong、Blinn、金属、Oren-Nayar-Blinn、各向异性。
- "双面""面贴图""线框""面状"复选框与基本材质中的作用相同。
- 环境光：与标准材质的"环境光"含义完全不同。对于光线跟踪材质，该选项可控制材质吸收环境光的多少，如果将它设为纯白色，即为在标准材质中将"环境光"与"漫反射"锁定。默认为黑色。勾选名称左侧的复选框时，显示环境光的颜色，通过右侧的色块可以进行调整；禁用复选框时，环境光为灰度模式，可以直接输入或者通过调节按钮设置环境光的灰度值。
- 漫反射：代表对象反射的颜色，不包括高光反射。反射与透明效果位于过渡区的最上层，当反射为 100%（纯白色）时，漫反射色不可见，默认为 50%的灰度。

- 反射：用于设置对象高光反射的颜色，即经过反射过滤的环境颜色，颜色值控制反射的量。与环境光一样，通过启用或禁用名称左侧的复选框，可以设置反射的颜色或灰度值。此外，第 2 次启用复选框，可以为反射指定"菲涅尔"镜像效果（可以根据对象的视角为反射对象增加一些折射效果）。

- 发光度：与标准材质的"自发光"设置近似（禁用则变为"自发光"设置），只是不依赖于"漫反射"进行发光处理，而是根据自身颜色来决定所发光的颜色。默认为黑色。禁用名称左侧的复选框，"发光度"复选框变为"自发光"复选框，通过微调按钮可以调节发光色的灰度值。

- 透明度：用于控制在光线跟踪材质背后经过颜色过滤所表现的色彩，黑色为完全不透明，白色为完全透明。将"漫反射"与"透明度"都设置为完全饱和的色彩，可以得到彩色玻璃的材质。禁用后，对象仍折射环境光，不受场景中其他对象的影响。禁用名称左侧的复选框后，可以通过微调按钮调整透明色的灰度值。

- 折射率：用于设置材质折射光线的强度。

"反射高光"选项组用于控制对象表面反射区反射的颜色，根据场景中灯光颜色的不同，对象反射的颜色也会发生变化。

- 高光颜色：用于设置高光反射灯光的颜色，将它与"反射"颜色都设置为饱和色可以制作出彩色铬钢效果。

- 高光级别：用于设置高光区域的强度。值越高，高光越明亮。默认值为50。

- 光泽度：用于设置高光区域的大小。光泽度越高，高光区域越小，高光越锐利。默认值为40。

- 柔化：用于柔化高光效果。

- 环境：允许指定一张环境贴图，用于覆盖全局环境贴图。默认的"反射"和"透明度"使用场景的环境贴图，一旦在这里进行环境贴图的设置，将取代原来的设置。利用这个特性，可以单独为场景中的对象指定不同的环境贴图，或者在一个没有环境的场景中为对象指定虚拟的环境贴图。

- 凹凸：与标准材质的"凹凸"贴图相同。单击该按钮可以指定贴图。使用微调器可更改凹凸量。

（2）"扩展参数"卷展栏（见图 6-57）用于对光线追踪材质类型的特殊效果进行设置，其"特殊效果"选项组中的选项功能如下。

① "特殊效果"选项组

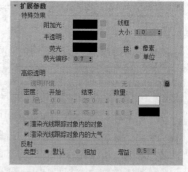

图 6-57

- 附加光：这项功能能像"环境光"一样，能用于模拟从一个对象放射到另一个对象上的光。

- 半透明：可用于制作薄对象的表面效果，有阴影投在薄对象的表面。当用在厚对象上时，可以用于制作类似于蜡烛或有雾的玻璃效果。

- 荧光/荧光偏移："荧光"使材质发出类似黑色灯光下的荧光颜色，它可将材质照亮，就像材质被白光照亮，而不管场景中光的颜色。而"荧光偏移"决定亮度的程度，1.0 表示最亮，0 表示不起作用。

② "高级透明"选项组

- 密度/颜色：可以使用颜色密度创建彩色玻璃效果，其"颜色"的程度取决于对象的厚度和

"数量"参数设置。"开始"参数设置"颜色"开始的位置,"结束"设置"颜色"达到最大值的距离。"雾"与"颜色"相似,都是基于对象厚度,可用于创建烟状效果。

③"反射"选项组

该选项组用于决定反射时漫反射颜色的发光效果。选择"默认"单选按钮时,反射被分层,把反射放在当前漫反射颜色的顶端;选择"相加"单选按钮时,给漫反射颜色添加反射颜色。

● 增益:用于控制反射的亮度,取值范围为 0 ~ 1。

6.3.5　混合材质

混合材质可以将 2 种不同的材质"融合"在一起,根据混合量的不同,控制 2 种材质表现出的强度,并且可以制作成材质变形的动画;另外还可以指定一张图像作为融合的遮罩,利用它本身的明暗度来决定 2 种材质融合的程度。

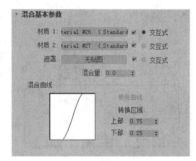

图 6-58

"混合基本参数"卷展栏(见图 6-58)中的选项功能如下。

● 材质 1/材质 2:通过单击名称右侧的空白按钮选择相应的材质。

● 遮罩:选择一张图案或程序贴图来作为蒙版,利用蒙版图案的明暗度来决定 2 个材质的融合情况。

● 交互式:在视口中以"平滑+高光"方式交互渲染时,选择哪一个材质显示在对象表面。

● 混合量:确定融合的百分比例,对无蒙版贴图的 2 个材质进行融合时,依据它来调节混合程度。值为 0 时,材质 1 完全可见,材质 2 不可见;值为 100 时,材质 1 不可见,材质 2 完全可见。

"混合曲线"选项组用于控制蒙版贴图中黑白过渡区中材质融合的尖锐或柔和程度,专用于使用了 Mask 蒙版贴图的融合材质。

● 使用曲线:确定是否使用混合曲线来影响融合效果。

● 转换区域:分别调节"上部"和"下部"数值来控制混合曲线,两值相近时,会产生清晰尖锐的融合边缘;两值差距很大时,会产生柔和模糊的融合边缘。

6.3.6　双面材质

使用双面材质可以为对象的正面和背面指定 2 个不同材质。

"双面基本参数"卷展栏(见图 6-59)中的选项功能如下。

图 6-59

● 半透明:用于设置一个材质在另一个材质上显示出的百分比效果。

● 正面材质:用于设置对象外表面的材质。

● 背面材质:用于设置对象内表面的材质。

6.4　常用贴图

贴图能够在不增加物体几何结构复杂程度的基础上增加物体的细节精细程度,最大的用途就是提高材质的真实程度；此外，贴图还可以用于设置环境或灯光投影效果。

3ds Max 2019 提供了 43 种通用贴图类型，如图 6-60 所示。下面将主要贴图进行介绍。

图 6-60

6.4.1 "位图"贴图

"位图"贴图是 3ds Max 中最常用的贴图类型。"位图"是由彩色像素的固定矩阵生成的图像，支持多种图像格式，包括 JGP、TIF、AVI、TGA 等。"位图"可以用来创建多种材质。可以将实际生活中模型的照片图像，如大理石、木纹、水面、墙面、蒙皮、布料、羽毛等作为位图使用，也可以使用动画或视频文件替代位图来创建动画材质，制作出屏幕播放等效果。

（1）"位图"的"坐标"卷展栏中的选项功能如下。

在"坐标"卷展栏中，通过调整坐标参数，可以在应用了贴图的对象表面移动贴图。

● 贴图类型：可选择要使用贴图的方式（是应用于对象的表面还是应用于环境）。

● 纹理：将该贴图作为纹理应用于表面。可从"贴图"列表中选择坐标类型。

● 环境：使用该贴图作为环境贴图。可从"贴图"列表中选择坐标类型。

● "贴图"列表：列表条目因选择"纹理"贴图或"环境"贴图而异。

贴图类型为"纹理"时，贴图类型如图 6-61 所示。

● 显式贴图通道：使用任意贴图通道。如选中该字段，"贴图通道"字段将处于活动状态，可选择 1~99 的任意通道。

● 顶点颜色通道：使用指定的顶点颜色作为通道。

● 对象 XYZ 平面：使用基于对象的本地坐标的平面贴图（不考虑轴点位置）。用于渲染时，除非启用"在背面显示贴图"，否则平面贴图不会投影到对象背面。

● 世界 XYZ 平面：使用基于场景的世界坐标的平面贴图（不考虑对象边界框）。用于渲染时，除非启用"在背面显示贴图"，否则平面贴图不会投影到对象背面。

贴图类型为"环境"时，贴图类型如图 6-62 所示。

图 6-61

图 6-62

- "球形环境""柱形环境""收缩包裹环境"将贴图投影到场景中，就像将其贴到背景中的不可见对象上一样。

- 屏幕："屏幕"投影为场景中的平面背景。

- 在背面显示贴图：勾选该复选框后，平面贴图（"对象 XYZ"中的平面，或者带有"UVW 贴图"修改器）将被投影到对象的背面，并且能对其进行渲染。禁用该复选框后，不能在对象背面对平面贴图进行渲染。默认设置为勾选。

- 使用真实世界比例：勾选该复选框后，使用真实的"宽度"和"高度"值而不是 UV 值将贴图应用于对象。对于 3ds Max，默认设置为禁用状态；对于 3ds Max Design，默认设置为勾选。勾选该复选框后，纹理位置相对于纹理贴图的角，以便对象对齐（像墙一样）；禁用该复选框后，纹理位置相对于纹理贴图的中心。

- 偏移（UV）：在 UV 坐标中更改贴图的位置。例如，如果希望将贴图从原始位置向左移动其整个宽度，并向下移动其一半宽度，可在"U 偏移"字段中输入−1，在"V 偏移"字段中输入 0.5。

- UV/VW/WU：更改用于贴图的贴图坐标系。默认的 UV 坐标将贴图作为幻灯片投影到表面。VW 坐标与 WU 坐标用于对贴图进行旋转使其与表面垂直。

- 瓷砖：确定"瓷砖"或"镜像"处于勾选状态时，沿每个轴重复贴图的次数。

- 镜像/瓷砖：是否或如何使用"镜像"或"瓷砖"设置重复贴图。对于每个轴（U 和 V），可以勾选或禁用"镜像"或"瓷砖"，但不能同时将两者启用或禁用。

- "镜像"：从左至右（U 轴）和/或从上至下（V 轴）重复和反射贴图。

- "瓷砖"：从左至右（U 轴）和/或从上至下（V 轴）切换贴图的重复操作，但不反射。

- 角度 U/V/W：绕 U 轴、V 轴或 W 轴旋转贴图。

提示　　使用"环境"贴图类型时，只能在 W 轴上旋转贴图，在 U 轴或 V 轴上旋转不起作用。

- 旋转：显示图解的"旋转贴图坐标"对话框，用于通过在弧形球上拖动来旋转贴图（与用于旋转视口的弧形球相似，在圆圈中拖动是绕全部 3 个轴旋转，而在其外部拖动则仅绕 W 轴旋转）。"UVW 向角度"的值随着拖动而改变。

- 模糊：基于贴图离视口的距离影响贴图的锐度或模糊度。贴图距离越远，模糊就越大。"模糊"值模糊的是世界空间中的贴图。"模糊"主要用于消除锯齿。

- 模糊偏移：影响贴图的锐度或模糊度，而与贴图离视口的距离无关。"模糊偏移"模糊对象空间中自身的图像。如果需要对贴图的细节进行软化处理或者散焦处理以达到模糊图像的效果时，选择该选项。

（2）"位图参数"卷展栏（见图 6-63）中的选项功能如下。

- 位图：单击其右侧的"无"（指定贴图后会显示位图信息）按钮，可以选择一个位图文件，要求是 3ds Max 支持的位图格式，不要求位图所在路径，因为在选择的同时会自动打通其所在路径。

● 重新加载：按照相同的路径和名称重新将上面的位图
调入（如果在其他软件中对该图做了改动，重新加载
它才能使修改后的效果生效）。

图 6-63

①"过滤"选项组：用于确定对位图进行抗锯齿处理的方
式，对于一般需求，"四棱锥"过滤方式已经足够了；"总面
积"过滤方式提供更加优秀的过滤效果，只是会占用更多的内
存，如果对"凹凸"贴图的效果不满意，可以选择这种过滤方
式，这是提高 3ds Max"凹凸"贴图渲染品质的一个关键参数，
不过渲染时间也会大幅增长。

②"单通道输出"选项组有以下 3 个选项。

● RGB 强度：使用红、绿、蓝通道的强度作用于贴图。像素点的颜色将被忽略，只使用它的
亮度值，彩色将在 0（黑）～255（白）级的灰度值之间进行计算。

● Alpha：使用贴图自带的 Alpha 通道的强度。

● Alpha 作为灰度：以 Alpha 通道图像的灰度级别来显示色调。

③"裁剪/放置"选项组：这是非常有力的一项控制参数，它允许在位图上任意剪切一部分图像
作为贴图使用，或者将原位图进行比例缩小使用。它并不会改变原位图文件，只是在材质编辑器中实
施控制。这项设置非常灵活，尤其是在进行反射贴图时，可以随意调节反射贴图的大小和内容，以便
取得最佳的质感。

● 抖动放置：针对"放置"方式起作用，这时缩小位图的比例和尺寸由系统提供的随机值来
控制。

● 查看图像：单击该按钮，会弹出一个虚拟图像设置框，可以直观地进行"裁剪"和"放置"
操作。如果勾选"应用"复选框，可以在样本球上看到裁剪的部分被应用。

④"Alpha 来源"选项组有以下 4 个选项。

● 图像 Alpha：如果该图像具有 Alpha 通道，将使用它的 Alpha 通道。

● RGB 强度：将彩色图像转化的灰度图像作为透明通道来源。

● 无（不透明）：不使用透明信息。

● 预乘 Alpha：确定以何种方式来处理位图的 Alpha 通道，默认为勾选状态，如果将它禁用，
RGB 值将被忽略。

（3）"时间"卷展栏（见图 6-64）中的选项功能如下。

"时间"卷展栏用于控制动态纹理贴图（FLIC 或 AVI 动画
格式）开始的时间和播放速度，这使得序列贴图在时间上得到
更为精确的控制。

图 6-64

● 开始帧：用于指定动画贴图由哪一帧开始播放。

● 播放速率：用于控制动画贴图播放的速度，值为 1 时为正常速度，值为 2 时是原速的 2 倍，
以此类推。

● 将帧与粒子年龄同步：勾选该复选框后，软件会将位图序列的帧与贴图所应用的粒子年龄同
步。利用这种效果，每个粒子从出生开始显示该序列，而不是被指定于当前帧。默认设置为
禁用状态。

"结束条件"选项组用于设置动画贴图在最后一帧播放完后的情况。

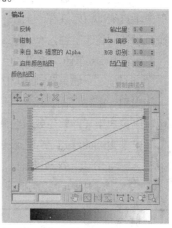

图 6-65

- 循环：动画播放完后从头开始循环播放。
- 往复：动画在播放完后逆向播放至开始，再正向播放至结束，如此反复，形成流畅的循环效果。
- 保持：动画在播放完后保持最后一帧静止直至结束。

（4）"输出"卷展栏（见图 6-65）中的选项功能如下。

应用贴图并设置其内部参数后，可以通过调整它的输出参数来确定贴图的渲染外观。一般将 █（显示最终结果）按钮按下配合使用，这样可以直观地看到调整输出后对贴图的影响。

- 反转：反转贴图的色调，使之类似彩色照片的底片。默认设置为禁用状态。
- 输出量：控制要混合为合成材质的贴图数量。对贴图中的饱和度和 Alpha 值产生影响。
- 钳制：勾选该复选框后，此参数限制比 1.0 小的颜色值。当设置"RGB 偏移"和"RGB 级别"时勾选该复选框，但此后贴图不会显示出自发光。默认设置为禁用状态。
- RGB 偏移：调整贴图颜色的 RGB 值，对色调产生影响。增到最大值贴图会变成白色并有自发光效果；降低这个值会减少色调使贴图向黑色转变。默认设置为 0.0。

提 示　如果在勾选"钳制"复选框后将"RGB 偏移"的值设置超过 1.0，所有的颜色都会变成白色。

- 来自 RGB 强度的 Alpha：勾选该复选框后，会根据在贴图中 RGB 通道的强度生成一个 Alpha 通道。黑色变得透明而白色变得不透明，中间值根据强度变得半透明。默认设置为禁用状态。
- RGB 级别：根据微调器所设置的量使贴图颜色的 RGB 值变化加倍，对颜色的饱和度产生影响。增到最大值贴图会完全饱和并产生自发光效果；降低这个值会减少饱和度使贴图的颜色变灰。默认设置为 1.0。
- 凹凸量：调整凹凸的量。这个值仅在贴图用于"凹凸"贴图时产生效果。默认设置为 1.0。
- 启用颜色贴图：勾选该复选框可使用"颜色贴图"。

"颜色贴图"选项组仅在勾选"启用颜色贴图"复选框后可用。

使用"颜色贴图"的图允许对图像的色调范围进行调整。(1,1)点控制贴图的高光，(0.5,0.5)点控制贴图中间调，(0,0)点控制贴图的阴暗。可以通过对线添加点并对它们进行移动或缩放来调整图的形状。可以添加"角点""Bezier 平滑"或"Bezier 角点"。当"移动"或"缩放"选项处于启用状态时，可以选中这些点，就像处理视口中的对象一样，单击一个点，拖动一个包围了一个或多个点的区域并按下"Ctrl"键来添加到选择中或从选择中减去。

当选中一个独立的点，它的确切坐标会显示在左下方图下面的 2 个字段里。可以在这 2 个字段中直接输入值。当用户手动移动或缩放点时，会自动调整这 2 个值。

可以放大图形进行详细调整。放大时，图形会沿着左边的垂直轴更新显示为小数测量值。使用水平或垂直滚动栏可以在图上任一位置平移，使用按钮选项或鼠标中键也可以完成此操作。可以删除点，也可以随时将图重置为默认状态。

● RGB/单色：将"颜色贴图"曲线分别指定给每个 RGB 过滤通道（RGB）或合成通道（单色）。如果分别调整了"RGB"和"单色"，则只有处于选择状态的选项对贴图起作用。

启用"RGB"时，R、G、B 这 3 个曲线都是启用的，直接调整效果与"单色"相同；"RGB"也可以只启用某种单色或双色调整，如需加红，则将 R 弹起，将 G、B 值降低即可。

● 复制曲线点：勾选该复选框后，当切换到 RGB 图时，将复制添加到单色图的点。如果是对 RGB 图进行此操作，这些点会被复制到单色图中。注意可以对这些控制点设置动画但是不能对 Bezier 控制柄设置动画。

提示 勾选"复制曲线点"复选框后，在单色模式下创建的动画可以在 RGB 模式下继续使用并且可以切换通道。反转不起作用。

6.4.2 "渐变"贴图

渐变是指从一种颜色到另一种颜色的过渡。在"渐变"贴图中 3 个色块颜色可以随意调节，相互区域比例的大小也可调，通过贴图可以产生无限级别的渐变和图像嵌套效果。渐变效果示例如图 6-66 所示。

"渐变参数"卷展栏（见图 6-67）中的选项功能如下。

图 6-66

图 6-67

● 颜色 #1/颜色 #2/颜色 #3：分别用于设置 3 个渐变区域，通过色块可以设置颜色，通过"无"按钮可以设置贴图。

● 颜色 2 位置：设置中间色的位置，默认为 0.5，3 种色平均分配区域；值为 1 时，"颜色 #2"代替了"颜色 #1"，形成"颜色 #2"和"颜色 #3"的双色渐变；值为 0 时，"颜色 #2"代替了"颜色 #3"，形成"颜色 #1"和"颜色 #2"的双色渐变。

● 渐变类型：分为"线性"和"径向"2 种。

（1）"噪波"选项组：用于设置渐变的噪波。

● 数量：用于控制噪波的程度，值为 0 时不产生噪波影响。

- 大小：用于设置噪波函数的比例，即"碎块"的大小密度。
- 相位：用于控制噪波变化的速度，对它进行动画设置可以产生动态的噪波效果。
- 级别：针对分形噪波计算，控制迭代计算的次数。值越大，噪波越复杂。
- 规则、分形、湍流：提供 3 种强度不同的噪波生成方式。

（2）"噪波阈值"选项组有以下 3 个选项。

- 低：用于设置最低阈值。
- 高：用于设置最高阈值。
- 平滑：根据阈值对噪波值产生光滑处理，以避免发生锯齿现象。

6.4.3 "噪波"贴图

"噪波"贴图基于 2 种颜色或材质的交互来创建曲面的随机扰动效果，常用于无序贴图效果的制作。图 6-68 所示为在"凹凸"贴图中使用"噪波"贴图表现的马路效果。

"噪波参数"卷展栏（见图 6-69）中的选项功能如下。

图 6-68

图 6-69

- 噪波类型：选择噪波类型。图 6-70 所示为 3 种噪波类型效果。
- 规则：默认设置，生成普通噪波。基本上类似于"级别"设置为 1 的"分形"噪波。当噪波类型设为"规则"时，"级别"微调器处于非活动状态（因为"规则"不是分形功能）。

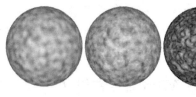

图 6-70

- 分形：使用分形算法生成噪波。
- 湍流：生成应用绝对值函数来制作故障线条的分形噪波。
- 噪波阈值：如果噪波值高于"低"阈值而低于"高"阈值，动态范围会拉伸到填满 0 ~ 1。
- 级别：决定有多少分形能量用于分形和湍流噪波函数。用户可以根据需要设置确切数量的湍流，也可以设置分形层级数量的动画。默认设置为 3.0。
- 相位：控制噪波函数的动画速度。使用该数值框可以设置噪波函数的动画。默认设置为 0.0。
- 交换：切换 2 个颜色或贴图的位置。
- 颜色 #1/颜色 #2：可以从 2 个主要噪波颜色中进行选择。系统将通过用户所选的 2 种颜色生成中间颜色值。

● 贴图：选择以其他噪波颜色显示的图像或动画进行贴图。

6.4.4 "棋盘格"贴图

"棋盘格"贴图可以产生两色方格交错的方案；也可以用 2 个贴图来进行交错；如果使用棋盘格进行嵌套，可以产生多彩色方格交错的图案效果。"棋盘格"贴图用于产生一些格状纹理，或者墙面、地板块等有序纹理。图 6-71 所示的地面效果就是通过"棋盘格"贴图产生的。

"棋盘格参数"卷展栏（见图 6-72）中的选项功能如下。

图 6-71

图 6-72

● 柔化：模糊 2 个区域之间的交界。
● 颜色 #1/颜色 #2：分别用于设置 2 个区域的颜色或贴图，单击颜色色块可进行颜色设置；单击"无贴图"按钮可进行贴图设置。
● 交换：将 2 个区域的设置进行调换。

6.5 VRay 渲染器

本节介绍 3ds Max 中一个出色的渲染器插件——VRay 渲染器。VRay 渲染器在灯光、材质、摄影机、渲染、特殊模型等方向都有较为出色的表现。

6.5.1 VRay 渲染器简介

目前市场上有很多针对 3ds Max 的第三方渲染器插件，VRay 就是其中比较出色的一款。它主要用于渲染一些特殊的效果，如次表面散射、光迹追踪、焦散、全局照明等。VRay 的主要渲染特点是结合了光线跟踪和光能传递，可创建真实的照明效果，因此常用于建筑设计、灯光设计、展示设计等领域。

VRay 渲染器的特点如下。

（1）真实性：效果真实，尤其是基于真实的光影追踪反射、折射，使材质的平滑和阴影的细节表现得非常真实。

（2）全面性：具有间接照明系统（全局照明系统）、摄影机的景深效果，以及运动模糊、物理焦散、G-缓冲等功能，可以胜任室内、展览展厅、室外建筑、外观、建筑动画、工业造型、影视动画等场景的效果制作。

（3）基于 G-缓冲的抗锯齿功能：可重复使用光照贴图。对于动画可增加采样。

（4）可重复使用光子贴图。

（5）真正支持 HDRI 贴图：包含 HDR、RAD 格式图片装载器，可处理立方体贴图和角贴图。可直接贴图而不会产生变形或切片。

（6）可产生正确物理照明的自然光源。

（7）灵活性与高效性：可根据实际需要调控参数，从而自由控制渲染的质量和速度。可调控，操作性强。在低参数时，渲染速度快，质量差；在高参数时，渲染速度慢，质量高。

6.5.2 指定 VRay 渲染器

安装完 VRay 渲染器后，VRay 的灯光、摄影机、物体、辅助对象、系统等工具会在命令面板中显示；右击模型，VRay 属性、VRay 网格导出等命令会在四元菜单中显示；VRay 材质只有在 3ds Max 中指定了 VRay 渲染器之后才会显示。

调用 VRay 渲染器的操作如下。

（1）在工具栏中单击 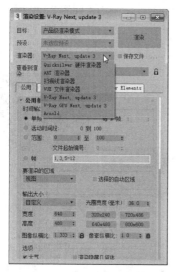（渲染设置）按钮或按"F10"键，弹出"渲染设置"窗口，单击"渲染器"的下拉按钮，在弹出菜单中选择 V-Ray，如图 6-73 所示。

（2）设置完成后的"渲染设置"面板如图 6-74 所示。

图 6-73

图 6-74

6.6 VRay 材质

只有在指定"VRay 渲染器"后，VRay 相应的灯光、材质、摄影机、渲染、特殊模型等才可以正常应用。

6.6.1 课堂案例——金属材质的设置

📖 **学习目标**

学习 VRayMtl 材质的使用方法。

📑 **知识要点**

设置 VRayMtl 材质作为金属材质，完成的效果如图 6-75 所示。

📑 **原始场景所在位置**

云盘/场景/Ch06/镜面不锈钢.max。

📑 **效果所在位置**

云盘/场景/Ch06/镜面不锈钢 ok.max。

📑 **贴图所在位置**

云盘/贴图。

（1）打开"场景/Ch06/镜面不锈钢.max"文件，在场景中选择相应的模型，如图 6-76 所示。

微课视频

金属材质的设置

图 6-75

（2）在工具栏中单击 ▦（材质编辑器）按钮，打开"Slate 材质编辑器"面板。在左侧的"材质/贴图浏览器"中展开"VRay"卷展栏，并双击"VRayMtl"材质将其显示在视口中。双击材质名称，在右侧显示参数面板。在"基本参数"卷展栏中设置"漫反射"色块的红绿蓝为 156、156、156；设置"反射"色块的红绿蓝为 238、238、238，设置反射"光泽度"为 0.9，如图 6-77 所示。

将材质指定给场景中的相应模型。

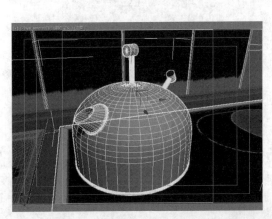

图 6-76

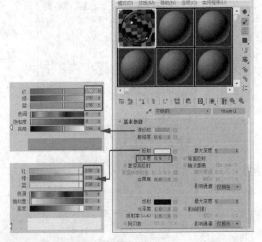

图 6-77

提示

金属材质的设置主要是设置"反射"参数，通过对"反射"参数的设置可以模拟出各种颜色和各种反射效果的金属效果。在模拟金属材质时，如果"反射"的色块为白色时会模拟出镜面反射的效果。

（3）渲染当前场景即可得到图 6-75 所示的效果。

6.6.2 VRayMtl 材质

VRayMtl 材质是 VRay 中使用频率最高、使用范围最广的一种材质。VRayMtl 材质除了可以完成反射、折射等效果，还能出色地表现 SSS 和 BRDF 等效果。

VRayMtl 材质的"参数"设置面板包含了 4 个卷展栏："基本参数""双向反射分布函数""选项""贴图"，如图 6-78 所示。

（1）"基本参数"卷展栏（见图 6-79）中的选项功能如下。

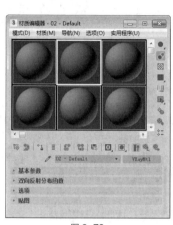

图 6-78

图 6-79

- 漫反射：用于决定物体表面的颜色和纹理。通过单击色块，可以调整自身的颜色。单击右侧的 ▇（无）按钮，可以选择不同的贴图类型。

- 粗糙度：数值越大，粗糙效果越明显，可以用于模拟绒布的效果。

- 反射：物体表面反射的强弱是由色块颜色的"亮度"来控制的，颜色越"白"（亮）反射越强，越"黑"（暗）反射越弱；而这里的色块整体颜色决定了反射出来的颜色，和反射的强度是分开计算的。单击右侧的 ▇（无）按钮，可以使用贴图控制反射的强度、颜色、区域。

提 示　　任何参数在指定贴图后，原有的数值或颜色均被贴图覆盖，如果需要数值或颜色起到一定作用，可以在"贴图"卷展栏中降低该贴图的数量，这样可以起到原数值或颜色与贴图混合的作用。

- 光泽度：反射光泽度。控制反射的清晰度。值为 1 意味着完美的镜面反射；较小的值会产生模糊或光滑的反射。

- 菲涅耳反射：勾选该复选框后，反射强度依赖于视角的表面。自然界中的某些物质（玻璃等）以这种方式反射光线。注意，菲涅耳效应也取决于折射率。

- 菲涅耳反射率：指定计算菲涅耳反射时使用的返回值。通常这是锁定的折射率参数，但它可以解锁，以更好地控制。这个参数可以在贴图滚动中使用纹理映射。

- 金属度：控制材料从电介质（0）到金属（1）的反射模型。注意 0 ~ 1 之间的中间值不对应于任何物理材料。对于真实世界的材质，反射色通常应该设置为白色。

- 最大深度：指定一条光线能被反射的次数。具有大量反射和折射表面的场景可能需要设置更大的值才能看起来正确。

- 背面反射：勾选该复选框后，反射也计算背面。注意，这也影响总内部反射（当折射计算）。

- 暗淡距离：勾选该复选框后，用户可以手动设置参与反射的对象之间的距离，距离大于该设置值的将不参与反射计算。

 提 示　　渲染室内大面积的玻璃或金属物体时，反射次数需要设置大一些；渲染水泥地面和墙体时，反射次数可以适当设置小点，这样可以在不影响品质的情况下提高渲染速度。

- 暗淡衰减：可以设置对象在反射效果中的衰减强度。
- 细分：用于控制反射"光泽度"的品质。品质过低，在渲染时会出现噪点。

 提 示　　"细分"的数值一般与反射"光泽度"的数值是成反比的，反射"光泽度"越小（越模糊），"细分"的数值应越大以弥补平滑效果。一般当反射"光泽度"为 0.9 时设置"细分"为 10，当反射"光泽度"为 0.76 时设置"细分"为 24，但是"细分"的数值一般最多给到 32，因为"细分"值越大，渲染速度越慢。如果某个材质在效果图中占的比重较大，应适量地提升"细分"，以防止出现噪点。

- 折射：颜色越"白"，物体越透明，进入物体内部产生的折射光线也就越多；颜色越"黑"，透明度越低，产生的折射光线也越少。可以通过贴图控制折射的强度和区域。
- 光泽度：用于控制物体的折射模糊度。值越小越模糊；默认数值 1 不产生折射模糊。可以通过贴图的灰度控制效果。
- 折射率：设置透明物体的折射率。物理学中的常用物体折射率：水为 1.33，水晶为 1.55，金刚石为 2.42，玻璃按成分不同为 1.5~1.9。
- 阿贝数：增加或减少分散效应。勾选该复选框后，降低值会扩大分散度，反之亦然。
- 最大深度：用于控制折射的最大次数。
- 影响阴影：用于控制透明物体产生的阴影。勾选该复选框后，透明物体将产生真实的阴影。该复选框仅对 VRay 灯光和 VRay 阴影有效。
- 细分：用于控制折射模糊的品质。与反射的"细分"原理一样。
- 影响通道：设置折射效果是否影响对应图像通道。

 提 示　　如果有透过折射物体观察到的对象时，如室外游泳池、室内的窗玻璃等，需要勾选"影响阴影"复选框，选择"影响通道"的类型为"颜色+Alpha"。

- 烟雾颜色：用于调整透明物体的颜色。
- 烟雾倍增：可以理解为烟雾的浓度。值越大，烟雾越浓。一般都是作为降低"烟雾颜色"的浓度使用，如"烟雾颜色"的"饱和度"为 1 基本是最低了，但若还是感觉饱和度太高，则可以调节此项数值。
- 烟雾偏移：改变烟雾的颜色。负值增加了烟雾对物体较厚部分的影响强度；正值在任何厚度上均匀分布烟雾颜色。
- "半透明"：半透明效果的类型有 3 种，即硬（蜡）模型、软（水）模型、混合模型。

- 散布系数：物体内部的散射总量。0 表示光线在所有方向被物体内部散射；1 表示光线在一个方向被物体内部散射，而不考虑物体内部的曲面。
- 正/背面系数：控制光线在物体内部的散射方向。0 表示光线沿着灯光发射的方向向前散射，1 表示光线沿着灯光发射的方向向后散射。
- 厚度：用于控制光线在物体内部被追踪的深度，也可以理解为光线的穿透力。
- 背面颜色：用于控制"半透明"效果的颜色。
- 灯光倍增：设置光线穿透力的倍增值。
- 自发光：通过调整色块，可以使对象具有自发光效果。
- 全局照明：取消勾选该复选框后，"自发光"不对其他物体产生全局照明。
- 倍增：设置发光的强度。

（2）"双向反射分布函数"卷展栏（见图 6-80）中的选项功能如下。

- 明暗器列表：包含 4 种明暗器类型，即反射、沃德、多面、微面 GTR（GGX）。"反射"适用于硬度高的物体，高光区很小；"沃德"适用于表面柔软或粗糙的物体，高光区最大；"多面"适用于大多数物体，高光区大小适中；微面 GTR（GGX）表达能力也很强。默认为"反射"。
- 各向异性：控制高光区域的形状，可以用该参数来控制拉丝效果。
- 旋转：控制高光区的旋转方向。
- 局部轴：有 x 轴、y 轴、z 轴 3 个轴可供选择。
- 贴图通道：可以使用不同的贴图通道与"UVW"贴图进行关联，从而实现一个物体在多个贴图通道中使用不同的"UVW"贴图，这样可以得到各自对应的贴图坐标。
- 使用光泽度 / 使用粗糙度：这 2 个选项控制如何解释反射"光泽度"。当选择"使用光泽"度时，"光泽度"按原样使用，高光泽度值（如 1）会产生尖锐的反射高光；当选择"使用粗糙度"时，采用反射"光泽度"反比值。
- GTR 尾巴衰减：控制从突出显示的区域到非突出显示的区域的转换。

（3）"选项"卷展栏（见图 6-81）中的选项功能如下。

图 6-80

图 6-81

- 跟踪反射：控制光线是否追踪反射。取消勾选后，将不渲染反射效果。
- 跟踪折射：控制光线是否追踪折射。取消勾选后，将不渲染折射效果。
- 中止：指定一个阈值，低于这个阈值，反射 / 折射不会被跟踪。
- 环境优先：确定当反射或折射的光线穿过几种材质时使用的环境，每种材质都有一个环境覆盖。
- 光泽菲涅耳：勾选该复选框后，将使用光泽菲涅耳计算插入光泽反射和折射。它将菲涅耳方程考虑进光滑反射的每个"微面"，而不仅仅是观察光线和表面法线之间的角度。最明显的效果是光滑的菲涅耳计算使反射和折射的效果更加自然。

- 保存能量：决定漫反射、反射和折射颜色如何相互影响。VRay 试图保持从对象表面反射的光总量小于或等于落在其表面上的光（就像在现实生活中发生的那样）。为此，应用以下规则：反射级别能使漫反射和折射级别变低（纯白色反射将消除任何漫反射和折射效果）；折射级别能使漫反射级别变低（纯白色折射将消除任何漫反射效果）。此参数决定 RGB 组件的调光是单独进行还是根据强度进行。

- 双面：默认为勾选，可以渲染出背面的面；取消勾选该复选框后，将只渲染正面的面。

- 使用发光贴图：控制当前材质是否使用"发光贴图"。

- 雾系统单位比例：控制是否使用雾系统单位比例。

- 效果 ID：勾选该复选框后，用户可以手动设置效果 ID 号，会覆盖掉材质本身的 ID。

- 不透明度模式：控制不透明度的取样方式。

（4）"贴图"卷展栏（见图 6-82）中的选项功能如下。

- 半透明：与"基本参数"卷展栏"半透明"选项组中的"背面颜色"相同。

- 环境：使用贴图为当前材质添加环境效果。

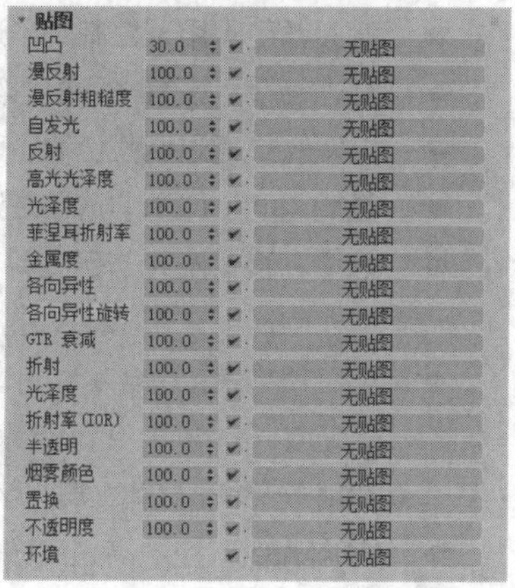

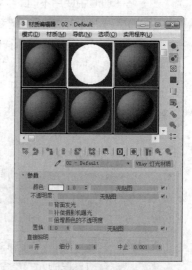

图 6-82

6.6.3 VRay 灯光材质

VRay 灯光材质主要用于模拟霓虹灯、屏幕等自发光效果。
其"参数"卷展栏（见图 6-83）中的选项功能如下。

- 颜色：设置对象自发光的颜色，后面的数值框可以理解为灯光的倍增器。可以使用右侧的"无贴图"按钮加载贴图用于代替颜色。

- 不透明度：用于使用贴图指定发光体的透明度。

- 背面发光：勾选该复选框后，材质物体的光源双面发光。

- 补偿摄影机曝光：勾选该复选框后，VRay 灯光材质产生的照明效果可以增强摄影机曝光。

- 倍增颜色的不透明度：勾选该复选框后，同时使用下方的"置换"贴图通道加载黑白贴图，可以通过贴图的灰度强弱控制发光强度，白色为最强。

- 置换：可以通过加载贴图控制发光效果。可以通过调整倍增数值控制贴图发光的强弱，数值越大越亮。

图 6-83

"直接照明"选项组用于控制 VRay 灯光材质是否参与直接照明计算。

6.6.4 VRay 材质包裹器材质

在使用 VRay 渲染器渲染场景时，会出现某种对象的反射会影响到其他对象的情况，这就是"色溢"现象。色溢现象的出现是因为 VRay 渲染器在渲染时间接照明的二次反弹所产生的。为此 VRay 提供了 VRay 材质包裹器材质，该材质可以有效地避免色溢现象。

"VRay 材质包裹器参数"卷展栏（见图 6-84）中的选项功能如下。

图 6-84

● 基本材质：可以理解为对象基层的材质。

"附加曲面属性"选项组用于控制材质的全局照明和焦散效果。

● 生成全局照明：用于控制材质本身色彩对周围环境的影响，降低可以减少该材质对象对周围环境的影响，反之增强。

● 接收全局照明：用于控制周围环境色彩对材质对象的影响，降低可以减少周围环境对其影响，反之增强。

● 生成焦散：用于控制材质的焦散效果是否影响周围环境和对象。

● 接收焦散：用于控制周围环境和对象的物体是否影响该材质对象。

"天光属性"选项组一般使用较少，这里不再详细介绍。

课堂练习——木纹材质的设置

📖 知识要点

通过为"漫反射"指定木纹贴图来模拟木纹的纹理，并为材质的反射设置参数，完成木纹材质的设置。图 6-85 所示为完成的木纹效果。

📖 效果所在位置

云盘/场景/Ch06/木纹材质 ok.max。

图 6-85

微课视频

木纹材质的设置

课后习题——瓷器材质的设置

📖 知识要点

通过设置 VRayMtl 材质，指定位图并设置材质的反射效果，完成瓷器材质的设置。完成的瓷器材质效果如图 6-86 所示。

📖 效果所在位置

云盘/场景/Ch06/瓷器材质 ok.max。

图 6-86

微课视频

瓷器材质的设置

第 7 章
创建灯光和摄影机

光是人能看到物件的必备要素，摄影机是记录画面的必备条件。本章将介绍 3ds Max 2019 中灯光和摄影机的创建及应用。通过学习本章的内容，读者可以灵活掌握各种灯光和摄影机的应用，与前面章节学习的材质与贴图相结合，制作出真实、自然的视觉效果。

课堂学习目标

- ✔ 掌握灯光及其特效的使用方法
- ✔ 掌握摄影机及其特效的使用方法
- ✔ 掌握 VRay 灯光的创建方法

7.1 灯光及其特效的使用

光线是 3ds Max 中建模的基础，没有光便无法体现出建模对象的形状、质感和颜色。

为当前场景创建平射式的白色照明或使用系统的默认照明非常容易。然而，平射式的照明通常对展现当前场景中对象的特别之处或奇特的效果不会有任何帮助。只有调整场景的灯光，使光线与当前的气氛或环境配合，才能起到强化环境的效果，使场景及对象更加真实。

7.1.1 课堂案例——创建静物场景

📋 **学习目标**
熟悉目标聚光灯的创建方法。

📋 **知识要点**
在原始场景的基础上创建目标平行光作为主光源。完成的效果如图 7-1 所示。

📋 **原始场景所在位置**
云盘/场景/Ch07/红绿灯.max。

📋 **效果所在位置**
云盘/场景/Ch07/红绿灯 ok.max。

图 7-1

微课视频

创建静物场景

贴图所在位置

云盘/贴图。

（1）打开原始场景，如图 7-2 所示，渲染场景。

> **提 示**
>
> 因为该场景是 VRay 场景，场景中有环境颜色，环境颜色会影响场景的亮度，所以在渲染该场景时不是黑色的。

（2）按"F10"键打开"渲染设置"面板，在"公用参数"卷展栏中设置合适的渲染尺寸，并锁定纵横比，效果如图 7-3 所示。

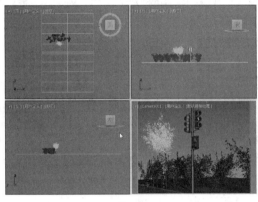

图 7-2

图 7-3

（3）单击"➕（创建）>💡（灯光）>标准>目标平行光"按钮，在"顶"视口中创建目标平行光作为主光源，调整灯光的角度和位置。

在"常规参数"卷展栏的"阴影"组中勾选"启用"复选框，选择阴影类型为"VRay 阴影"；在"VRay 阴影参数"卷展栏中设置"偏移"为 0.2，勾选"区域阴影"复选框，设置 U/V/W 大小均为 300，"细分"为 16；在"强度/颜色/衰减"卷展栏中设置"倍增"为 1.2，设置颜色为暖色；在"平行光参数"卷展栏中设置"聚光区/光束"为 47 490.51，"衰减区/区域"为 51 926.40，如图 7-4 所示。

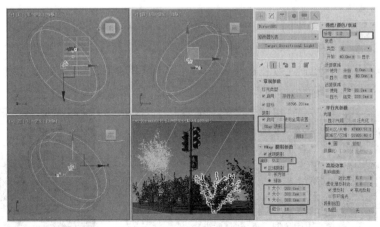

图 7-4

（4）选择摄影机视口，单击📷（渲染产品）按钮渲染当前场景，可得到图 7-1 所示的效果。

7.1.2 标准灯光

3ds Max 2019 提供了"标准"和"光度学"2 种类型的灯光。标准灯光是 3ds Max 的传统灯光。系统提供了目标聚光灯、自由聚光灯、目标平行光、自由平行光、泛光、天光 6 种标准灯光，如图 7-5 所示。此外，还有 mr 区域泛光灯和 mr 区域聚光灯两种使用"mental ray"渲染器时才可用的标准灯光。

图 7-5

下面分别对这 8 种标准灯光进行简单介绍。

1. 目标聚光灯

"目标聚光灯"是一个有方向的光源，它具有可以独立移动的目标点投射光，如图 7-6 所示。加入投影设置，可以表现出优秀的静态仿真效果，如图 7-7 所示。但是"目标聚光灯"在进行动画照射时不易制作跟踪照射。

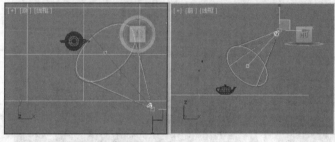

图 7-6

图 7-7

2. 自由聚光灯

"自由聚光灯"具有"目标聚光灯"的所有功能，只是没有目标对象。

在使用该类型灯光时，并不是通过放置一个目标来确定聚光灯光锥的位置，而是通过旋转"自由聚光灯"来对准它的目标对象。使用"自由聚光灯"的原因可以是动画与其他几何体对灯光的需要，或者是用户的个人喜好。

在制作一个场景时，有时需要保持它相对于另一个对象的位置不变。如汽车的前照灯、聚光灯和矿工的头灯都是非常典型的例子，并且在这些情况下都需要使用"自由聚光灯"。

3. 目标平行光

"目标平行光"可产生单方向的平行照射区域，它与"目标聚光灯"的区别是它的照射区域呈圆柱形或矩形，而不是"锥形"。平行光主要用于模拟阳光的照射，对于户外场景尤为适用；如果作为体积光源，可以产生一个光柱，常用来模拟探照灯、激光光束等特殊效果。创建"目标平行光"的场景如图 7-8 所示，渲染后的效果如图 7-9 所示。

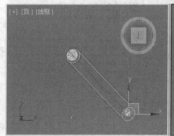

图 7-8

图 7-9

4. 自由平行光

"自由平行光"其实是一种受限制的"目标平行光"，在视口中，它的投射点和目标点不可分别调节，只能进行整体移动或旋转，这样可以保证照射范围不发生改变。如果对灯光的范围有固定要求，尤其是设置动画灯光时，它是一个非常好的选择。

5. 泛光

"泛光"可向四周发散光线，标准的泛光灯用来照亮场景。"泛光"的优点是易于建立和调节，不用考虑是否有对象在范围外而没被照射；缺点是不能创建太多，否则显得无层次感。

"泛光"可以投射阴影和投影，单个投射阴影的"泛光"等同于 6 盏聚光灯的效果，从中心指向外侧。"泛光"常用来模拟灯泡、台灯等点光源对象，或作为物体的高光、灯光阵和补光等辅助光源。

6. 天光

"天光"能够模拟日光照射效果。在 3ds Max 中有好几种模拟日光照射效果的方法，但如果配合"照明追踪"渲染方式，"天光"往往能产生最生动的效果。

7. mr 区域泛光灯

当使用"mental ray"渲染器渲染场景时，mr 区域泛光灯（mr Area Omni）从球体或圆柱体上发射光线，而不是从点源发射光线；使用 3ds Max 默认的"扫描线"渲染器时，其效果等同于标准的泛光灯。

提示　在 3ds Max 中，由 MAXScript 脚本创建和支持区域泛光灯。只有"mental ray"渲染器才可使用"区域光源参数"卷展栏上的参数。

8. mr 区域聚光灯

"mr 区域聚光灯"（mr Area Spot）在使用"mental ray"渲染器进行渲染时，可以从矩形或圆形区域发射光线，产生柔和的照明和阴影；使用 3ds Max 默认的"扫描线"渲染器时，其效果等同于标准的聚光灯。

7.1.3　课堂案例——"天光"的应用

📋 **学习目标**

学习"天光"和"高级照明"的使用。

📋 **知识要点**

在原始场景的基础上创建"天光"，在"渲染设置"中打开"高级照明">"光跟踪器"。完成的效果如图 7-10 所示。

📋 **原始场景所在位置**

云盘/场景/Ch07/铅笔.max。

📋 **效果所在位置**

云盘/场景/Ch07/铅笔 ok.max。

📋 **贴图所在位置**

云盘/贴图。

微课视频

"天光"的应用

图 7-10

（1）打开原始场景，单击"➕（创建）>💡（灯光）>标准>天光"按钮，在"顶"视口中创建天光，在"天光参数"卷展栏中设置"倍增"为1，如图7-11所示。

（2）按"F10"键打开"渲染设置"面板，选择"高级照明"选项卡，在"选择高级照明"卷展栏中选择类型为"光跟踪器"，如图7-12所示，"天光"即创建完成。

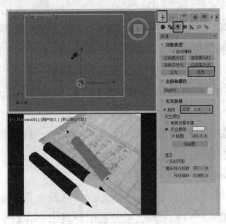

图7-11

图7-12

7.1.4　标准灯光的参数

标准灯光的参数大部分都是相同或相似的，只有"天光"具有自身的修改参数，但比较简单。下面就以"目标聚光灯"的参数为例，介绍标准灯光的参数。

在"创建"命令面板中单击"➕（创建）>💡（灯光）>标准>目标聚光灯"按钮，在视口中创建一盏目标聚光灯。切换到（修改）命令面板，"修改"命令面板中会显示出"目标聚光灯"的修改参数，如图7-13所示。

图7-13

（1）"常规参数"卷展栏（见图7-14）中的选项功能如下。

该卷展栏是所有类型的灯光共有的，用于设定灯光的开启和关闭、灯光的阴影、包含或排除的对象及灯光阴影的类型等。

图7-14

- 启用：勾选该复选框，灯光被打开；未选定时，灯光被关闭。被关闭的灯光的图标在场景中用黑颜色表示。

- 灯光类型下拉列表：使用该下拉列表可以改变当前选择灯光的类型，包括"聚光灯""平行光"和"泛光"3种类型。改变灯光类型后，灯光所特有的参数也将随之改变。

- 目标：勾选该复选框，则为灯光设定目标。灯光及其目标之间的距离显示在复选框的右侧。对于自由光，可以自行设定该值；而对于目标光，则可通过移动灯光、灯光的目标物体或关闭该复选框来改变值的大小。

- 启用：用于控制灯光是否产生阴影。

- 使用全局设置：用于指定阴影是使用局部参数还是全局参数。勾选该复选框，则其他有关阴影的设置的值将采用场景中默认的全局统一的参数设置，如果修改了其中一个使用该设置的灯光，则场景中所有使用该设置的灯光都会相应地改变。

- 阴影类型下拉列表：在 3ds Max 中产生的阴影类型有 5 种，分别是高级光线跟踪、区域阴影、阴影贴图、光线跟踪阴影和 VRay 阴影，如图 7-15 所示。
- 阴影贴图：产生一个假的阴影，它从灯光的角度计算产生阴影对象的投影，然后将它投影到后面的对象上。优点是渲染速度较快，阴影的边界较柔和；缺点是阴影不真实，不能反映透明效果。示例如图 7-16 所示。
- 光线跟踪阴影：可以产生真实的阴影。它在计算阴影时考虑对象的材质和物理属性，缺点是计算量较大。示例如图 7-17 所示。

图 7-15

图 7-16

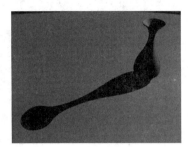
图 7-17

- 高级光线跟踪：是光线跟踪阴影的改进，拥有更多的调节参数。
- 区域阴影：可以模拟面积光或体积光所产生的阴影，是模拟真实光照效果的利器。
- VRay 阴影：VRay 阴影是 VRay 渲染器自带的阴影类型，是模拟真实光照的首选。
- 排除：该按钮用于设置灯光是否照射某个对象，或者是否使某个对象产生阴影。单击该按钮，会弹出"排除/包含"对话框，如图 7-18 所示。为"排除"选项时，灯光的照明和阴影会排除右侧列表中的对象；为"包含"选项时，灯光的照明和阴影会包含右侧列表中的对象。"包含"与"排除"不会同时影响场景对象。默认为"排除"。无对象即表示对所有受灯光影响的对象进行照明和投影。

在"排除/包含"对话框的左侧列表中显示的是受灯光影响的场景对象，单击 >> 按钮即可添加；如果要撤销对物体的排除或包含，则在右侧列表中选择物体，单击 << 按钮即可。"清除"按钮可以将右侧列表中所有对象清除。

"常规参数"基本上都是建模中比较常用的。灯光亮度的调节、阴影的设置、灯光摆放的位置等设置技巧需要多加练习，才能熟练掌握。

（2）"强度/颜色/衰减"卷展栏（见图 7-19）中的选项功能如下。

该卷展栏用于设定灯光的强弱、颜色及灯光的衰减参数。

- 倍增：类似于灯的调光器。默认为 1，值越大灯越亮，越小灯越暗。当"倍增"为负值时，该灯光为吸光灯，可以降低场景亮度。
- 颜色选择器：位于"倍增"的右侧，可以从中设置灯光的颜色。

① "衰退"选项组：用于设置灯光的衰减方法。

- 类型：用于设置灯光的衰减类型，包括"无""倒数"和"平方反比"3 种衰减类型。默认为"无"，不会产生衰减；"倒数"类型使光从光源处开始线性衰减；距离越远，光的强度越弱；"平方反比"类型按照离光源距离的平方比倒数进行衰减，这种类型最接近真实世界的光照特性。

- 开始：用于设置距离光源多远开始进行衰减。
- 显示：在视口中显示衰减开始的位置，它在光锥中用绿色圆弧来表示。

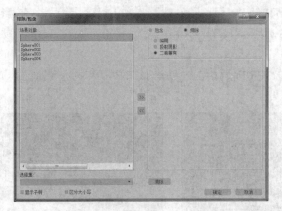

图 7-18   图 7-19

② "近距衰减"选项组：用于设定灯光亮度开始减弱的距离，示例如图 7-20 所示。

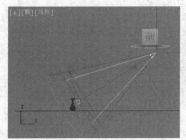

图 7-20

- 使用：开启或关闭衰减效果。
- 显示：在场景视口中显示衰减范围。"开始""结束"数值改变后，衰减范围的形状也会随之改变。
- 开始：设置灯光开始淡入的距离，在光源到"开始"之间，灯光的亮度为 0。
- 结束：设置灯光到达灯光设定"倍增"的距离。

③ "远距衰减"选项组：用于设定灯光亮度减弱为 0 的距离，示例如图 7-21 所示。

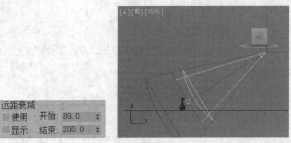

图 7-21

- 开始：设置灯光开始淡出的距离，在光源到"开始"之间，灯光的亮度为灯光设定的"倍增"。

- 结束：从"开始"到灯光衰减到"倍增"为 0 的距离。

（3）"聚光灯参数"卷展栏（见图 7-22）中的选项功能如下。

该卷展栏用于控制聚光灯的"聚光区/光束"和"衰减区/区域"等，是聚光灯特有的参数卷展栏。

- 显示光锥：用于控制是否显示灯光的范围框。勾选该复选框后，即使聚光灯未被选择，也会显示灯光的范围框。
- 泛光化：勾选该复选框后，聚光灯能作为泛光灯使用，但阴影和"阴影"贴图仍然被限制在聚光灯范围内。
- 聚光区/光束：用于调整灯光聚光区光锥的角度大小。默认值是 43（°），光锥以亮蓝色的锥线显示。
- 衰减区/区域：用于调整灯光散光区光锥的角度大小，默认值是 45（°）。

"聚光区/光束"和"衰减区/区域"2 个参数可以理解为调节灯光的内外衰减，示例如图 7-23 所示。

图 7-22

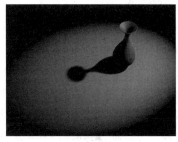

图 7-23

- "圆"/"矩形"：用于决定聚光区和散光区是圆形还是矩形。默认为圆形，当用户要模拟光从窗户中照射进来时，可以设置照射区域为矩形。
- "纵横比"/"位图拟合"：当设定为矩形照射区域时，使用纵横比来调整矩形照射区域的长宽比；或者使用"位图拟合"按钮为照射区域指定一个位图，使灯光的照射区域同位图的长宽比相匹配。

（4）"高级效果"卷展栏（见图 7-24）中的选项功能如下。

该卷展栏用于控制灯光影响表面区域的方式，并提供了对投影灯光进行调整和设置的参数。

① "影响曲面"选项组：用于设置灯光在场景中的工作方式。

- 对比度：用于调整最亮区域和最暗区域的对比度，取值范围为 0~100。默认值为 0，是正常的对比度。
- 柔化漫反射边：增加"柔化漫反射边"的值可以柔化曲面的漫反射部分与环境光部分之间的边缘。这样有助于消除在某些情况下曲面上出现的边缘。
- 漫反射：用于打开或关闭灯光的漫反射效果，默认为开启。
- 高光反射：用于打开或关闭灯光的高光效果，默认为开启。
- 仅环境光：用于打开或关闭对象表面的环境光部分。勾选该复选框后，灯光照明只对环境光产生效果，而"漫反射""高光反射""对比度"和"柔化漫反射边"复选框将不能使用。

② "投影贴图"选项组：勾选"贴图"复选框，单击"无"按钮并为其指定贴图，能够将图像投

射在物体表面，可以用于模拟投影仪和放映机等效果，示例如图 7-25 所示。

（5）"阴影参数"卷展栏（见图 7-26）中的选项功能如下。

图 7-24

图 7-25

图 7-26

该卷展栏用于选择阴影方式，设置阴影的效果。

① "对象阴影"选项组：用于调整阴影的颜色和密度及增加阴影贴图等，是"阴影参数"卷展栏中主要的参数选项组。

- 颜色：用于设置阴影颜色（色块用于设定阴影的颜色），默认为黑色。
- 密度：通过调整投射阴影的百分比来调整阴影的密度。默认值为 1.0。当该值等于 0 时，不产生阴影；当该值等于 1 时，产生最深颜色的阴影；负值产生的阴影颜色与设置的阴影颜色相反。
- 贴图：可以将物体产生的阴影变成所选择的图像，示例如图 7-27 所示。
- 灯光影响阴影颜色：勾选该复选框，灯光的颜色将会影响阴影的颜色，阴影的颜色为灯光的颜色与阴影的颜色相混合后的颜色。

图 7-27

② "大气阴影"选项组：用于控制大气效果是否产生阴影，一般大气效果是不产生阴影的。

- 启用：用于开启或关闭大气阴影。
- 不透明度：用于调整大气阴影的透明度。当该参数值为 0 时，大气效果没有阴影；当该参数值为 100 时，产生完全的阴影。
- 颜色量：用于调整大气阴影颜色和阴影颜色的混合度。当采用大气阴影时，在某些区域产生的阴影是由阴影本身颜色与大气阴影颜色混合生成的。当该参数值为 100 时，阴影的颜色完全饱和。

（6）"阴影贴图参数"卷展栏（见图 7-28）中的选项功能如下。

当选择阴影类型为"阴影贴图"后，"阴影贴图参数"卷展栏才会显示，其中的参数用于控制灯光投射阴影的质量。

- 偏移：用于将阴影移向或移离投射阴影的物体。数值越大，阴影与物体之间的距离就越大。图 7-29 左图为"偏移"值为 1 时的效果；右图为将"偏移"值设置为 20 后的效果，看上去好像是物体悬浮在空中，实际上是影子与物体之间有距离。

 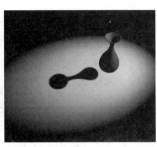

图 7-28   图 7-29

- 大小：用于控制阴影贴图的大小。值越大，阴影的品质越高，但也会占用更多内存。该值一般与"采样范围"结合使用，阴影边缘越柔和，需要的阴影品质越高。

- 采样范围：用于控制阴影边缘的"软硬"度。数值越小，阴影越清晰；数值越大，阴影越柔和。取样范围为 0.01～50。

- 绝对贴图偏移：勾选该复选框后，为场景中的所有对象设置"偏移"范围；未勾选该复选框时，只在场景中相对于对象"偏移"。

- 双面阴影：勾选该复选框后，在计算阴影时同时考虑背面阴影，此时对象内部不会被外部灯光照亮；未勾选该复选框时，将忽略背面阴影，外部灯光也可照亮对象内部。

7.1.5 "天光"的特效

"天光"在标准灯光中是比较特殊的一种，主要用于模拟自然光线，能表现全局光照的效果。在真实世界中，由于空气中有灰尘等介质，因此即使阳光照不到的地方也不会觉得暗，也能够看到物体。但在 3ds Max 中，光线就好像在真空中一样，光照不到的地方是黑暗的，所以，在创建灯光时，一定要让光照射在物体上。只有"天光"可以不考虑位置和角度，在视口中的任意位置创建，都会有自然光的效果。下面先来介绍"天光"的参数。

"天光参数"卷展栏（见图 7-30）中的选项功能如下。

- 启用：用于打开或关闭"天光"。勾选该复选框后，将在阴影和渲染计算的过程中利用"天光"来照亮场景。

- 倍增：通过设置"倍增"的数值调整"天光"的强度。

1. "天空颜色"选项组

- 使用场景环境：勾选该复选框后，将利用"环境和效果"对话框中的环境设置来设定"天光"的颜色。只有"光线跟踪"处于激活状态时，该设置才有效。

图 7-30

- 天空颜色：选中该单选按钮，可通过单击颜色样本框显示"颜色选择器"对话框，并从中选择"天光"的颜色。一般使用自然天光，保持默认的颜色即可。

- 贴图：可利用贴图来影响"天光"的颜色，左侧的复选框用于控制是否激活"贴图"，右侧的微调器用于设置使用贴图的百分比，小于 100% 时，贴图颜色将与"天空颜色"混合，"无贴图"按钮用于指定一个贴图。只有"光线跟踪"处于激活状态时，贴图才有效。

2. "渲染"选项组

● 投射阴影：勾选该复选框后，"天光"可以投射阴影。默认是关闭的。

● 每采样光线数：用于设置照射到场景中给定点上的"天光"的光线数量。默认值为 20。

● 光线偏移：用于设置对象可以在场景中给定点上投射阴影的最小距离。

提示

使用"天光"一定要注意，"天光"必须配合高级灯光使用才能起作用；否则，即使创建了"天光"，也不会有自然光的效果。

下面介绍如何使用"天光"表现全局光照效果，操作步骤如下。

（1）随便打开一个模型场景，在视口中创建一盏"天光"。在工具栏中单击 █（渲染产品）按钮，渲染效果如图 7-31 所示。可以看出，渲染后的效果并不是真正的"天光"效果。

（2）在工具栏中单击 █（渲染设置）按钮或按"F10"键，弹出"渲染设置"窗口，切换到"高级照明"选项卡，在"选择高级照明"卷展栏的下拉列表中选择"光跟踪器"渲染器，如图 7-32 所示。

（3）单击"渲染"按钮，或按"F9"键再次渲染场景，得到"天光"的效果如图 7-33 所示。

图 7-31　　　　　　　　　　图 7-32　　　　　　　　　　图 7-33

7.1.6　课堂案例——"体积光"特效的应用

📋 **学习目标**

学会使用"体积光"特效。

📋 **知识要点**

为场景中的"目标聚光灯"添加"体积光"特效，完成的效果如图 7-34 所示。

📋 **原始场景所在位置**

云盘/场景/Ch07/室内体积光效果.max。

📋 **效果所在位置**

云盘/场景/Ch07/室内体积光效果 ok.max。

图 7-34

微课视频

"体积光"特效的
应用

📋 **贴图所在位置**

云盘/贴图。

（1）打开"室内体积光效果.max"场景文件，如图 7-35 所示，在该场景中可以看到创建有一盏"目标聚光灯"，并设置了合适的参数，接下来我们将以该灯光设置"体积光"效果，具体灯光参数可以参考该场景。

图 7-35

（2）按"8"键，打开"环境和效果"对话框，单击"大气"卷展栏中的"添加"按钮，在弹出的对话框中选择"体积光"，单击"确定"按钮，如图 7-36 所示。

（3）在"体积光参数"卷展栏中单击"拾取灯光"按钮，在场景中拾取 "目标聚光灯"，在"体积"组中勾选"指数"复选框，设置"密度"为 0.5，如图 7-37 所示。

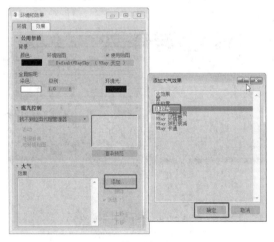

图 7-36

图 7-37

（4）设置好"体积光"后，按"F9"键对场景效果进行渲染。

7.1.7 灯光的特效

在标准灯光参数中的"大气和效果"卷展栏用于制作灯光特效，如图 7-38 所示。

● 添加：用于添加特效。单击该按钮后，会弹出"添加大气或效果"对话框，可以从中选择"体积光"和"镜头效果"，如图 7-39 所示。

- 删除：删除列表框中所选定的大气或环境效果。
- 设置：用于对列表框中选定的大气或环境效果进行参数设定。

在添加了特效后，选择特效名称，单击"设置"按钮，即可弹出"环境和效果"窗口，从中设置相应的特效参数即可。

图 7-38

图 7-39

7.1.8 "光度学"灯光

"光度学"灯光使用光度学（光能）值，通过这些值可以更精确地定义灯光。用户可以创建具有各种分布和颜色特性的灯光，或导入照明制造商提供的特定光度学文件。

"光度学"灯光使用"平方反比衰减"方式持续衰减，并依赖于使用实际单位的场景。

3ds Max 2019 的"光度学"灯光系统提供了 3 种灯光，分别是"目标灯光""自由灯光"和"太阳定位器"，如图 7-40 所示。单击任意"光度学"灯光按钮，可弹出"创建光度学灯光"对话框，如图 7-41 所示。这里一般选择"否"。

图 7-40

图 7-41

1. 目标灯光

"目标灯光"具有可以用于指向灯光的目标子对象。图 7-42 所示为采用球形分布、聚光灯分布及 Web 分布的"目标灯光"的示意图。

创建"目标灯光"的操作步骤如下。

（1）单击"➕（创建）>💡（灯光）>光度学>目标灯光"按钮。

（2）在视图中单机鼠标左键并拖动鼠标指针，拖动的初始点是灯光的位置，释放鼠标的点就是目标位置。

（3）设置创建参数，调整灯光的位置和方向。

下面介绍光度学"目标灯光"的各项参数。

（1）"常规参数"卷展栏（见图 7-43）中的选项功能如下。

"灯光分布（类型）"下拉列表中提供了 4 种灯光分布类型，分别是光度学 Web、聚光灯、统一漫反射、统一球形。

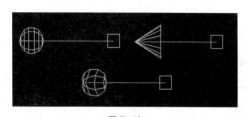

图 7-42

图 7-43

① 光度学 Web：光度学 Web 分布使用光域网定义分布灯光。如果选择该灯光类型，在"修改"命令面板上将显示对应的卷展栏。该类型为射灯常用的类型。

② 聚光灯：当使用聚光灯分布创建或选择"光度学"灯光时，"修改"命令面板上将显示对应的卷展栏。

③ 统一漫反射：统一漫反射分布仅在半球体中投射漫反射灯光，就如同从某个表面发射灯光一样。统一漫反射分布遵循 Lambert（朗伯）余弦定理：从各个角度观看灯光时，它都具有相同的强度。

④ 统一球形：统一球形分布，如其名称所示，可在各个方向上均匀投射灯光。

（2）"分布（光度学 Web）"卷展栏（见图 7-44）中的选项功能如下。

● Web 缩略图：在选择光度学文件之后，该缩略图将显示灯光分布图案的示意图。

● 选择光学度文件：单击此按钮，弹出"打开光域 Web 文件"窗口，从中可选择计算机中存储的光度学 Web 文件。该文件可为 IES、LTLI 或 CIBSE 格式。

图 7-44

● X 轴旋转：沿着 x 轴旋转光域网。旋转中心是光域网的中心。范围为−180°～180°。

● Y 轴旋转：沿着 y 轴旋转光域网。

● Z 轴旋转：沿着 z 轴旋转光域网。

（3）"强度/颜色/衰减"卷展栏（见图 7-45）中的选项功能如下。

① "颜色"选项组有以下几个选项。

● 灯光：可拾取常见灯的规范，得到近似于灯光的光谱特征。

● 开尔文：通过调整色温微调器设置灯光的颜色。色温以开尔文度数显示。相应的颜色在温度微调器旁边的色样中可见。

● 过滤颜色：使用颜色过滤器模拟置于光源上的过滤色的效果。

② "强度"选项组：这些控件在物理数量的基础上指定"光度学"灯光的强度或亮度。

图 7-45

- lm：测量整个灯光（光通量）的输出功率。100 W 的通用灯泡约有 1 750 lm 的光通量。
- cd：用于测量灯光的最大发光强度，通常沿着瞄准发射。100 W 通用灯泡的发光强度约为 139 cd。
- lx：测量由灯光引起的照度，该灯光以一定距离照射在曲面上，并面向光源的方向。

③ "暗淡"选项组有以下几个选项。

- 结果强度：用于显示暗淡所产生的强度，并使用与"强度"组相同的单位。
- 暗淡百分比：勾选该复选框后，该值会指定用于降低灯光强度的倍增。值为 100% 时，则灯光具有最大强度；值较小时，灯光较暗。
- 光线暗淡时白炽灯颜色会切换：勾选该复选框后，灯光可在暗淡时通过产生更多黄色来模拟白炽灯。

（4）"图形/区域阴影"卷展栏（见图 7-46）中的选项功能如下。

图 7-46

① "从（图形）发射光线"选项组：在下方的列表中可选择阴影生成的图形。当选择非点的图形时，维度控件和阴影采样控件将分别显示在"发射灯光"选项组和"渲染"选项组。

- 点光源：计算阴影时，如同点在发射灯光一样。点图形未提供其他控件。
- 线：计算阴影时，如同灯光从一条线发出一样。线性图形提供了长度控件。
- 矩形：计算阴影时，如同灯光从矩形发出一样。矩形图形提供了长度和宽度控件。
- 圆形：计算阴影时，如同灯光从圆形发出一样。圆形图形提供了半径控件。
- 球形：计算阴影时，如同灯光从球体发出一样。球体图形提供了半径控件。

图 7-47

- 圆柱体：计算阴影时，如同灯光从圆柱体发出一样。圆柱体图形提供了长度和半径控件。

② "渲染"选项组下有一个选项。

- 灯光图形在渲染中可见：勾选该复选框后，如果灯光对象位于视野内，灯光图形在渲染中会显示为自供照明（发光）的图形；禁用该复选框后，将无法渲染灯光图形，而只能渲染它投影的灯光。默认设置为禁用状态。

（5）"模板"卷展栏（见图 7-47）。

通过"模板"卷展栏可以在各种预设的灯光类型中进行选择。当选择了某个模板时，将更新灯光参数以使用该灯光的值，并且列表之上的文本区域会显示灯光的说明。如果选择的是类别而非灯光类型，则文本区域会提示选择实际的灯光。

2. 自由灯光

"自由灯光"不具备目标子对象，可以通过使用变换瞄准它。图 7-48 所示分别为采用球形分布、聚光灯分布和 Web 分布的"自由灯光"的视图示意图。

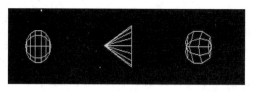

图 7-48

3. 太阳定位器

太阳定位器和物理天空是日光系统的简化替代方案，可为基于物理的现代化渲染器用户提供协调的工作流。

7.1.9 "光能传递"渲染技术

"光能传递"是计算间接光的渲染技术。具体而言，"光能传递"会计算在场景中所有表面间漫反射光的来回反射进行渲染。"光能传递"的计算会考虑场景中的照明、材质和环境设置。

与其他渲染技术相比，"光能传递"具有以下几个特点。

（1）可以自定义对象的光能传递解算质量。

（2）不需要使用附加灯光来模拟环境光。

（3）自发光对象能够作为光源。

（4）配合"光度学"灯光，"光能传递"可以为照明分析提供精确结果。

（5）"光能传递"解算的效果可以直接显示在视口中。

单击 （渲染设置）按钮或按"F10"键打开"渲染设置"窗口，切换到"高级照明"选项卡，在"选择高级照明"卷展栏中选择类型为"光能传递"，此时窗口显示出光能传递的参数。

（1）"光能传递处理参数"卷展栏（见图 7-49）中的选项功能如下。

● 全部重置：单击"开始"按钮后，系统将 3ds Max 场景的副本加载到"光能传递"引擎中。单击"全部重置"按钮，系统从引擎中清除所有的几何体。

● 重置：用于从"光能传递"引擎中清除灯光级别，但不清除几何体。

● 开始：单击该按钮后，进行光能传递求解。

● 停止：单击该按钮后，停止光能传递求解。也可以单击"Esc"键停止。

① "处理"选项组有以下几个选项。

图 7-49

- 初始质量：用于设置停止初始品质过程时的品质百分比，最高为 100%。设置为 80% 即可得到较高品质。
- 优化迭代次数（所有对象）：用于设置整个场景执行优化迭代的程度，该选项可以提高场景中所有对象的光能传递品质。它通过从每个表面聚集能量来减少表面间的差异，使用的是与初始品质不同的处理方式。这个过程不能增加场景的亮度，但可以提高光能传递解算的品质并且显著降低表面之间的差异。
- 优化迭代次数（选定对象）：设置为选定的对象设置执行"优化细化"迭代的次数，所使用的方法和"优化迭代次数（所有对象）"相同。
- 处理对象中存储的优化迭代次数：每个对象都有一个叫作"优化迭代次数"的光能传递属性，每当选定对象的某个对象操作时，与这些对象一起存储的步骤数就会增加。
- 如果需要，在开始时更新数据：勾选该复选框后，如果解决方案无效，则必须重置光能传递引擎，然后再重新计算。

②"交互工具"选项组：该组中的选项有助于调整光能传递解决方案在视图和渲染输出中的显示。这些控件在现有光能传递解决方案中立即生效，无须任何额外的处理就能看到它们的效果。

- 间接灯光过滤：用周围的元素平均化间接照明级别以减少曲面元素之间的噪波数量。通常指定为 3 或 4 就比较合适，如果设置得过高，可能会造成场景细节的丢失。因为"间接灯光过滤"命令是交互式的，所以可以实时地对结果进行调节。
- 直接灯光过滤：用周围的元素平均化直接照明级别以减少曲面元素之间的噪波数量。通常指定为 3 或 4 就比较合适，如果设置得过高，可能会造成场景细节的丢失。因为"直接灯光过滤"命令是交互式的，所以可以实时地对结果进行调节。
- 设置：单击该按钮，打开"环境和效果"对话框，在"环境"选项卡中设置曝光类型和曝光参数。
- 在视口中显示光能传递：控制视口是否显示光能传递解算的效果。可以禁用"光能传递着色"以增加显示性能。

（2）"光能传递网格参数"卷展栏（见图 7-50）中的选项功能如下。

3ds Max 进行光能传递计算的原理是将模型表面重新网格化，这种网格化的依据是光能在模型表面的分布情况，而不是按 3ds Max 中产生的结构线划分的。

①"全局细分设置"选项组：用于控制创建光能传递网格。按世界单位设置网格尺寸。

- 启用：用于启用整个场景的光网格。
- 使用自适应细分：用于启用和禁用自适应细分。默认设置为启用。

②"网格设置"选项组有以下几个选项。

- 最大网格大小：自适应细分之后最大面的大小。对于英制单位，默认值为 36 英寸（in）；对于公制单位，默认值为 1 000mm。
- 最小网格大小：不能将面细分使其小于"最小网格大小"。对于英制单位，默认值为 3 英寸（in）；

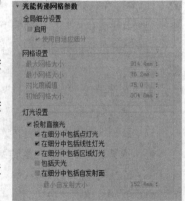

图 7-50

对于公制单位，默认值为 100mm。

- 对比度阈值：细分具有顶点照明的面，顶点照明因多个对比度阈值设置而异。默认设置为 75。
- 初始网格大小：改进面图形之后，不对小于"初始网格大小"的面进行细分。对于英制单位，默认值为 12 英寸（in）；对于公制单位，默认为 300mm。

（3）"灯光绘制"卷展栏（见图 7-51）中的选项功能如下。

使用此卷展栏中的灯光绘制工具可以手动触摸阴影和照明区域。通过使用"从曲面拾取照明""增加照明到曲面"和"从曲面减少照明"可以同时添加或移除一个选择集上的照明。

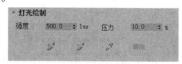

图 7-51

- 强度：用于以勒克斯（lx）或坎德拉（cd）为单位指定照明的光照强度。具体情况取决于选择的单位。
- 压力：当添加或移除照明时指定要使用的采样能量的百分比。
- （增加照明到曲面）：从选定对象的顶点开始添加照明。3ds Max 基于"压力"微调器中设置的数值添加照明。压力数值与采样能量的百分比相对应。例如，如果墙上具有约 2 000lx 的能量，使用"增加照明到曲面"就将 200lx 能量添加到选定对象的曲面中。
- （从曲面减少照明）：从选定对象的顶点开始移除照明。3ds Max 基于"压力"微调器中设置的数值移除照明。压力数值与采样能量的百分比相对应。例如，如果墙上具有约 2 000lx 的能量，使用"从曲面减少照明"就从选定对象的曲面中移除 200lx 能量。
- （从曲面拾取照明）：对所选曲面的照明数进行采样。要保存无意标记的照亮或黑点，可使用"从曲面拾取照明"将照明数作为与用户采样相关的曲面照明。单击按钮，然后将滴管光标移动到曲面上即可拾取。当单击曲面时，以 lx 或 cd 为单位的光照强度在"强度"微调器中反映。例如，如果使用"从曲面拾取照明"在具有能量为 6lx 的墙上执行操作时，则 0.6lx 将显示在"强度"微调器中。3ds Max 在曲面上添加或移除的照明数是"压力"值乘以此值的结果。
- 清除：清除所做的所有更改。通过处理附加的光能传递迭代次数或更改过滤数也会丢弃使用灯光绘制工具对解决方案所做的任何更改。

（4）"渲染参数"卷展栏（见图 7-52）中的选项功能如下。

该卷展栏提供用于控制如何渲染光能传递处理的场景的参数。

- 重用光能传递解决方案中的直接照明：3ds Max 并不渲染直接灯光，但却使用保存在光能传递解决方案中的直接照明。如果勾选该复选框，则会禁用"重聚集间接照明"复选框。场景中阴影的质量取决于网格的分辨率。捕获精细的阴影细节可能需要更"细"的网格。但在某些情况下该复选框可以加快总的渲染时间，特别是对于动画，因为光线并不一定需要由扫描线渲染器进行计算。

图 7-52

- 渲染直接照明：3ds Max 在每一个渲染帧上对灯光的阴影进行渲染，然后添加来自光能传递解决方案的阴影。这是默认的渲染模式。

- 重聚集间接照明：除了计算所有的直接照明之外，3ds Max 还可以重聚集取自现有光能传递解决方案的照明数据来重新计算每个像素上的间接照明。勾选该复选框能够产生最为精确、极具真实感的图像，但是它会增加很多渲染时间。
- 每采样光线数：每个采样 3ds Max 所投影的光线数。3ds Max 随机在所有方向投影这些光线以计算（"重聚集"）来自场景的间接照明。"每采样光线数"越多，采样就会越精确；"每采样光线数"越少，变化就会越多，就会创建更多颗粒的效果。处理速度和精确度受此值的影响。默认设置为 64。
- 过滤器半径（像素）：将每个采样与它相邻的采样进行平均，以减少噪波效果。默认设置为 2.5。

提 示	像素半径会随着输出的分辨率进行变化。例如，2.5 的半径适合于 NTSC 的分辨率，但对于更小的图像来说可能太大，或对于非常大的图像来说太精确，需要改变。

- 钳位值（cd/m^2）：该控件表示为发光强度值。发光强度表示感知到的材质亮度。"钳位值"用于设置发光强度的上限，它会在"重聚集"阶段被考虑。勾选该复选框可以避免亮点的出现。
- 自适应采样：勾选该复选框后，光能传递解决方案将使用"自适应采样"；禁用该复选框后，就不用"自适应采样"。禁用该复选框可以增加最终渲染的细节，但是以渲染时间为代价。默认设置为禁用状态。
- 初始采样间距：图像初始采样的网格间距。以像素为单位进行衡量。默认设置为 16×16。
- 细分对比度：确定区域是否应进一步细分的对比度阈值。增大该值将减少细分；减小该值可能导致不必要的细分。默认值为 5。
- 向下细分至：细分的最小间距。增加该值可以缩短渲染时间，但是以精确度为代价。默认设置为 2×2。此值取决于场景中的几何体，大于 1×1 的栅格可能仍然会细分为小于该指定的阈值的栅格。
- 显示采样：勾选该复选框后，采样位置渲染为红色圆点，这可以帮助用户选择"自适应采样"的最佳设置。默认设置为禁用状态。

（5）"统计数据"卷展栏（见图 7-53）中的选项功能如下。
该卷展栏会显示出有关光能传递处理的信息。

①"光能传递处理"选项组：用于显示在光能传递进程中当前的质量级别和优化迭代次数。

图 7-53

- 解决方案质量：用于显示光能传递进程中的当前质量级别。
- 优化迭代次数：用于显示光能传递进程中的优化迭代次数。
- 经过的时间：自上一次重置之后处理解决方案所花费的时间。

②"场景信息"选项组：显示出有关场景光能传递处理的信息。

- 几何对象：用于显示处理的对象数量。

- 网格大小：以世界单位列出光能传递网格元素的大小。
- 灯光对象：显示处理的灯光对象数。
- 网格元素：显示处理的网格中的元素数。

7.2　摄影机及其特效的使用

3ds Max 中的摄影机与现实中的摄影机在功能和原理上相同，可是却比现实中的摄影机功能更强大，其很多效果是现实中的摄影机所达不到的。例如，可以多个镜头切换显示、瞬间移至任何角度、换上各种镜头、瞬间更改镜头效果等。其所特有的"剪切平面"（也称"摄影机剪切"或"视口剪切"）功能可以透过房间模型的外墙看到里面的物体，还可以给效果图加入"雾效"来制作神话中的仙境等场景。

7.2.1　摄影机概述

摄影机决定了效果图和动画中物体显示的位置、大小和角度，所以说摄影机是三维场景中不可缺少的组成单位。

1. 灯光的设置要以摄影机为基础

灯光布置的角度和位置是效果图制作中最重要的因素，角度不仅仅单指灯光与场景物体之间，而是代表灯光、场景物体和摄影机三者之间的角度，三者中有一个因素发生变动，则最终结果就会相应地改变。在灯光设置前应先定义摄影机与场景物体的相对位置，再根据摄影机视口的内容来进行灯光的设置。

摄影机是"眼睛"，是进行一切工作的基础，只有在摄影机确定的前提下才能高效、有序地进行制作。因此无论是从建模角度还是从灯光设置角度，摄影机都应首先设置，这是规范制图过程的良好开始。

2. 摄像基本术语

在正式学习摄影机的使用之前，我们先来了解一些摄像的术语，这有助于大家更好地理解和使用摄影机。

- 视点：就是摄影机的观察点，视点决定能看到什么，能表现什么。
- 视心：就是视线的中心，视心决定了构图的中心内容。
- 视距：摄影机与物体之间的距离，决定了所表现内容的大小和清晰度。它符合近大远小的物理特性。
- 视高：摄影机与地面的高度，决定了画面的地平线或视平线的位置，可产生俯视或仰视的效果。
- 观看视角：这里所说的视角是指视线与所观察物体的角度，决定了画面构图是平行透视还是成角透视。
- 视角：镜头视锥的角度，决定了观察范围。

7.2.2 摄影机的创建

单击 ➕（创建）命令面板上的 ▣（摄影机）按钮，面板中将显示 3ds Max 2019 提供的"物理""目标"和"自由"3种摄影机类型。如图7-54所示。

图7-54

1. 物理摄影机

物理摄影机将场景的帧设置与曝光控制以及其他效果集成在一起，是基于物理的真实照片级渲染的最佳摄影机类型。物理摄影机功能的支持级别取决于所使用的渲染器。

物理摄影机的创建方法：单击"➕（创建）> ▣（摄影机）>标准>物理"按钮，在视口中按住鼠标左键不放并拖曳，在合适的位置松开鼠标左键即完成创建，效果如图7-55所示。

图7-55

2. 目标摄影机

目标摄影机包括摄影机镜头和目标点，用于查看目标对象周围的区域。与自由摄影机相比，它更容易定位。在效果图制作过程中，它主要用来确定最佳构图。

创建目标摄影机的具体操作如下。

（1）在场景中创建一个茶壶作为观察对象。

（2）单击"➕（创建）> ▣（摄影机）>标准>目标"按钮，在"顶"视口中要创建摄影机的位置按住鼠标左键并拖动至目标所在的位置，然后释放鼠标左键，效果如图7-56所示。选择透视视口，按"C"键切换到摄影机视口，在"参数"卷展栏中设置一个常用的"镜头"参数。

（3）分别在各个视口调整摄影机的位置，或在视口控制区直接调整角度和距离。

3. 自由摄影机

"自由摄影机"用于在摄影机指向的方向查看区域，效果如图7-57所示。它没有目标点，不能进行单独的调整，但是容易沿着路径运动，可以用来制作室内外装潢的环游动画。

"自由摄影机"的创建比"目标摄影机"要简单，只要在"摄影机"面板中选择"自由"按钮，然后在任意视口单击鼠标左键就可以完成。

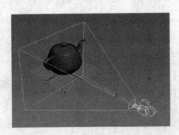

图7-56

图7-57

7.2.3 "目标"和"自由"摄影机的参数

"目标摄影机"与"自由摄影机"的参数绝大部分相同，下面统一介绍。"物理摄影机"的参数将在7.2.5节介绍。

摄影机"参数"卷展栏（见图7-58）中的选项功能如下。

图 7-58

- 镜头：以 mm 为单位设置摄影机的焦距。使用"镜头"微调器来指定焦距值，而不是指定在"备用镜头"选项组中各按钮上的预设"备用"值。更改"渲染设置"对话框上的"光圈宽度"值也会更改"镜头"微调器字段的值。这样并不通过摄影机更改视口，但将更改"镜头"值和 FOV（视场角）值之间的关系，也将更改摄影机锥形光线的纵横比。
- 视野：决定摄影机查看区域的宽度（视野）。当"视野方向"设置为水平（默认设置）时，"视野"参数直接决定了摄影机的地平线的弧形。
- 正交投影：勾选该复选框后，摄影机视口看起来就像用户视口；禁用该复选框后，摄影机视口好像标准的透视视口。勾选该复选框后，视口导航区中按钮的行为如同平常操作一样（透视视口除外）。虽然"透视"功能仍然能移动摄影机并且更改 FOV，但勾选"正交投影"复选框将取消执行这 2 个操作，以便禁用该复选框后可以看到所做的更改。

（1）"备用镜头"选项组：用于设置摄影机的焦距（以 mm 为单位），提供了 15mm、20mm、24mm、28mm、35mm、50mm、85mm、135mm、200mm 共 9 种常用焦距供用户快速选择。

 提 示

室内一般使用 18~24mm 的镜头；室外一般使用 35mm 左右的镜头；静物镜头一般没有要求。

- 类型：用于摄影机类型的切换。
- 显示圆锥体：用于显示摄影机视野定义的锥形光线（实际上是一个四棱锥）。锥形光线出现在其他视口但是不出现在摄影机视口中。
- 显示地平线：用于显示地平线。在摄影机视口中的地平线层级显示一条深灰色的线条。

（2）"环境范围"选项组：用于设置环境大气的影响范围，通过下面的"近距范围"和"远距范围"确定。

- 显示：显示在摄影机锥形光线内的矩形，用以显示"近距范围"和"远距范围"的设置。
- 近距范围/远距范围：用于在"环境"面板上设置大气效果的近距范围和远距范围限制。在 2 个限制之间的对象消失在远端值和近端值之间。

（3）"剪切平面"选项组：用于设置选项来定义剪切平面。在视口中，剪切平面在摄影机锥形光线内显示为红色的矩形（带有对角线）。

● 手动剪切：用于排除场景中的一些几何体并只查看或渲染场景中的某些部分。

● 近距剪切/远距剪切：用于设置近距和远距平面。对于摄影机，比近距剪切平面近或比远距剪切平面远的对象是不可视的。

（4）"多过程效果"选项组：组中的参数可以指定摄影机的景深或运动模糊效果。当由摄影机生成时，通过使用"偏移"以多个通道渲染场景，将生成模糊效果，也会增加渲染时间。

● 启用：勾选该复选框后，使用效果预览或渲染；禁用该复选框后，不渲染该效果。

● 预览：单击该选项可在活动摄影机视口中预览效果。如果活动视口不是摄影机视口，则该按钮无效。

● 效果"：在该下拉列表中可以选择生成哪个多重过滤效果——景深或运动模糊。这 2 个效果相互排斥。默认设置为"景深"。

● 渲染每过程效果：勾选该复选框后，可以渲染（景深或运动模糊）的模糊过程；禁用该复选框后，将只渲染最终的模糊效果。默认设置为禁用状态，可以缩短渲染时间。

● 目标距离：用以设置目标摄影机镜头和目标点的距离。

7.2.4 "景深"特效

摄影机可以产生"景深"多重过滤效果，通过在摄影机与目标点的距离上产生模糊来模拟现实中摄影机的景深效果。景深的效果可以显示在视口中。当在"多过程效果"选项组中选择"景深"效果后，会出现相应的"景深参数"卷展栏，如图 7-59 所示。

（1）"焦点深度"选项组

● 使用目标距离：默认为勾选，将摄影机的目标距离用作每过程偏移摄影机的点；禁用该复选框后，则以"焦点深度"的值进行摄影机偏移。

● 焦点深度：当"使用目标距离"复选框处于禁用状态时，设置距离偏移摄影机的深度。

（2）"采样"选项组

● 显示过程：勾选该复选框，渲染帧窗口显示多个渲染通道；取消该复选框的勾选，该帧窗口只显示最终结果。此控件对于在摄影机视口中预览景深无效。默认为启用。

图 7-59

● 使用初始位置：勾选该复选框，在摄影机的初始位置渲染第 1 个过程；取消该复选框的勾选，与所有随后的过程一样偏移和渲染过程。默认为启用。

● 过程总数：用于设置产生效果的过程总数。增加该值可以增加效果的准确性，但也增加渲染时间。默认值为 12。

● 采样半径：场景为产生模糊而进行图像偏转的半径。提高此值可以增强整体的模糊效果，降低此值可以减少模糊效果。

● 采样偏移：设置模糊远离或靠近采样半径的权重值。增加该值可以增加景深模糊的数量级，产生更为一致的效果；降低该值可以减小景深模糊的数量级，产生更为随意的效果。

（3）"过程混合"选项组

● 规格化权重：过程通过随机的权重值进行混合，以避免出现斑纹等异常现象。勾选该复选框时，权重值为统一标准，所产生的结果更为平滑；关闭时，结果更为尖锐，但通常更为颗粒化。

● 抖动强度：设置作用于过程的抖动强度。增加该值可以增加抖动的程度，产生更为颗粒化的效果，对象的边缘尤为明显。

● 平铺大小：以百分比计算抖动使用图案的重复尺寸。

（4）"扫描线渲染器参数"选项组

该选项组用于在渲染多过程场景时取消过滤和抗锯齿效果，提高渲染速度。

● 禁用过滤：勾选该复选框后，禁用过滤过程。默认为禁用状态。

● 禁用抗锯齿：勾选该复选框后，禁用抗锯齿。默认为禁用状态。

7.2.5 "物理摄影机"的参数

"物理摄影机"的参数与"目标/自由摄影机"有所不同，本节进行单独的介绍。

1. "基本"参数卷展栏

"物理摄影机"的"基本"参数卷展栏如图 7-60 所示。

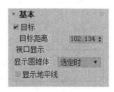

● 目标：勾选该复选框后，摄影机包括目标对象，并与"目标摄影机"的行为相似——用户可以通过移动目标设置摄影机的目标；禁用该复选框后，摄影机的行为与"自由摄影机"相似——用户可以通过变换摄影机对象本身设置摄影机的目标。默认设置为启用。

图 7-60

● 目标距离：设置目标与焦平面之间的距离。目标距离会影响聚焦、景深等。

● 显示圆锥体：可在下拉列表中选择显示摄影机圆锥体时的类型，即"选定时"（默认设置）、"始终"或"从不"。

● 显示地平线：勾选该复选框后，地平线在摄影机视口中显示为水平线（假设摄影机帧包括地平线）。默认设置为禁用。

2. "物理摄影机"卷展栏

"物理摄影机"卷展栏用于设置"物理摄影机"的主要物理属性，如图 7-61 所示。

（1）"胶片/传感器"选项组

● 预设值：选择胶片模型或电荷耦合传感器。选项包括 35mm（全画幅）胶片（默认设置），以及多种行业标准传感器设置。每个设置都有其默认宽度值。"自定义"选项用于设置任意宽度。

● 宽度：可以手动调整帧的宽度。

（2）"镜头"选项组

● 焦距：设置镜头的焦距。默认值为 40。

● 指定视野：勾选该复选框后，可以设置新的视场角（FOV）。默认的视场角值取决于所选的胶片/传感器预设值。默认设置为禁用。

● 缩放：在不更改摄影机位置的情况下缩放镜头。

● 光圈：将光圈设置为光圈数。此值将影响曝光和景深。光圈数越少，光圈越大并且景深越窄。

图 7-61

（3）"聚焦"选项组

- 使用目标距离：使用目标距离作为焦距（默认设置）。
- 自定义：使用不同于"目标距离"的焦距。
- 聚焦距离：选中"自定义"单选按钮后，用户可在此设置焦距。
- 镜头呼吸：通过将镜头向焦距方向或远离焦距方向移动来调整视野。镜头呼吸值为 0 表示禁用此效果。默认值为 1。
- 启用景深：勾选该复选框后，摄影机在不等于焦距的距离上生成模糊效果。景深效果的强度基于光圈设置。默认设置为禁用。

（4）"快门"选项组

- 类型：选择测量快门速度使用的单位。帧（默认设置），通常用于计算机图形；秒或分秒，通常用于静态摄影；度，通常用于电影摄影。
- 持续时间：根据所选的单位类型设置快门速度。该值可能影响曝光、景深和运动模糊。
- 偏移：启用时，指定相对于每帧的开始时间的快门打开时间。更改此值会影响运动模糊。默认设置为禁用。
- 启用运动模糊：勾选该复选框后，摄影机可以生成运动模糊效果。默认设置为禁用。

3．"曝光"卷展栏

"曝光"卷展栏用于设置"物理摄影机"的曝光，如图 7-62 所示。

- 曝光控制已安装：单击以使"物理摄影机"曝光控制处于活动状态；如果"物理摄影机"曝光控制已处于活动状态，则会禁用此按钮，此时按钮上将显示"曝光控制已安装"。

图 7-62

（1）"曝光增益"选项组

- 手动：通过"ISO"值设置曝光增益。当选择该单选按钮后，通过此值、快门速度和光圈设置计算曝光。其数值越大，曝光时间越长。
- 目标（默认设置）：用于设置与 3 个摄影曝光值的组合相对应的单个曝光值。每次增大或减小"EV"值，对应地有效的曝光也会分别减少或增加，如在快门速度值中所做更改时表示的一样。因此，值越大，生成的图像越暗；值越小，生成的图像越亮。默认设置为 6。

（2）"白平衡"选项组

- 光源：按照标准光源设置色彩平衡。默认设置为"日光（6500K）"。
- 温度：以色温的形式设置色彩平衡，以开尔文度表示。
- 自定义：用于设置任意色彩平衡。单击下方色块可以打开"颜色选择器"，可以从中设置希望使用的颜色。
- 启用渐晕：启用时，会渲染出在胶片平面边缘的变暗效果。要在物理上更加精确地模拟渐晕，可使用"散景（景深）"卷展栏上的"光学渐晕（CAT 眼睛）"控制。
- 数量：增大此数值可以增加渐晕效果。默认值为 1。

4．"散景（景深）"卷展栏

"散景（景深）"卷展栏用于设置散景效果，如图 7-63 所示。

图 7-63

- 圆形：圆形散景效果基于圆形光圈，示例如图 7-64 所示。
- 叶片式：散景效果使用带有边的光圈，示例如图 7-65 所示。使用"叶片"值设置每个模糊圈的边数；使用"旋转"值设置每个模糊圈旋转的角度。

图 7-64

图 7-65

- 自定义纹理：使用贴图来用图案替换每种模糊圈。（如果贴图为填充黑色背景的白色圈，则等效于标准模糊圈。）
- 影响曝光：勾选该复选框后，"自定义纹理"将影响场景的曝光。根据纹理的透明度，这样可以允许相比标准的圆形光圈通过更多或更少的灯光（同样地，如果贴图为填充黑色背景的白色圈，则允许进入的灯光量与圆形光圈相同）。禁用此选项后，纹理允许的通光量始终与通过圆形光圈的灯光量相同。默认设置为启用。
- 中心偏移（光环效果）：使光圈透明度向中心（负值）或边（正值）偏移。正值会增加焦外区域的模糊量，而负值会减小模糊量。采用中心偏移设置的场景中散景效果显示尤其明显。

光学渐晕（CAT 眼睛）：通过模拟"猫眼"效果使帧呈现渐晕效果（部分广角镜头可以形成这种效果）。

各向异性（失真镜头）：通过垂直（负值）或水平（正值）拉伸光圈模拟失真镜头。

5. "透视控件"卷展栏

"透视控件"卷展栏可调整摄影机视口的透视，如图 7-66 所示。

（1）"镜头移动"选项组：用于沿水平或垂直方向移动摄影机视口，而不旋转或倾斜摄影机。在 x 轴和 y 轴，它们将以百分比形式表示模/帧宽度（不考虑图像纵横比）。

图 7-66

（2）"倾斜修正"选项组：用于沿水平或垂直方向倾斜摄影机。用户可以使用它们来更正透视，特别是在摄影机已向上或向下倾斜的场景中。

6. "镜头扭曲"卷展栏

"镜头扭曲"卷展栏用于向渲染添加扭曲效果，如图 7-67 所示。

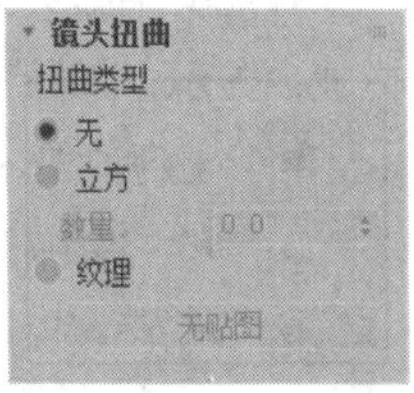

- 无：不应用扭曲。
- 立方：不为零时，将扭曲图像。正值会产生枕形扭曲；负值会产生筒体扭曲。
- 纹理：基于纹理贴图扭曲图像。单击该按钮可打开"材质/贴图浏览器"，然后指定贴图。

图 7-67

7. "其他"卷展栏

"其他"卷展栏用于设置剪切平面和环境范围，如图 7-68 所示。

图 7-68

（1）"剪切平面"选项组

- 启用：勾选该复选框可启用此功能。在视图中，剪切平面在摄影机锥形光线内显示为红色的栅格。
- 近/远：设置近距和远距平面，采用场景单位。对于摄影机，比近距剪切平面近或比远距剪切平面远的对象是不可视的。远距剪切值的限制为 10～32 的幂。

（2）"环境范围"选项组

- 近距范围/远距范围：确定在"环境"面板上设置大气效果的近距范围和远距范围限制。2 个限制之间的对象将在远距值和近距值之间消失。这些值采用场景单位。默认情况下，它们将覆盖场景的范围。

7.3 创建 VRay 灯光

安装 VRay 渲染器后，VRay 灯光为 3ds Max 的标准灯光和"光度学"灯光提供了"VRay 阴影"阴影类型，如图 7-69 所示；还提供了自己的灯光面板，包括 VR 灯光（VRayLight）、VRayIES、VR 环境灯光（VRayAmbientLight）、VR 太阳（VRaySun），如图 7-70 所示。下面将介绍常用的 VRay 灯光和 VRay 太阳 2 种灯光以及 VRay 阴影的各项参数。

图 7-69

图 7-70

7.3.1 VRay 阴影

灯光的阴影类型指定为"VRay 阴影"时，相应的"VRay 阴影参数"卷展栏才会显示，如图 7-71 所示。选项功能如下。

- 透明阴影：控制透明物体的阴影，必须使用 VRay 材质并选择材质中的"影响阴影"才能产生效果。
- 偏移：控制阴影与物体的偏移距离，一般用默认值。
- 区域阴影：控制物体阴影效果，使用时会降低渲染速度，有"长方体"和"球体"2 种模式。
- U/V/W 大小：值越大阴影越模糊，并且还会产生杂点，降低渲染速度。
- 细分：控制阴影的杂点，参数越高，杂点越光滑，同时渲染速度会降低。

图 7-71

7.3.2 VRay 灯光

VRay 灯光主要用于模拟室内灯光或产品展示，是室内渲染中使用频率最高的一种灯光。

（1）"常规"卷展栏（见图 7-72）中的选项功能如下。

图 7-72

● 开：控制灯光的开关。

● 类型：提供了"平面""穹顶""球体"和"网格"4 种类型。这 4 种
类型形状各不相同，因此可以应用于各种用途。"平面"一般用于制作
片灯、窗口自然光、补光；"穹顶"的作用类似于 3ds Max 的"天光"，
光线来自位于灯光 z 轴的半球状圆顶；"球体"是以球形的光来照亮场
景，多用于制作各种灯的灯泡；"网格"用于制作特殊形状的灯带、灯
池，必须有一个可编辑网格模型为基础。

● 目标：勾选该复选框后，显示灯光的目标点。

● 长度：设置平面灯光的长度。

● 宽度：设置平面灯光的宽度。

● 单位：灯光的强度单位。"默认（图像）"为默认单位，依靠灯光的颜色、亮度、大小控制
灯光的最后强弱。

● 倍增：设置灯光的强度。

● 模式：在模式中选择照明模式，有"颜色"和"温度"两个选择。

● 颜色：可通过单击色块设置颜色。

● 温度：可通过设置温度参数调整灯光的冷暖色调。

● 纹理：勾选该复选框后，允许用户使用贴图作为半球光的光照。

● 无贴图：单击该按钮，可选择纹理贴图。

● 分辨率：贴图光照的计算精度，最大为 2 048。

（2）"矩形/圆形灯光"卷展栏（见图 7-73）中的选项功能如下。

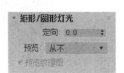

图 7-73

● 定向：在默认情况下，来自平面或灯光的光线在光点所在的侧面的各
个方向上均匀地分布。当这个参数增加到 1 时，扩散范围变窄，使光
线更具有方向性。光线在光源周围各个方向照射的值为 0（默认值）。
0.5 将光锥推成 45 度角，1（最大值）则形成 90 度的光锥。

● 预览：用于设置是否允许显示光照的范围。

● 预览纹理图：如果使用纹理驱动光线，则使其能够在视图中显示纹理。

（3）"选项"卷展栏（见图 7-74）中的选项功能如下。

图 7-74

● 排除：单击该按钮弹出"包含/排除"对话框，可从中选择排除或包
含灯光的对象模型，在"排除"时"包含"失效，反之亦然。

● 投射阴影：用于控制是否对物体产生照明阴影。

● 双面：用来控制是否让灯光的双面都产生照明效果，当灯光类型为"平
面"时才有效，其他灯光类型无效。

● 不可见：用于控制渲染后是否显示灯光的形状。

● 不衰减：在真实的自然界中，所有的光线都是有衰减的，如果禁用该
复选框，VRay 光源将不计算灯光的衰减效果。

● 天光入口：如果勾选该复选框，会把 VRay 灯光转换为"天光"，此时的 VRay 灯光变成了
"间接照明（GI）"，失去了直接照明。"投射阴影""双面""不可见"等参数将不可用，

这些参数将被"天光"参数所取代。

- 储存发光贴图：如果使用发光贴图来计算间接照明，则勾选该复选框后，发光贴图会存储灯光的照明效果。它有利于快速渲染场景，渲染完之后，可以把这个 VRay 光源关闭或者删除。它对最后的渲染效果没有影响，因为光照信息已经保存在发光贴图里。
- 影响漫反射：用于决定灯光是否影响物体材质属性的漫反射。
- 影响高光：用于决定灯光是否影响物体材质属性的高光。
- 影响反射：用于决定灯光是否影响物体材质属性的反射。

（4）"采样"卷展栏（见图 7-75）中的选项功能如下。

- 细分：用于控制渲染后的品质。比较小的参数，杂点多，渲染速度快；比较大的参数，杂点少，渲染速度慢。
- 阴影偏移：用于控制物体与阴影偏移的距离，一般保持默认即可。

（5）"视口"卷展栏（见图 7-76）中的选项功能如下。

- 启用视口着色：视口为"真实"状态时，会对视口照明产生影响。
- 视口线框颜色：勾选该复选框后，表示光的线框在视图中以指定的颜色显示。
- 图标文本：用于启用或禁用视图中的光名预览。

（6）"高级选项"卷展栏（见图 7-77）中的选项功能如下。

- 使用 MIS：勾选该复选框后，光的贡献分为 2 部分，一部分是直接照明，另一部分是 GI（对于漫反射材料）或反射（对于光滑表面）。默认为勾选。

图 7-75　　　　　图 7-76　　　　　图 7-77

7.3.3　VRay 太阳

VRay 太阳主要用于模拟真实的室外太阳照射效果。"VRay 太阳参数"卷展栏（见图 7-78）中的选项功能如下。

- 启用：用于控制打开或关闭太阳光。
- 不可见：当启用时，使太阳不可见，无论是相机还是反射。这有助于防止光滑表面出现明亮的斑点。
- 影响漫反射：用于决定 VRay 太阳是否影响材料的漫反射特性。
- 漫反射基值：用于控制 VRay 太阳对漫反射照明的强度。
- 影响高光：用于决定 VRay 太阳是否影响材料的高光。
- 高光基值：用于控制 VRay 太阳对高光的强度。
- 投射大气阴影：启用时，大气效果会投射阴影。
- 浊度：这个参数就是空气的混浊度，能影响太阳和天空的颜色。如果数值小，则表示晴天干净的空气，颜色比较蓝；如果数值大，则表示阴天有灰尘的空气，颜色呈橘黄色。

图 7-78

- 臭氧：这个参数是指空气中臭氧的含量。如果数值小，则阳光比较黄；如果数值大，则阳光比较蓝。

- 强度倍增：这个参数是指阳光的亮度，默认值为 1。"VRay 太阳"是 VRay 渲染器的灯光，所以一般我们使用的是标准摄影机，场景会出现很亮、曝光的效果。一般情况下使用标准摄影机的话，"强度倍增"设置为 0.03 ~ 0.005；如果使用 VRay 摄影机的话，"强度倍增"使用默认就可以了。

提 示

"浊度"与"强度倍增"是相互影响的，因为空气中的浮尘较多时，浮尘会对阳光有遮挡衰减的作用，因此阳光的强度相应会降低。

"VRay 太阳"作为 VRay 渲染器的灯光，设计之初就是配合 VRay 摄影机使用的，且 VRay 摄影机模拟的是真实的摄影机，具有控制进光的光圈、快门速度、曝光、光晕等选项，所以"强度倍增"为 1 时不会曝光。但我们一般建模时使用的是标准摄影机，它不具有 VRay 摄影机的特性，如果"强度倍增"为 1，必然会出现整个场景曝光的效果，所以使用标准摄影机的话，"强度倍增"应设置为 0.03 ~ 0.005。

- 大小倍增：这个参数是指太阳的大小，主要控制阴影的模糊程度。值越大，阴影越模糊。
- 过滤颜色：用于自定义阳光的颜色。
- 颜色模式：选择不同的模式会以不同方式影响太阳的颜色。
- 阴影细分：用来调整阴影的细分质量。值越大，阴影质量越好，且没有杂点。

提 示

"大小倍增"与"阴影细分"是相互影响的，影子的虚边越大，所需要的细分就越多。当影子为虚边阴影时，会需要一定的细分值增加阴影的采样，如果采样数量不够，会出现很多杂点，所以"大小倍增"的值越大，"阴影细分"的值也需要相应地增大。

- 阴影偏移：用于控制阴影与物体之间的距离。值越大，阴影越向灯光的方向偏移。
- 光子发射半径：半径越大，照射范围越大。
- 天空模型：用于指定生成 VRay 天空（VRaySky）纹理的过程模型。
- 间接水平照明：用于指定来自 VRay 天空的水平表面照明的强度。
- 地面反照率：用于改变地面的颜色。
- 混合角度：用于控制 VRay 天空在地平线和实际天空之间形成的渐变的大小。
- 地平线偏移：从默认位置（绝对地平线）偏移地平线。
- 排除：与标准灯光一样，用来排除物体的照明。

图 7-79

在创建"VRay 太阳"后，会弹出提示对话框，如图 7-79 所示。提示是否为"环境贴图"添加一张 VRay 天空贴图。

VRay 天空是 VRay 灯光系统中的一个非常重要的照明系统，一般与 VRay 太阳配合使用。VRay 没有真正的天光引擎，所以只能用环境光来代替。

在"V-Ray 太阳"对话框中选择"是"后，按"8"键打开"环境和效果"窗口，为"环境贴图"

加载"VRay 天空"贴图,这样就可以得到 VRay 的"天光"。按"M"键打开"材质编辑器"窗口,将鼠标指针放置在"VRay 天空"贴图处,按住鼠标左键将"VRay 天空"贴图拖曳到一个空的材质球上,选择"实例"复制,这样就可以调节"VRay 天空"贴图的相关参数。

"VRay 天空参数"卷展栏中的选项功能如下。

- 指定太阳节点:默认为关闭,此时 VRay 天空的参数与 VRay 太阳的参数是自动匹配的;勾选该复选框时,可以从场景中选择不同的灯光,此时 VRay 太阳将不再控制 VRay 天空的效果,VRay 天空将用它自身的参数来改变"天光"的效果。

- 太阳光:单击"无"按钮可以选择太阳灯光,这里除了可以选择 VRay 太阳之外,还可以选择其他的灯光。

其他参数与"VRay 太阳参数"卷展栏中的对应参数的含义相同。

微课视频

室内灯光的布置

7.3.4 课堂案例——室内灯光的布置

📋 学习目标

学会使用 VRay 灯光和目标灯光,并学会正确设置渲染参数。

📋 知识要点

打开原始场景文件,在原始场景文件的基础上为场景创建 VRay 灯光和"光度学"目标灯光,并通过设置渲染参数来渲染输出效果图。制作完成的效果如图 7-80 所示。

📋 原始场景所在位置

云盘/场景/Ch07/影音室.max。

📋 最终场景所在位置

云盘/场景/Ch07/影音室 ok.max。

📋 贴图所在位置

云盘/贴图。

图 7-80

1. 设置草图渲染

(1)打开原始场景文件,在此场景的基础上设置测试渲染参数,并创建灯光,然后设置最终的渲染。

(2)单击 🔲(渲染设置)按钮,打开"渲染设置"框口,在"公用"选项卡中设置宽度为 800,"高度"为 640,如图 7-81 所示。

(3)切换到"V-Ray"选项卡,在"图像过滤器"中取消勾选"图像过滤器"复选框;在"全局确定性蒙特卡洛"卷展栏中勾选"使用局部细分"复选框,将"细分倍增"设为 1,如图 7-82 所示。

(4)在"环境"卷展栏中勾选"全局照明(GI)环境"复选框,使用默认的参数,在"颜色贴图"卷展栏中选择"类型"为"指数",如图 7-83 所示。

(5)选择"GI"选项卡,在"全局照明"卷展栏中勾选"启用全局照明"中的"首次引擎"为"发光贴图","二次引擎"为"灯光缓存";在"发光贴图"卷展栏中设置"当前预设"为"自定义","最小比率"为-5,"最大比率"为-4,"细分"为 20,"插值采样"为 20,如图 7-84 所示。

(6)在"灯光缓存"卷展栏中设置"细分"为 100,"采样大小"为 0.02,如图 7-85 所示。

（7）测试渲染当前场景得到图 7-86 所示的效果。由于场景中有发光材质，所以这个场景不是特别黑。下面在此场景的基础上创建灯光。

图 7-81

图 7-82

图 7-83

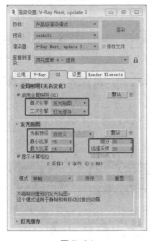
图 7-84

图 7-85

图 7-86

2. 创建灯光

（1）在"后"视口中根据窗口大小创建"VRayLight"平面灯光，设置"倍增器"为 6，设置"颜色"色块的"色调"为 151，"饱和度"为 51，"亮度"为 255，在"选项"卷展栏中勾选"不可见"复选框，取消勾选"影响反射"复选框。使用"移动复制"法"实例"复制灯光，调整灯光至合适的位置，如图 7-87 所示。

（2）在"前"视口中创建"光度学"目标灯光。切换到"修改"命令面板，在"常规参数"卷展栏中取消勾选"目标"复选框，在"阴影"组勾选"启用"复选框，选择阴影类型为"VRayShadow"，选择"灯光分布（类型）"为"光度学 Web"。在"分布（光度学

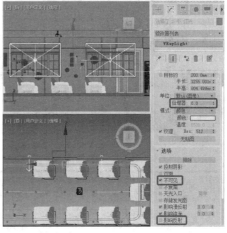
图 7-87

Web）"卷展栏中单击"选择光度学文件"按钮选择光度学文件；在"强度/颜色/衰减"卷展栏中设置"过滤颜色"的"色调"为23，"饱和度"为20，"亮度"为255，勾选"结果强度"的倍增器，并设置其数值为300。使用"移动复制"法"实例"复制灯光，如图7-88所示。

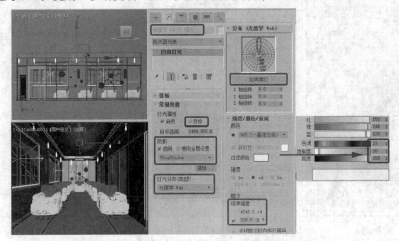

图7-88

（3）在场景中选择吊顶侧封板模型，按"Ctrl+V"组合键原地"复制"模型。在修改器堆栈中选择"编辑样条线"修改器，将选择集定义为"样条线"，选择并删除外侧的样条线，选择并向内"轮廓"内侧样条线，再将原样条线删除；在修改器堆栈中选择"挤出"修改器，设置挤出的"数量"为20，如图7-89所示。

（4）为模型施加"壳"修改器，设置"内部量"为20，勾选"将角拉直"复选框，在"前"视口中调整模型y轴位置，如图7-90所示。将模型转换为"可编辑网格"。

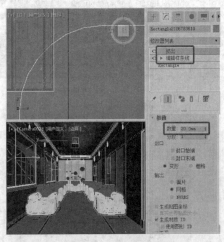
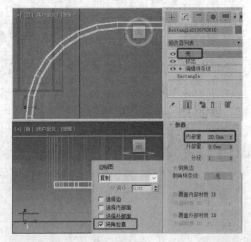

图7-89   图7-90

 提 示

VRayLight的网格灯光只能拾取"可编辑网格"对象，如果是非可编辑网格对象则会出错。

（5）在场景中创建"VRayLight"灯光，选择灯光"类型"为"网格"；在"选项"卷展栏中勾选"不可见"复选框，取消勾选"影响反射"复选框；设置"倍增器"为30，设置"颜色"的"色调"为24，"饱和度"为50，"亮度"为255。切换到"修改"命令面板，在"网格灯光"卷展栏中单击"选取网格"按钮，拾取之前创建的可编辑网格对象，如图7-91所示。

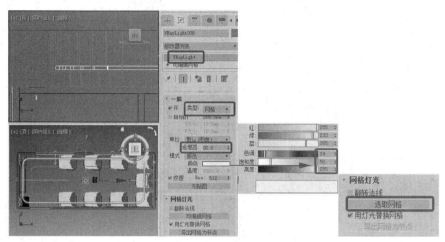

图 7-91

3. 最终渲染

最终渲染的设置无非是提高场景的渲染参数，这里需要在渲染设置面板中完成。

（1）打开"渲染设置"对话框，在"公用"选项卡中设置渲染尺寸，如图7-92所示。

（2）选择"V-Ray"选项卡，在"图像采样器（抗锯齿）"卷展栏中选择"类型"为"渲染块"，设置"最小着色比率"为6，勾选"图像过滤器"复选框，选择"过滤器"类型为"Catmull-Rom"，如图7-93所示。

（3）在"渲染块图像采样器"卷展栏中设置"最小细分"为1，"最大细分"为24，"噪波阈值"为0.01，"渲染块宽度"为48，其他设置如图7-94所示。

图 7-92

图 7-93

图 7-94

（4）切换到"GI"选项卡，在"发光贴图"卷展栏中设置"当前预设"为"中"，设置"细分"

为 50，"插值采样"为 30，如图 7-95 所示。

（5）在"灯光缓存"卷展栏中设置"细分"为 1500，如图 7-96 所示。

图 7-95

图 7-96

课堂练习——户外灯光的创建

📖 知识要点

创建一个主光源作为整体的照明，这里主光源可以使用"目标聚光灯""目标平行光"或"VRay 太阳"。创建主光源后创建辅助光源或使用"渲染设置"面板中的环境光，制作该户外灯光的效果，效果如图 7-97 所示。

图 7-97

微课视频

户外灯光的创建

📖 效果所在位置

云盘/场景/Ch07/户外灯光的创建 ok.max。

课后习题——静物灯光的创建

📖 知识要点

在场景中创建 2 个互补的"VRay 灯光"，作为静物的照明灯光，并设置合适的渲染参数完成静物灯光的创建，效果如图 7-98 所示。

📖 效果所在位置

云盘/场景/Ch07/静物灯光的创建 ok.max。

图 7-98

微课视频

静物灯光的创建

第8章
动画制作技术

动画在现实生活中深受人们的喜爱，随着网络时代的到来，动画更是融入到了我们生活中的每一个角落。在 3ds Max 2019 中，对象的移动、旋转、缩放，以及对象形状与表面的各种参数的改变都可以用来制作动画。通过对本章的学习，读者可以学会使用 3ds Max 制作动画的方法与操作技巧。

课堂学习目标

- ✔ 了解关键帧动画
- ✔ 熟悉"轨迹视图–曲线编辑器"窗口
- ✔ 熟悉"运动"命令面板
- ✔ 了解动画约束
- ✔ 掌握主要动画修改器的使用方法

8.1 创建关键帧

动画的产生方式基于人类视觉暂留的原理。人们在观看一组连续播放的图片时，每一幅图片都会在人眼中产生短暂的停留，只要图片播放的速度快于图片在人眼中停留的时间，人们就会感觉到它们好像真的在运动一样。这种组成图片序列的每张图片称为一个"帧"。"帧"是 3ds Max 动画中最基本的概念。

8.1.1 关键帧的设置

设置动画最简单的方法就是设置关键帧，只需要单击"自动关键点"按钮后在某一帧的位置处改变对象状态，如移动对象至某一位置，改变对象某一参数，然后将时间滑块调整到另一位置，这时就可以在动画控制区中的时间轴区域看到有 2 个关键帧出现。这说明关键帧已经创建，同时在关键帧之间动画出现，如图 8-1 所示。

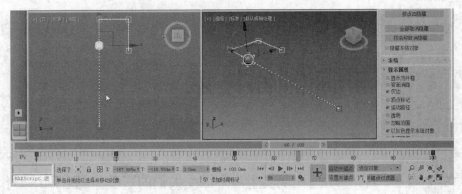

图 8-1

8.1.2　课堂案例——创建关键帧动画

📋　学习目标

学会利用"自动关键点"创建关键帧动画。

📋　知识要点

打开一个原始场景文件，调整模型的旋转和移动的"自动关键点"，从而记录旋转和移动的动画。分镜头效果如图 8-2 所示。

📋　原始场景所在位置

云盘/场景/Ch08/创建关键帧动画.max。

📋　效果所在位置

云盘/场景/Ch08/创建关键帧动画 ok.max。

📋　贴图所在位置

云盘/贴图。

微课视频

创建关键帧动画

图 8-2

（1）打开原始场景文件，在场景中选择其中一个小丑鱼模型，单击按下"自动关键点"按钮，拖动时间滑块到 30 帧的位置，修改弯曲参数，制作弯曲动画，如图 8-3 所示。

（2）拖动时间滑块到 58 帧，设置弯曲参数，如图 8-4 所示。

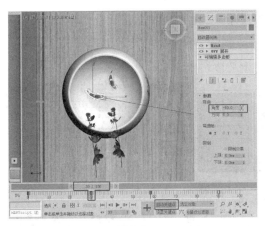

图 8-3

图 8-4

（3）拖动时间滑块到 90 帧，设置弯曲参数，如图 8-5 所示。

（4）拖动时间滑块到 30 帧，在场景中旋转"鱼"，如图 8-6 所示。

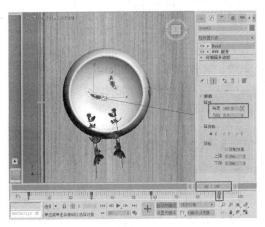

图 8-5

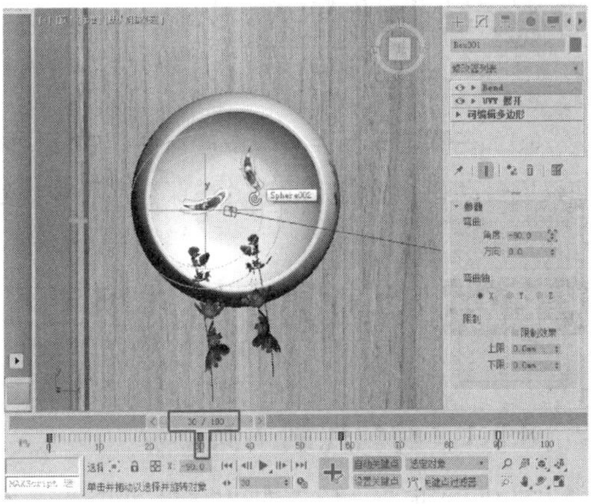

图 8-6

（5）拖动时间滑块到 58 帧，在场景中移动"鱼"，如图 8-7 所示。

（6）在场景中移动另外一条"鱼"，使用同样的方法设置该"鱼"的弯曲动画，如图 8-8 所示。

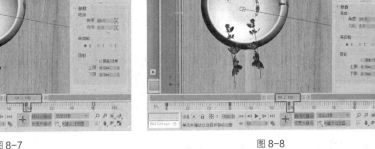

图 8-7

图 8-8

（7）打开"渲染设置"对话框，从中设置渲染尺寸，如图 8-9 所示。

（8）在"渲染输出"组中单击"文件"按钮，在弹出的对话框中选择一个存储路径，设置"保存类型"为 AVI 文件，单击"保存"按钮，如图 8-10 所示。

图 8-9

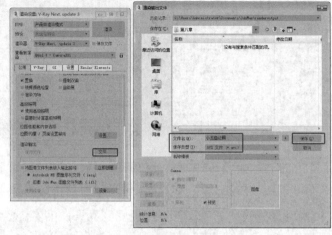

图 8-10

（9）在弹出的保存类型设置对话框中使用默认参数，单击"确定"按钮即可。单击"渲染"按钮渲染场景动画，渲染完成后，在保存路径中找到动画可以对动画进行播放观看。

8.2 动画制作的常用工具

8.2.1 动画控制工具

图 8-11 所示的界面即"动画控制区"，在此区域可以控制视口中的时间显示。动画控制区包括时间滑块、播放按钮和动画关键点等选项，功能如下。

图 8-11

- 时间滑块：移动该滑块，显示"当前帧号/总帧号"，拖动该滑块可观察视口中的动画效果。
- ➕（创建关键点）：在当前时间滑块处于的帧位置创建关键点。
- 自动关键点：单击该按钮，按钮呈现红色，将进入"自动关键点"模式，并且激活的视口边框也以红色显示。
- ➕设置关键点：单击该按钮，按钮呈现红色，将进入"手动关键点"模式，并且激活的视口边框也以红色显示。
- （新建关键点的默认入/出切线）：为新的动画关键点提供快速设置默认切线类型的方法，这些新的关键点是用"设置关键点"或者"自动关键点"创建的。
- 关键点过滤器：用于设置关键帧的项目。

- ⏮（转到开头）：单击该按钮，可将时间滑块恢复到开始帧。
- ⏴（上一帧）：单击该按钮，可将时间滑块向前移动一帧。
- ▶（播放动画）：单击该按钮，可在视口中播放动画。
- ⏸（下一帧）：单击该按钮，可将时间滑块向后移动一帧。
- ⏭（转到结尾）：单击该按钮，可将时间滑块移动到最后一帧。
- ⏯（关键点模式切换）：单击该按钮，可以在前一关键帧和后一关键帧之间跳动。
- 55 ◆（显示当前帧号）：当时间滑块移动时，可显示当前所在帧号。可以直接在此输入数值以快速到达指定的帧号。
- ⏱（时间配置）：用于设置帧频、播放和动画等参数。

8.2.2 动画时间的设置

3ds Max 2019 默认的帧总长是 100 帧，通常所制作的动画帧数比 100 帧要多很多，那么如何设置动画的长度呢？3ds Max 中动画是通过随时间改变场景而创建的，在 3ds Max 2019 中可以使用大量的时间控制器，这些时间控制器的操作可以在"时间配置"对话框中完成。单击状态栏上的 ⏱（时间配置）按钮，弹出"时间配置"对话框，如图 8-12 所示。

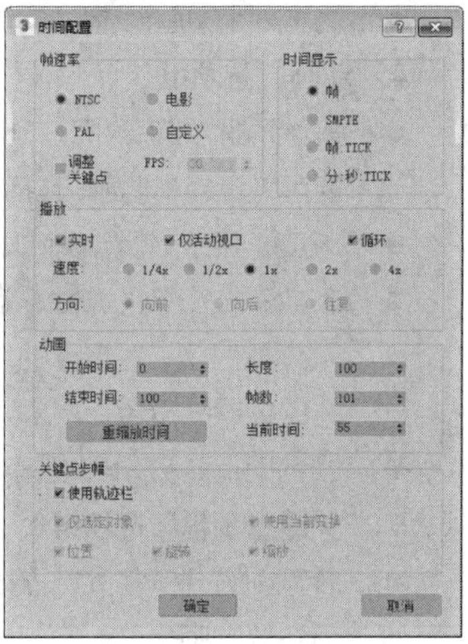

"时间配置"对话框中的选项功能如下。

图 8-12

1. "帧速率"选项组

- NTSC：是北美、大部分中南美国家和日本所使用的电视标准的名称。帧速率为每秒 30 帧或每秒 60 场（每个场相当于电视屏幕上的隔行插入扫描线）。
- 电影：电影胶片的计数标准，它的帧速率为每秒 24 帧。
- PAL：根据相位交替扫描线制定的电视标准，在我国和欧洲大部分国家中使用，它的帧速率为每秒 25 帧或每秒 50 场。
- 自定义：选择该单选按钮，可以在其下的"FPS"数值框中输入自定义的帧速率，它的单位为帧每秒（f/s 或 fps）。
- FPS：采用"帧每秒"来设置动画的帧速率。视频使用 30 帧每秒的帧速率，电影使用 24 帧每秒的帧速率，而 Web 和媒体动画则使用更低的帧速率。

2. "时间显示"选项组

- 帧：默认的时间显示方式，单个帧代表的时间长度取决于所选择的当前帧速率，如每帧为 1/30s。
- SMPTE：这是广播级编辑机使用的时间计数方式，对电视录像带的编辑都是在该计数下进行的，标准方式为 00:00:00（分:秒:帧）。
- 帧:TICK：使用帧和 3ds Max 内定的时间单位——十字叉显示时间，十字叉是 3ds Max 查看时间增量的方式。因为每秒有 4 800 个十字叉，所以访问时间实际上可以减少到每秒的 1/4800。
- 分:秒:TICK：与 SMPTE 格式相似，以分钟、秒钟和十字叉显示时间，其间用半角冒号分隔。例如，0.2:16:2240 表示 2 分钟 16 秒和 2240 十字叉。

3. "播放"选项组

- 实时：勾选该复选框后，在视口中播放动画时，会保证真实的动画时间；当达不到此要求时，系统会跳格播放，省略一些中间帧来保证时间的正确。可以选择 5 个播放速度，如 1x 是正常速度，1/2x 是半速等。速度设置只影响在视口中的播放。
- 仅活动视口：可以使播放只在活动视口中进行。取消勾选该复选框后，所有视口都将显示动画。
- 循环：控制动画只播放一次还是反复播放。
- 速度：用于设置播放时的速度。
- 方向：将动画设置为向前播放、向后播放或往复播放。

4. "动画"选项组

- 开始时间/结束时间：分别设置动画的开始时间和结束时间。默认设置开始时间为 0，根据需要可以设为其他值，包括负值。有时可能习惯于将开始时间设置为第 1 帧，这比 0 更容易计数。
- 长度：用于设置动画的长度，它其实是由"开始时间"和"结束时间"计算得出的结果。
- 帧数：被渲染的帧数，通常是设置数量再加上一帧。
- 重缩放时间：对目前的动画区段进行时间缩放，以加快或减慢动画的节奏，这会同时改变所有的关键帧设置。
- 当前时间：显示和设置当前所在的帧号码。

5. "关键点步幅"选项组

- 使用轨迹栏：使关键点模式能够遵循轨迹栏中的所有关键点，其中包括除变换动画之外的任何参数动画。
- 仅选定对象：在使用关键点步幅时只考虑选定对象的变换。如果取消选择该复选框，则将考虑场景中所有未隐藏对象的变换。默认设置为勾选。
- 使用当前变换：禁用"位置""旋转"和"缩放"，并在关键点模式中使用当前变换。
- 位置/旋转/缩放：指定关键点模式所使用的变换。取消勾选"使用当前变换"复选框，即可使用"位置""旋转"和"缩放"复选框。

8.2.3 轨迹视口

轨迹视口对于管理场景和动画制作功能非常强大。在主工具栏中单击 ![][曲线编辑器（打开）]按钮或选择"图形编辑>轨迹视图–曲线编辑器"命令，可打开"轨迹视图–曲线编辑器"窗口，如图 8–13 所示。

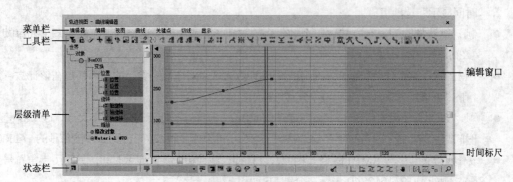

图 8-13

1．轨迹视口的功能板块

（1）层级清单：位于窗口的左侧，它将场景中的所有项目显示在一个层级中，在层级中对物体名称进行选择即可选择场景中的对象。

（2）编辑窗口：位于窗口的右侧，显示轨迹和功能曲线，表示时间和参数值的变化。编辑窗口中使用浅灰色背景的表示激活的时间段。

（3）菜单栏：整合了轨迹视图的大部分功能。

（4）工具栏：包括控制项目、轨迹和功能曲线的工具。

（5）状态栏：包含指示、关键时间、数值栏和导航控制等区域。

（6）时间标尺：测量在编辑窗口中的时间，在时间标尺上的标志反映时间配置对话框的设置。上下拖动时间标尺，可以使它和任何轨迹对齐。

2．轨迹视口的工具栏

轨迹视口的工具栏介绍如下。

- （过滤器）：使用过滤器可以确定哪一个项的类别出现在轨迹视口中。

- （锁定当前选择）："锁定当前选择"处于启用状态时，用户不会意外取消选择高亮显示的关键点，或选择其他的关键点。当选择被锁定时，可以在窗口中的任意位置拖动以移动或缩放关键点（而不仅限于高亮显示的关键点）。

- （绘制曲线）：绘制新运动曲线，或直接在功能曲线图上绘制草图来修改已有曲线。

- （添加/移除关键点）：在现有曲线上创建或删除关键点。

- （移动关键点）：在"关键点"窗口中水平或垂直移动关键点。

- （滑动关键点）：使用"滑动关键点"可以移动一组关键点（将高亮显示的关键点及所有关键点移动到动画的一端）。"滑动关键点"是以高亮显示的关键点拆分动画，并分散在两端的方法。在"编辑关键点"模式下可以使用"滑动关键点"。

- （缩放关键点）：通过将所有选定关键点沿着远离或靠近当前帧的方向成比例移动来扩大或缩小关键点计时。

- （缩放值）：可以在曲线编辑器中使用"缩放值"以按比例增加或减少功能曲线上的选定关键点之间的垂直距离。使用"捕捉缩放"可将缩放原点移动到第 1 个选定关键点。

- （捕捉缩放）：将缩放原点移动到第 1 个选定关键点。

- （简化曲线）：可使用该选项减少轨迹中的关键点数量。

- （参数曲线超出范围类型）：用于指定动画对象在用户定义的关键点范围之外的行为方式。

- （减缓曲线超出范围类型）：用于指定减缓曲线在用户定义的关键点范围之外的行为方式。调整减缓曲线会降低效果的强度。

- （增强曲线超出范围类型）：用于指定增强曲线在用户定义的关键点范围之外的行为方式。调整增强曲线会增加效果的强度。

- （减缓/增强曲线切换）：启用/禁用减缓曲线和增强曲线。

- （区域关键点工具）：使用区域关键点工具。

- （选择下一个关键点）：取消选择当前选定的关键点，然后选择下一个关键点。按住"Shift"键可选择上一个关键点。

- （增加关键点选择）：选择与一个选定关键点相邻的关键点。按住"Shift"键可取消选择外部的 2 个关键点。

- ▣（放长切线）：增长选定关键点的切线。如果选中多个关键点，则按住"Shift"键可以仅增长内切线。

- ▣（镜像切线）：将选定关键点的切线镜像到相邻关键点。

- ▣（缩短切线）：缩短选定关键点的切线。如果选中多个关键点，则按住"Shift"键可以仅缩短内切线。

- ▣（轻移）：使用"轻移"工具可将关键点稍微向左或向右移动。

- ▣（展平到平均值）：确定选定关键点的平均值，然后将平均值指定给每个关键点。按住"Shift"键可焊接所有选定关键点的平均值和时间。

- ▣（展平）：将选定关键点展平到与所选内容中的第 1 个关键点相同的值。

- ▣（缓入到下一个关键点）：减少选定关键点与下一个关键点之间的差值。按住"Shift"键可减少与上一个关键点之间的差值。

- ▣（分割）：使用 2 个关键点替换选定关键点。

- ▣（均匀隔开关键点）：调整间距，使所有关键点按时间在第 1 个关键点和最后一个关键点之间均匀分布。

- ▣（松弛关键点）：减缓第 1 个和最后一个选定关键点之间的关键点的值和切线。按住"Shift"键可对齐第 1 个和最后一个选定关键点之间的关键点。

- ▣（循环）：将第 1 个关键点的值复制到当前动画范围的最后一帧。按住"Shift"键可将当前动画的第 1 个关键点的值复制到最后一个动画。

- ▣（将切线设置为自动）：按关键点附近的功能曲线的形状进行计算，将高亮显示的关键点设置为自动切线。

- ▣（将切线设置为样条线）：将高亮显示的关键点设置为样条线切线，它具有关键点控制柄，可以通过在"曲线"窗口中拖动进行编辑。在编辑控制柄时按住"Shift"键可以中断连续性。

- ▣（将切线设置为快速）：将关键点切线设置为快速。

- ▣（将切线设置为慢速）：将关键点切线设置为慢速。

- ▣（将切线设置为阶跃）：将关键点切线设置为步长。使用阶跃来冻结从一个关键点到另一个关键点的移动。

- ▣（将切线设置为线性）：将关键点切线设置为线性。

- ▣（将切线设置为平滑）：将关键点切线设置为平滑。用它来处理不能继续进行的移动。

- ▣（显示切线切换）：切换显示或隐藏切线。

- ▣（断开切线）：允许将 2 条切线（控制柄）连接到 1 个关键点，使其能够独立移动，以便不同的运动能够进出关键点。选择一个或多个带有统一切线的关键点，然后单击"断开切线"即可断开。

- ▣（统一切线）：如果切线是统一的，按任意方向（请勿沿其长度方向，这将导致另一控制柄向相反的方向移动）移动控制柄，可以让控制柄之间保持最小角度。

- ▣（锁定切线切换）：锁定切线。

- ▣（缩放选定对象）：将当前选定对象放置在控制器窗口中"层次"列表的顶部。

- ▣（轨迹集编辑器）："轨迹集编辑器"对话框是一种无模式对话框，可以用来创建和编辑名为轨迹集的动画轨迹组。该功能便于同时使用多个轨迹，这是因为无须分别选择各轨迹即可对其进行重新调用。

- （过滤器 - 选定轨迹切换）：启用该选项后，"控制器"窗口仅显示选定轨迹。
- （过滤器 - 选定对象切换）：启用该选项后，"控制器"窗口仅显示选定对象的轨迹。
- （过滤器 - 动画轨迹切换）：启用该选项后，"控制器"窗口仅显示带有动画的轨迹。
- （过滤器 - 活动层切换）：启用该选项后，"控制器"窗口仅显示活动层的轨迹。
- （过滤器 - 可设置关键点轨迹切换）：启用该选项后，"控制器"窗口仅显示可设置关键点的轨迹。
- （过滤器 - 可见对象切换）：启用该选项后，"控制器"窗口仅显示包含可见对象的轨迹。
- （过滤器 - 解除锁定属性切换）：启用该选项后，"控制器"窗口仅显示未锁定其属性的轨迹。
- （显示选定关键点统计信息）：显示在轨迹视口"关键点"窗口中当前选定关键点表示的统计信息。
- （使用缓冲区曲线）：切换是否在移动曲线/切线时创建原始曲线的重影图像。
- （显示/隐藏缓冲区曲线）：切换显示或隐藏缓冲区（重影）曲线。
- （与缓冲区交换曲线）：交换曲线与缓冲区（重影）曲线的位置。
- （快照）：将缓冲区（重影）曲线重置到曲线的当前位置。
- （还原为缓冲区曲线）：将曲线重置到缓冲区（重影）曲线的位置。
- （平移）：可以在与当前视口平面平行的方向移动视口。
- （框显水平范围选定关键点）：水平缩放轨迹视口的"关键点"窗口，以显示所有选定关键点。
- （框显值范围选定关键点）：垂直缩放轨迹视口的"关键点"窗口，以显示选定关键点的完整高度。
- （框显水平范围和值范围）：水平和垂直缩放轨迹视口的"关键点"窗口，以显示选定关键点的全部范围。
- （缩放）：在轨迹视口中，可以使用鼠标水平（缩放时间）、垂直（缩放值）或同时在 2 个方向（缩放）缩放视口。
- （缩放区域）：用于拖动"关键点"窗口中的一个区域以缩放该区域使其充满窗口。除非单击鼠标右键以取消或选择另一个选项，否则缩放区域将一直处于活动状态。
- （隔离曲线）：默认情况下，轨迹视口显示所有选定对象的所有动画轨迹的曲线。可以使用"隔离曲线"暂时仅显示具有一个或多个选定关键点的曲线。多条曲线显示在"关键点"窗口中时，使用此命令可以临时简化显示。

3. 轨迹视口的菜单栏

轨迹视口的菜单栏介绍如下。

（1）编辑器：使用轨迹视口时可在"曲线编辑器"和"摄影表"之间切换。

（2）编辑：提供用于调整动画数据和使用控制器的工具。

（3）视图：将在"摄影表"和"曲线编辑器"模式下显示，但并不是所有命令在这 2 个模式下都可用。其控件用于调整和自定义轨迹视口中项目的显示方式。

（4）曲线：在"曲线编辑器"和"摄影表"模式下都可以使用"曲线"菜单，但在"摄影表"模式下，并非该菜单中的所有命令都可用。此菜单上的工具可加快曲线调整。

（5）关键点：通过此菜单上的工具，可以添加动画关键点，然后将其对齐到光标并使用软选择变换关键点。

（6）时间：使用此菜单上的工具可以编辑、调整或反转时间。只有在"摄影表"模式时才能使用"时间"菜单。

（7）切线：只有在"曲线编辑器"模式下"切线"菜单才可用。此菜单上的工具便于管理动画-关键帧切线。

（8）显示：包含如何显示项目及如何在"控制器"窗口中处理项目的控件。

8.3 "运动"命令面板

"运动"命令面板用于控制选中物体的运动轨迹，指定动画控制器，还可以对单个关键点信息进行编辑，如编辑动画的基本参数（位移、旋转和缩放）、创建和添加关键帧及关键帧信息，以及控制对象运动轨迹的转化和塌陷等。

在命令面板中单击 ● 按钮，即可打开"运动"命令面板。"运动"命令面板由"参数"和"运动路径"2部分组成，如图8-14所示。

图8-14

8.3.1 参数

"指定控制器"卷展栏可以为选择的物体指定各种动画控制器，以完成不同类型的运动控制。

在它的列表框中可以观察到当前可以指定的动画控制器项目，一般由1个"变换"携带3个分支项目，即"位置""旋转"和"缩放"项目。每个项目可以提供多种不同的动画控制器。使用时要选择一个项目，这时左上角的 ☑（指定控制器）按钮变为可使用状态，单击它弹出一个动画控制器列表框，如图8-15所示。选择一个动画控制器，单击"确定"按钮，此时当前项目右侧显示出新指定的动画控制器名称。

在指定动画控制器后，"变换"项目面板下的"位置""旋转"和"缩放"3个项目会提供相应的控制面板，有些在其项目上右击，在弹出的快捷菜单中选择"属性"命令，可以打开其控制面板。

1. "PRS 参数"卷展栏

"PRS 参数"卷展栏（见图8-16）主要用于创建和删除关键点。选项功能如下。

- 创建关键点/删除关键点：在当前帧创建或删除一个移动、旋转或缩放关键点。这些按钮是否处于活动状态取决于当前帧存在的关键点类型。

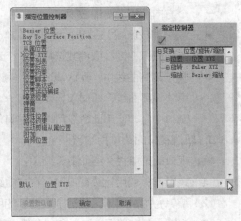

图8-15

- 位置/旋转/缩放：分别控制打开其对应的控制面板，由于动画控制器的不同，各自打开的控制面板也不同。

2. "关键点信息（基本）"卷展栏

"关键点信息（基本）"卷展栏（见图 8-17）用于改变动画值、时间和所选关键点的中间插值方式。选项功能如下。

图 8-16

图 8-17

- ：到前一个或下一个关键点上。
- 时间：显示关键点所处的帧号，右侧的锁定按钮 L 可以防止在轨迹视口编辑模式下关键点发生水平方向的移动。
- X/Y/Z 值：调整选定对象在当前关键点所处的位置。
- 关键点进出切线：通过切线上的 2 个按钮进行选择，"输入"确定入点切线形态，"输出"确定出点切线形态。
- 输入：选择输入的切线类型。
- 输出：选择输出的切线类型。
- 左向箭头表示将当前插补形式复制到关键点左侧，右向箭头表示将当前插补形式复制到关键点右侧。

> **提示**
>
> 可以设置关键点切线的运动效果，如缓入缓出、速度均匀等。

3. "关键点信息（高级）"卷展栏

"关键点信息（高级）"卷展栏（见图 8-18）中的选项功能如下。

图 8-18

- 输入/输出："输入"是参数接近关键点时的速度，"输出"是参数离开关键点时的速度。
- ：单击该按钮后，更改一个自定义切线会同时更改另一个，但是量相反。
- 规格化时间：平均时间中的关键点位置，并将它们应用于选定关键点的任何连续块。在需要反复为对象加速和减速，并希望平滑运动时使用。
- 自由控制柄：用于自动更新切线控制柄的长度。取消选择该复选框时，切线控制柄长度与其相邻关键点的距离为固定的百分比，在移动关键点时，控制柄会进行调整，以保持与相邻关键点的距离为相同百分比。

8.3.2　运动路径

"运动路径"面板用于控制显示对象随时间变化而移动的路径。

1. "可见性"卷展栏（见图8-19）

图 8-19

● 始终显示运动路径：勾选该复选框后，视口中将显示运动路径。

2. "关键点控制"卷展栏（见图8-20）

● 删除关键点：从运动路径中删除选定关键点。

● 添加关键点：将关键点添加到运动路径。这是无模式工具。当用户单击该按钮一次时，可以通过一次或连续多次单击视口中的运动路径线来添加任意数量的关键点。再次单击该按钮即退出"添加关键点"模式。

图 8-20

● 切线：用于设置调整 Bezier 切线（用于通过关键点更改运动路径的形状）的模式。要调整切线，先选择变换方式（例如"移动"或"旋转"），然后拖动控制柄即可。

3. "显示"卷展栏（见图8-21）

● 显示关键点时间：在视口中每个关键点的旁边显示特定帧编号。

● 路径着色：设置运动路径的着色方式。

● 显示所有控制柄：显示所有关键点（包括未选定的关键点）的切线控制柄。

● 绘制帧标记：绘制白色标记以在特定帧显示运动路径的位置。

● 绘制渐变标记：绘制渐变色标记以在特定帧显示运动路径的位置。

● 绘制关键点：在选定的运动路径上绘制关键点。

● 绘制帧标记：绘制白色标记以在未选定运动路径上的特定帧显示运动路径的位置。

● 绘制关键点：在未选定的运动路径上绘制关键点。

● 修剪路径：勾选该复选框后，修剪运动路径的显示。

● 帧偏移：通过仅显示当前帧之前和之后的指定数量的帧来修剪运动路径。例如，在"偏移"后的数值框中输入 100 则仅显示时间滑块上当前位置的前 100 帧和后 100 帧的部分。

图 8-21

● 帧范围：设置要显示的帧范围。

4. "转换工具"卷展栏（见图8-22）

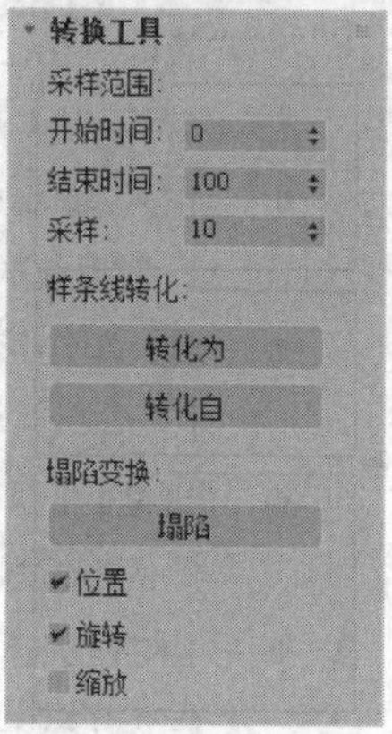

● 开始时间/结束时间：为转换指定间隔。如果从位置关键帧转换为样条线对象，这就是运动路径采样之间的时间间隔；如果从样条线对象转换为位置关键帧，这就是新关键点放置之间的间隔。

● 采样：设置转换采样的数目。当向任何方向转换时，按照指定时间间隔对源采样，并且在目标对象上创建关键点或者控制点。

● 转化为/转化自：将关键帧位置轨迹转化为样条线对象，或将样条线对象转化为关键帧位置轨迹。这使用户可以为对象创建样条线运动路径，然后将样条线转化为对象的位置轨迹的关键帧，以便执行各种特定于

图 8-22

关键帧的功能（例如应用恒定速度到关键点并规格化时间）；或者可以将对象的位置关键帧
转化为样条线对象。

● 塌陷：塌陷选定对象的变换。

● 位置/旋转/缩放：指定想要塌陷的变换。

8.4 动画约束

动画约束通过将当前对象与其他目标对象进行绑定，从而可以
使用目标对象控制当前对象的位置、旋转或缩放。动画约束需要至
少一个目标对象；在使用了多个目标对象时，可通过设置每个目标
对象的权重来控制其对当前对象的影响程度。

图 8-23

在 ● （运动）命令面板的"参数"面板的"指定控制器"卷展
栏中，通过单击 ✓（指定控制器）按钮为参数施加动画约束；也可
以选择菜单栏中的"动画>约束"命令，从弹出的子菜单中选择相
应的动画约束，如图 8-23 所示。

8.4.1 课堂案例——制作水面上的皮艇动画

📖 **学习目标**

学会使用"附着约束"。

📖 **知识要点**

微课视频

打开水面场景，并将皮艇导入到场景中，使用"附着约束"，将皮艇附着
约束在水面上，效果如图 8-24 所示。

📖 **素材场景所在位置**

云盘/场景/Ch08/水面.max、皮艇.max。

📖 **效果所在位置**

云盘/场景/Ch08/水面上的皮艇 ok.max。

📖 **贴图所在位置**

制作水面上的皮艇动画

云盘/贴图。

图 8-24

（1）打开"水面.max"场景文件，如图 8-25 所示。

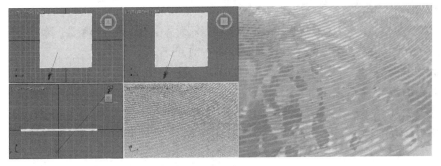

图 8-25

（2）在菜单栏中选择"文件>导入>合并"命令，在弹出的对话框中选择需要合并的"皮艇.max"场景，单击"打开"按钮，如图 8-26 所示。

（3）在弹出的对话框中选择皮艇场景，单击"确定"按钮，如图 8-27 所示。

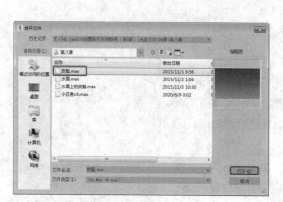

图 8-26

图 8-27

（4）合并皮艇模型后，视口如图 8-28 所示。

（5）在场景中调整模型至合适的位置和大小，效果如图 8-29 所示。

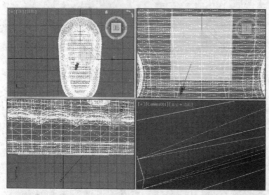

图 8-28

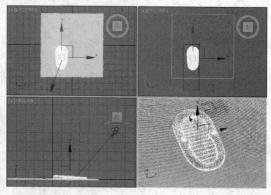

图 8-29

（6）在场景中选择皮艇模型，在菜单栏中选择"动画>约束>附着约束"命令，在场景中可以看到在皮艇上拖曳出一条虚线，单击水平面即可绑定皮艇模型到水面，在出现的图 8-30 所示的"附着参数"卷展栏中单击"设置位置"按钮。

（7）设置"位置"的参数。在场景中，如果皮艇沉入大海中可以调整其参数。除了位置不能调整，可以调整其角度，还可以为其设置动画参数，如图 8-31 所示。

（8）设置"张力"为 1.0，"连续性"为 30.0，"偏移"为 23.3，"缓入"为 0.5，"缓出"为 0.5，如图 8-32 所示。

（9）渲染场景得到图 8-33 所示的效果。

（10）设置完成后可以对场景动画进行渲染输出。

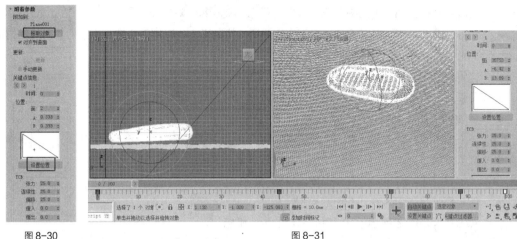

图 8-30 图 8-31

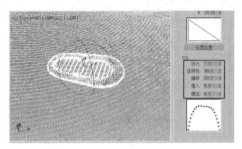

图 8-32 图 8-33

8.4.2 附着约束

"附着约束"是一种位置约束，它将一个对象的位置附着到另一个对象（目标对象不用必须是网格，但必须能够转化为网格）的面上。随着时间设置不同的附着关键点，可以在另一对象的不规则曲面上设置该对象位置的动画，即使这一曲面是随着时间而改变的。

在"参数"面板的"指定控制器"卷展栏中选择"位置"，单击✓（指定控制器）按钮，在弹出的对话框中选择"附加"选项，如图 8-34 所示。指定约束后，显示出"附着参数"卷展栏。

"附着参数"卷展栏（见图 8-35）中的选项功能如下。

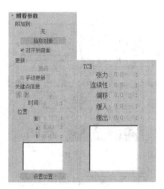

图 8-34 图 8-35

（1）"附加到"选项组：用于设置对象附加。

- 拾取对象：在视口中为附着选择并拾取目标（被附着）对象。
- 对齐到曲面：将附着对象的方向固定在其所指定的面上。禁用该复选框后，附着对象的方向不受目标对象上面的方向影响。

（2）"更新"选项组有以下几个选项。

- 更新：单击可更新显示。
- 手动更新：手动启用"更新"。

（3）"关键点信息"选项组有一个选项。

- 时间：显示当前帧，并可以将当前关键点移动到不同的帧中。

（4）"位置"选项组有以下几个选项。

- 面：提供对象所附着到的面的索引。
- A/B：含有定义面上附着对象的位置的中心坐标。
- 设置位置：在目标对象上调整附着对象的放置，并拖动以指定面和面上的位置。附着对象在目标对象上相应移动。

（5）"TCB"选项组：该选项组中的所有选项与 TCB 控制器中的相同。附着对象的方向也受这些设置的影响并按照这些设置进行插值。

- 张力：控制动画曲线的曲率。
- 连续性：控制关键点处曲线的切线属性。
- 偏移：控制动画曲线偏离关键点的方向。
- 缓入：放慢动画曲线接近关键点时的速度。
- 缓出：放慢动画曲线离开关键点时的速度。

8.4.3 曲面约束

曲面约束能在对象的表面上定位另一对象，示例如图 8-36 所示。作为曲面对象的对象类型是有限制的，即它们的表面必须能用参数表示。

选择 ◉（运动）命令面板中的"参数"面板，在"指定控制器"卷展栏中选择"位置"选项，单击 ☑（指定控制器）按钮，在弹出的对话框中选择"曲面"选项，指定约束后，显示出"曲面控制器参数"卷展栏，如图 8-37 所示。

图 8-36

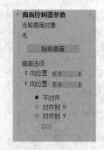

图 8-37

"曲面控制器参数"卷展栏中的选项功能如下。

（1）"当前曲面对象"选项组：提供用于选定曲面对象的方法。

- 拾取曲面：选择需要用作曲面的对象。

（2）"曲面选项"选项组：提供了一些控件，用来调整对象在曲面上的位置和方向。

- U 向位置：调整控制对象在曲面对象 U 坐标轴上的位置。
- V 向位置：调整控制对象在曲面对象 V 坐标轴上的位置。
- 不对齐：启用此单选按钮后，不管控制对象在曲面对象上的什么位置，它都不会重定向。
- 对齐到 U：将控制对象的局部 z 轴对齐到曲面对象的曲面法线，将 x 轴对齐到曲面对象的 U 轴。
- 对齐到 V：将控制对象的局部 z 轴对齐到曲面对象的曲面法线，将 x 轴对齐到曲面对象的 V 轴。
- 翻转：翻转控制对象局部 z 轴的对齐方式。

8.4.4　路径约束

路径约束会对一个对象沿着样条线或在多个样条线间的平均距离间的移动进行限制，示例如图 8-38 所示。

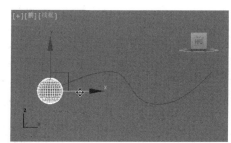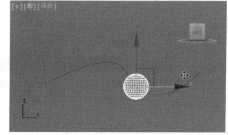

图 8-38

路径目标可以是任意类型的样条线。以路径的子对象级别设置关键点，如顶点或线段，虽然这影响到受约束对象，但可以制作路径的动画。

几个目标对象可以影响受约束的对象。当使用多个目标时，每个目标都有一个权重值，该值定义它相对于其他目标影响受约束对象的程度。

选择 （运动）命令面板中的"参数"面板，在"指定控制器"卷展栏中选择"位置"选项，单击（指定控制器）按钮，在弹出的对话框中选择"路径约束"选项，指定约束后，显示出"路径参数"卷展栏（见图 8-39）。

"路径参数"卷展栏中的选项功能如下。

- 添加路径：单击该按钮，然后在场景中选择样条线（目标），使之对当前对象产生约束影响。
- 删除路径：从列表框中移除当前选择的样条线。
- 列表框：列出了所有被加入的样条线名称。
- 权重：设置当前选择的样条线相对于其他样条线影响受约束对象的程度。

（1）"路径选项"选项组有以下几个选项。

- %沿路径：用于设置受限对象在路径中的位置。整个路径被视为 100%，路径始端被视为 0，路径末端被视为 100%。该值超过 100%，模型会返回始端继续沿路径运动，该值为负值时表示模型在逆向运动。为该值设置动画，可让受限对象在规定时间内沿

图 8-39

路径进行运动。

- 跟随：使对象的某个局部坐标轴向运动方向对齐，具体轴向可在下面的"轴"选项组中进行设置。
- 倾斜：当对象在样条曲线上移动时允许其进行倾斜。
- 倾斜量：用于设置倾斜从对象的哪一边开始，这取决于此值是正数还是负数。
- 平滑度：用于设置对象在经过转弯时翻转速度改变的快慢程度。
- 允许翻转：取消选取此复选框，可避免对象沿着垂直的路径移动时可能出现的翻转情况。
- 恒定速度：为对象提供一个恒定的沿路径运动的速度。
- 循环：启用此复选框，当对象到达路径末端时会自动循环到起始点。
- 相对：启用此复选框，将保持对象的原始位置。

（2）"轴"选项组：用于设置对象的哪个轴向与路径对齐。

- 翻转：启用此复选框，将翻转当前轴的方向。

8.4.5 位置约束

"位置约束"是将当前对象的位置限制到另一个对象的位置、或多个对象的权重平均位置。

"位置约束"卷展栏（见图8-40）中的选项功能如下。

- 添加位置目标：添加影响受约束对象的新目标对象。
- 删除位置目标：移除目标。一旦将目标移除，它将不再影响受约束对象。
- 权重：为每个目标指定并设置动画。
- 保持初始偏移：启用"保持初始偏移"复选框可保持受约束对象与目标对象的原始距离，这可避免将受约束对象捕捉到目标对象的轴。默认设置为禁用。

图8-40

8.4.6 链接约束

"链接约束"可使当前对象继承目标对象的位置、旋转和缩放。使用"链接约束"可以制作用手拿起物体等动画。

"链接参数"卷展栏（见图8-41）中的选项功能如下。

- 添加链接：单击该按钮，在场景中单击要加入"链接约束"的物体可使之成为目标对象，其名称会添加到下面的目标列表框中。
- 链接到世界：将对象链接到世界。
- 删除链接：移除列表框中当前选择的链接目标。
- 开始时间：用于设置当前选择的链接目标对施加对象产生影响的开始帧。
- 无关键点：选择该单选按钮，"链接约束"可在不插入关键点的情况下使用。
- 设置节点关键点：选择该单选按钮，将关键帧写入指定的选项。"子对象"表示仅在受约束对象上设置关键帧；"父对象"表示为受约束对象

图8-41

和其所有目标对象都设置关键帧。

● 设置整个层次关键点：选择该单选按钮，将在整个链接层次上设置关键帧。

8.4.7 方向约束

"方向约束"会使某个对象的方向朝向另一个对象的方向或若干对象的平均方向。

受约束的对象可以是任何可旋转对象，其将从目标对象继承其旋转。一旦约束后，便不能手动旋转该对象。只要约束对象的方式不影响对象的位置或缩放控制器，便可以移动或缩放该对象。

目标对象可以是任意类型的对象，其旋转会驱动受约束的对象。可以使用标准平移、旋转和缩放工具来设置目标的动画。

选择 ◉（运动）命令面板中的"参数"面板，在"指定控制器"卷展栏中选择"旋转"选项，然后指定"方向约束"，如图 8-42 所示，显示出当前约束参数。图 8-43 所示为"方向约束"参数卷展栏，其选项功能如下。

● 添加方向目标：添加影响受约束对象的新目标对象。

● 将世界作为目标添加：将受约束对象与世界坐标轴对齐。可以设置世界对象相对于任何其他目标对象对受约束对象的影响程度。

● 删除方向目标：移除目标。移除的目标对象将不再影响受约束对象。

● 权重：为每个目标指定并设置动画。

● 保持初始偏移：保留受约束对象的初始方向。禁用"保持初始偏移"复选框后，目标将调整其自身以匹配其一个或多个目标的方向。默认设置为禁用状态。

将方向约束应用于层次中的某个对象后，"变换规则"选项组用于确定是将局部节点变换还是将父变换用于方向约束。

● 局部→局部：选择该单选按钮后，局部节点变换用于方向约束。

● 世界→世界：选择该单选按钮后，将应用父变换或世界变换，而不是应用局部节点变换。

图 8-42

图 8-43

8.5 动画修改器的应用

3ds Max 2019 的"修改器列表"中包括一些制作动画的修改器，如"路径变形""噪波""变形器"等，本节就对常用的动画修改器进行介绍。

8.5.1 "路径变形"修改器

"路径变形"修改器可以控制对象沿着路径曲线变形。这是一个非常有用的动画工具，对象在指定的路径上不仅沿路径移动，而且同时还会发生形变。该修改器常用于表现文字在空间滑行的动画效果。

"路径变形"修改器的"参数"卷展栏（见图 8-44）中的选项功能如下。

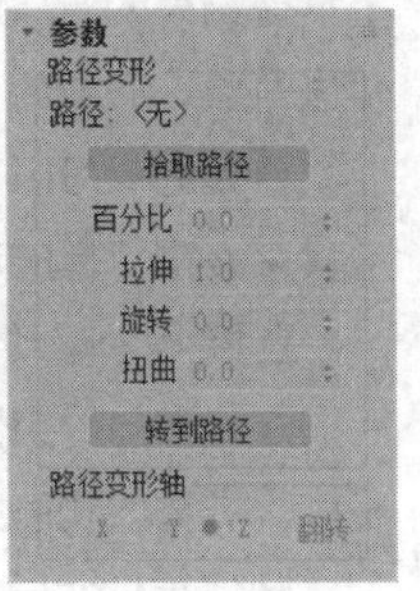

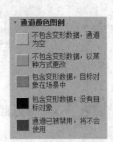

图 8-44

- 拾取路径：单击该按钮，在视口中选择作为路径的曲线，此时系统会复制一条关联曲线作为当前对象路径变形的 Gizmo 对象，对象原始位置保持不变，它与路径的相对位置通过"百分比"值来调节。如果想移动路径，可进入其子对象级，调节 Gizmo 对象；如果要改变路径形态，直接编辑原始曲线即可同时影响路径。
- 百分比：用于调节对象在路径上的位置，可以记录为动画。
- 拉伸：用于设置对象沿路径自身拉长的比例。
- 旋转：用于设置对象沿路径轴旋转的角度。
- 扭曲：用于设置对象沿路径轴扭曲的角度。

"路径变形轴"选项组用于设置对象在路径上的放置轴向。

除了"路径变形"修改器，3ds Max 2019 还有一个"路径变形 WSM"修改器，它与"路径变形"修改器相同，只是它应用在整个空间范围上，使用更容易。它常被用于表现文字在轨迹上滑动变形或模拟植物缠绕茎盘向上生长的效果。

8.5.2 "噪波"修改器

"噪波"修改器可以将对象表面的顶点进行随机变动，使表面变得起伏而不规则，常用于制作复杂的地形、地面，也常常指定给对象，产生不规则的造型，如石块、云团、皱纸等。它自带有动画噪波设置，只要打开它，就可以产生连续的噪波动画。

8.5.3 "变形器"修改器

"变形"是一种特殊的动画表现形式，可以将一个对象在三维空间变形为另一个形态不同的对象。3ds Max 2019 中的"变形器"修改器可以实现不同形态模型之间的变形动画，但要求变形体之间拥有相同的顶点数目。下面就来介绍"变形器"修改器的各项参数。

1. "通道颜色图例"卷展栏

"通道颜色图例"卷展栏如图 8-45 所示。在"通道颜色图例"卷展栏中，没有实际的操作，只有一系统通道颜色的说明。下面对不同的通道颜色代表的含义进行解释。

- 灰色：表示当前通道未被使用，无法进行编辑。
- 橙色：表示通道已经被改变，但没有包含变形数据。
- 绿色：表示通道是激活的，包含变形数据而且目标对象存在于场景中。
- 蓝色：表示通道包含变形数据，但场景中的目标对象已经被删除。

图 8-45

- 深灰色：表示通道失效。

2. "全局参数"卷展栏

"全局参数"卷展栏（见图 8-46）中的选项功能如下。

图 8-46

- 使用限制：勾选该复选框后，所有通道使用下面的最小值和最大值限制。默认限制在 0 ~ 100。如果取消限制，变形效果可能超出极限。

- 最小值：用于设置最小的变形值。

- 最大值：用于设置最大的变形值。

- 使用顶点选择：启用该选项，则只对"变形器"修改之下的修改器堆栈中选择的顶点进行变形。

- 全部设置：单击该按钮后，激活全部通道，可以控制对象的变形程度。

- 不设置：单击该按钮后，关闭全部通道，不能控制对象的变形。

- 指定新材质：单击该按钮后，为变形基本对象指定特殊的"Morpher"变形材质。这种材质是专门配合"变形器"修改器使用的，材质面板上包含同样的 100 个材质通道，分别对应于"变形器"修改器的 100 个变形通道，每个变形通道的数值变化对应于相应变形材质通道的材质，可以用"吸管"工具吸到材质编辑器中进行编辑。

3. "通道列表"卷展栏

"通道列表"卷展栏（见图 8-47）中的选项功能如下。

图 8-47

- 标记列表：用于选择存储的标记，或者在文本框中输入新标记名称后单击"保存标记"按钮创建新的标记。

- 保存标记：通过下方的垂直滑块选择变形通道的范围，在上方文本框输入名称，单击此项保存标记。

- 删除标记：用于删除文本框中选择的标记。

- 通道列表：用于显示变形的所有通道，共计 100 个可以使用的变形通道，通过左侧的垂直滑块进行选择。每个通道右侧都有一个数值可以调节，数值的范围可以自己设定，默认是 0 ~ 100。

- 列出范围：用于显示当前变形通道列表中可视通道的范围。

- 加载多个目标：打开一个对象名称选择框，可以一次选择多个目标对象加入到空白的变形通道中，它们会按照顺序依次排列，如果选择的目标对象超过了拥有的空白通道数目，将会给出提示。

- 重新加载所有变形目标：用于重新装载目标对象的信息到通道。

- 活动通道值清零：用于将当前激活的通道值还原为 0。如果打开"自动关键点"按钮，单击此项可以在当前位置记录关键点。首先，单击该按钮将通道值设置为 0，然后设置想要的变形值，这样可以有效地防止变形插值对模型的破坏。

- 自动重新加载目标：勾选该复选框后，动画的目标对象的信息会自动在变形通道中更新，不过会占用系统的资源。

4. "通道参数"卷展栏

"通道参数"卷展栏（见图 8-48）中的选项功能如下。

- 通道序列号：显示当前选择通道的名称和序列号。单击序号按钮会弹出一个菜单，用于组织和定位通道。

- 通道处于活动状态：用于控制选择通道的有效状态，如果取消勾选，该通道会暂时失去作用，对它的数值调节依然有效，但不会在视口上显示和刷新。

- 从场景中拾取对象：单击该按钮，在视口中单击相应的对象，可将这个对象作为当前选择通道的变形目标对象。

- 捕捉当前状态：选择一个"empty"（空）通道后，单击该按钮，将使用当前模型的形态作为一个变形目标对象，系统会给出一个命名提示，为这个目标对象设定名称。指定后的通道总是以蓝色显示，因为这种情况是没有真正几何体的一种变形目标，通过下面的"提取"命令可以将这个目标对象提取出来，变成真正的几何模型实体。

图 8-48

- 删除：用于删除当前选择通道的变形目标，变为一个空白通道。

- 提取：选择一个蓝色通道后单击此项，将依据变形数据创建一个对象。如果使用"捕获当前状态"创建了一个变形目标体，又希望能够对它进行编辑操作，这时可以先将它提取出来，然后再作为标准的变形目标指定给变形通道，这样即可对它进行编辑操作。

（1）"通道设置"选项组：对当前选择通道进行设置，同样的设置内容在"全局参数"中也有。

- 使用限制：对当前选择的通道进行数值范围限制。只有在"全局参数"下的"使用限制"项关闭时才起作用。

- 最小值：用于设置最小的变形值。

- 最大值：用于设置最大的变形值。

- 使用顶点选择：在当前通道只对选择的顶点进行变形。

（2）"渐进变形"选项组有以下几个选项。

- 目标列表：显示当前通道中所有与目标模型关联的中间过渡模型。如果要为选择的通道添加中间过渡模型，可以直接单击"从场景中获取"按钮，然后在视口中选取过渡模型。

- ↑（上升）/↓（下降）：用于改变列表中中间过渡模型控制变形的先后顺序。

- 目标%：指定当前选择的中间过渡体对整个变形影响的百分比。

- 张力：控制中间过渡体变形间的插补方式。值为 1 时，创建比较放松的变化，导致整个变形效果松散；值为 0 时，在目标体之间创建线性的插补变化，比较生硬。一般使用默认的 0.5 可以达到比较好的过渡效果。

- 删除目标：从目标列表中删除当前选择的中间变形体。

5. "高级参数"卷展栏

"高级参数"卷展栏（见图 8-49）中的选项功能如下。

图 8-49

- 微调器增量：通过下面 3 个选项设置用鼠标调节变形通道右侧微调器时变化的数值精度。默认为 1，有 100 个过渡可调；如果设置为 0.1，变形效果将更加细腻；如果设置为 5，变形效果会比较粗糙。

- 精简通道列表：单击该按钮，通道列表会自动重新排列，主要是向后调整空白通道，把全部有效通道按原来的顺序排列在最前面。如果 2 个有效通道之间有空白通道，会将其挪至所有的有效通道后，这样，在列表的前部都会是有效的变形通道。

- 近似内存使用情况：用于显示当前变形修改使用内存的大小。

8.5.4 "融化"修改器

"融化"修改器常用来模拟变形、塌陷的效果，如融化的冰激淋。这个修改器支持任何对象类型，包括面片对象和 NURBS 对象，包括了边界的下垂、面积的扩散等控制项目，可分别表现塑料、果冻等不同类型物质的融化效果。其"参数"卷展栏（见图 8-50）中的选项功能如下。

图 8-50

- 数量：用于指定 Gizmo 影响对象的程度，可以输入 0 ~ 1 000 的值。
- 融化百分比：用于指定在"数量"增加时对象融化蔓延的范围。
- 固态：用于设置融化对象中心的相对高度。可以选择预设的数值，也可"自定义"这个高度。
- 融化轴：用于设置融化作用的轴向。这个轴是作为 Gizmo 线框的轴，而非选择对象的轴。
- 翻转轴：用于改变作用轴的方向。

8.5.5 "柔体"修改器

"柔体"修改器使用对象顶点之间的虚拟弹力线模拟软体动力学。由于顶点之间建立的是虚拟的弹力线，所以可以通过设置弹力线的柔韧程度来调节顶点彼此之间距离的远近。

"柔体"修改器对不同类型模型的表面影响不同。

- 网格对象："柔体"修改器影响对象表面的所有顶点。
- 面片对象："柔体"修改器影响对象表面的所有控制点和控制手柄，切线控制手柄不会被锁定，可以受柔体影响自由移动。
- NURBS 对象："柔体"修改器影响 CV 控制点和 Point 点。
- 二维图形："柔体"修改器影响所有的顶点和切线手柄。
- FFD 空间扭曲："柔体"修改器影响 FFD 晶格的所有控制点。

下面分别介绍"柔体"修改器的各参数面板。

1. "参数"卷展栏

"参数"卷展栏（见图 8-51）中的选项功能介绍如下。

图 8-51

- 柔软度：用于设置物体被拉伸和弯曲的程度。在软体动画制作中软变形的程度还会受到运动剧烈程度和顶点权重值的影响。
- 强度：用于设置对象的反向弹力的强度大小。反向弹力是强制物体返回初始形态的力，当物体受力产生弹性变形时，自身可以产生一种相反的克制力，与外界的力相反，使物体的形态返回初始形态。默认值为 3.0，范围为 0 ~ 100，当值为 100 时表现为完全刚性。
- 倾斜：用于设置物体摆动回到静止位置的时间。值越小对象返回静止位置需要的时间越长，表现出的效果是摆动比较缓慢，范围为 0 ~ 100，默认值为 7.0。

- 使用跟随弹力：开启时"反向弹力"有效。
- 使用权重：勾选该复选框后，指定给对象顶点不同的权重进行计算，会产生不同的弯曲效果；取消勾选时，物体各部分受到一致的权重影响。
- 下拉列表：从下拉列表中选择一种模拟求解类型，也可以换成另外2种更精确的计算方式，这2种高级求解方式往往还需要设定更高的"强度""刚度"，但产生的结果更稳定、精确。
- 采样：用于控制模拟的精度，采样值越高，模拟越精确和稳定，相应的所耗费的计算时间也越多。

2. "简单软体"卷展栏

"简单软体"卷展栏（见图8-52）中的选项功能如下。

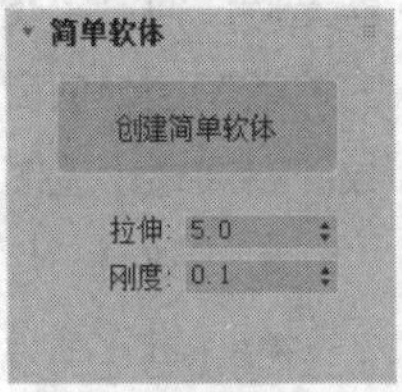

- 创建简单软体：根据"拉伸""刚度"为物体产生弹力设置。在使用这个命令后，调节"拉伸""刚度"的值时可以不必再单击该按钮。
- 拉伸：用于设置物体的边界可以拉伸的程度。
- 刚度：用于指定当前物体的硬度。

图 8-52

3. "权重和绘制"卷展栏

"权重和绘制"卷展栏（见图8-53）中的选项功能如下。

（1）"绘制权重"选项组

- 绘制：使用一个球形的画笔在对象顶点上绘制设置点的权重。
- 强度：用于设置绘制时每次单击改变的权重大小。值越大，权重改变得越快，值为0时不改变权重，值为负时减小权重，范围是-1~1，默认值为0.1。
- 半径：用于设置笔刷的大小，即影响范围，在视口上可以看到球形的笔刷标记，范围是0.001~99 999，默认值为36.0。
- 羽化：用于设置笔刷从中心到边界的强度衰减，范围是0.001~1，默认为0.7。

（2）"顶点权重"选项组

- 绝对权重：勾选该复选框后，为绝对权重，可直接在"顶点权重"后的数值框中输入数据设置权重值。
- 顶点权重：用于设置选择点的权重大小，如果上面没有勾选"绝对权重"复选框，此处不会保留当前顶点真实的权重数值，每次调节完成后都会自动回零。

图 8-53

4. "力和导向器"卷展栏

"力和导向器"卷展栏（见图8-54）中的选项功能如下。

- "力"组：可为当前的"柔体"修改器增加空间扭曲，支持的空间扭曲包括贴图置换、拉力、重力、马达、粒子爆炸、推力、旋涡和风。
- 添加：单击该按钮后，在视口中可以单击空间扭曲物体，将它引入到当前的"柔体"修改器中。
- 移除：从列表中删除当前选择的空间扭曲物体，解除它对柔体对象的影响。
- 导向器：用通道导向板阻挡和改变柔体运动的方向，限制对象在一定空间内进行运动。

图 8-54

5. "高级参数"卷展栏

"高级参数"卷展栏（见图 8-55）中的选项功能如下。

- 参考帧：用于设置柔体开始进行模拟的起始帧。
- 结束帧：用于设置柔体模拟的结束帧，对象会在此帧返回初始形态。
- 影响所有点：影响整个物体，没有任何子对象被忽略。
- 设置参考：用于更新视口。
- 重置：用于恢复顶点的权重值为默认值。

6. "高级弹力线"卷展栏

"高级弹力线"卷展栏（见图 8-56）中的选项功能如下。

- 启用高级弹力线：勾选该复选框后，下面的数值设置才有效。
- 添加弹力线：在"权重和弹力线"子对象级别中，在当前选择的顶点上增加更多的弹力线。
- 选项：用于设置要添加的弹力线类型。单击该按钮后，出现弹力线的选择对话框，里面提供了 5 种弹力线类型，如图 8-57 所示。
- 移除弹力线：用于在"权重和弹力线"子对象级别中删除选择点的全部弹力线。
- 拉伸强度：用于设置边界弹力线的强度。值越大，产生变化的距离越小。
- 拉伸倾斜：用于设置边界弹力线的摆度。值越大，产生变化的角度越小。
- 图形强度：用于设置形态弹力线的强度。值越大，产生变化的距离越小。
- 图形倾斜：用于设置形态弹力线的摆度。值越大，产生变化的角度越小。
- 保持长度：用于在指定的百分比内保持边界弹力线的长度。
- 显示弹力线：在视口上以蓝色的线显示出边界弹力线，以红色的线显示出弹力线。该复选框只有在柔体的子对象级模式下才能在视口上显示效果。

图 8-55

图 8-56

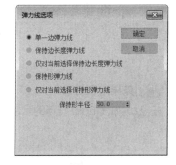
图 8-57

课堂练习——制作掉落的枫叶动画

知识要点

设置一个环境背景，创建平面作为枫叶，并创建样条线作为枫叶的运动路径，制作出枫叶掉落的效果，效果如图 8-58 所示。

图 8-58

📃 **效果所在位置**

云盘/场景/Ch08/掉落的枫叶 ok.max。

课后习题——制作摇晃的木马动画

📃 **知识要点**

使用简单的关键点动画制作摇晃的木马。通过设置旋转的轴心，设置旋转动画来完成木马摇晃的效果，效果如图 8-59 所示。

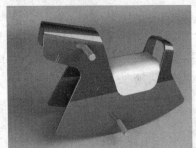

图 8-59

📃 **效果所在位置**

云盘/场景/Ch08/摇晃的木马 ok.max。

第9章
粒子系统

使用 3ds Max 2019 可以制作各种细密类型的场景特效，如下雨、下雪、礼花等。要实现这些特殊效果，粒子系统的应用是必不可少的。本章将对 3ds Max 2019 中各种类型的粒子系统进行详细讲解，读者可以通过实际的操作来加深对 3ds Max 2019 中粒子系统的认识和了解。

课堂学习目标

- ✔ 了解基本粒子系统的使用和修改方法
- ✔ 了解高级粒子系统的使用和修改方法

9.1 粒子系统基础

使用粒子制作标版动画可以展现出对象细致、灵动的魅力，下面通过一个案例来具体展示。

微课视频

课堂案例——制作被风吹散的文字效果

📒 **学习目标**

学会使用"粒子流源"和"风动力"粒子系统。

📒 **知识要点**

使用"粒子流源"和"风动力"制作吹散的文字，效果如图 9-1 所示。

制作被风吹散的
文字效果

图 9-1

📋 **效果所在位置**

云盘/场景/Ch09/吹散的文字 ok.max。

📋 **贴图所在位置**

云盘/贴图。

（1）单击"➕（创建）>◎（图形）>文本"按钮，在"前"视图中单击创建文本，在"参数"卷展栏中选择合适的字体，在"文本"中输入"星光灿烂"，如图 9-2 所示。

（2）切换到 ☑（修改）命令面板，在"修改器列表"下拉列表中选择"挤出"修改器，在"参数"卷展栏中设置"数量"为 30，如图 9-3 所示。

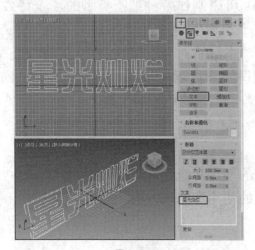

图 9-2   图 9-3

（3）单击"➕（创建）>◎（几何体）>粒子系统>粒子流源"按钮，在"前"视口中拖动创建粒子流源图标，如图 9-4 所示。

（4）在"设置"卷展栏中单击"粒子视图"按钮，弹出"粒子视图"对话框，在视口中选择"粒子流源"的"出生"事件，在右侧的"出生"卷展栏中设置"发射开始"和"发射停止"均为 0，设置"数量"为 20 000（添加），如图 9-5 所示。

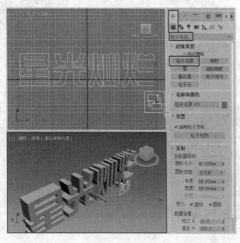

图 9-4

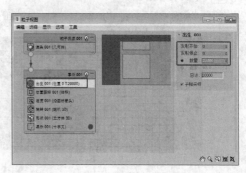

图 9-5

（5）在事件仓库中拖曳"位置对象"事件到窗口的"位置图标001"事件上，如图9-6所示，将其替换。

（6）选择"位置对象001"事件，在右侧的"位置对象"卷展栏中单击"发射器对象"列表框中的"添加"按钮，在场景中拾取文本模型，如图9-7所示。

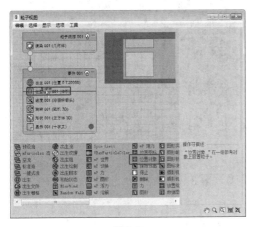
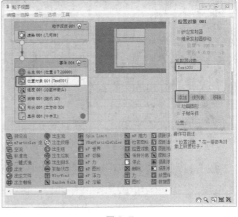

图9-6   图9-7

（7）选择"形状001"事件，在右侧的"形状"卷展栏中选择3D，设置"大小"为3，如图9-8所示。

（8）选择"速度001"事件，在右侧的"速度"卷展栏设置"速度"和"变化"，选择"方向"为"随机3D"，如图9-9所示。

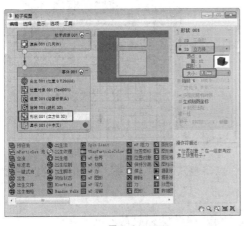
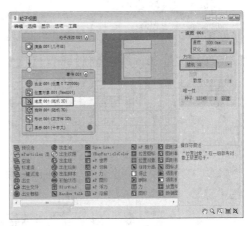

图9-8   图9-9

（9）渲染场景得到图9-10所示的效果。

（10）在事件仓库中拖曳"力"事件到粒子流事件中，如图9-11所示。

（11）单击➕（创建）>⬘（空间扭曲）>风"按钮，在场景中创建风图标，在"参数"卷展栏中选择"球形"选项，如图9-12所示。

图9-10

图 9-11

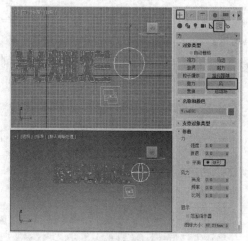

图 9-12

（12）打开"粒子视图"对话框，从中选择"力 001"事件，在右侧的"力"卷展栏中单击"添加"按钮，在场景中拾取风空间扭曲，如图 9-13 所示。

（13）在场景中调整风空间扭曲图形的位置，如图 9-14 所示。

图 9-13

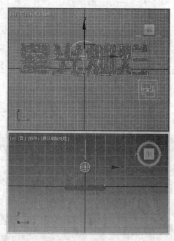

图 9-14

（14）打开"自动关键点"，确定时间滑块处于 0 帧，在场景中选择风空间扭曲，在"参数"卷展栏中设置"强度""衰退""湍流""频率"和"比例"均为 0，如图 9-15 所示。

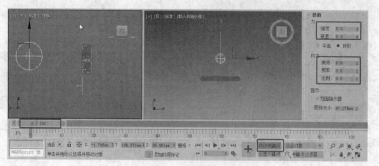

图 9-15

（15）拖动时间滑块到 30 帧，在"参数"卷展栏中设置"强度""衰退""湍流""频率"和"比例"均为 0，如图 9-16 所示。

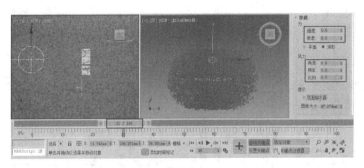

图 9-16

（16）拖动时间滑块到 31 帧，在"参数"卷展栏中设置"强度"为 1，"衰退"为 0，"湍流"为 1.74，"频率"为 0.7，"比例"为 2.14，如图 9-17 所示。

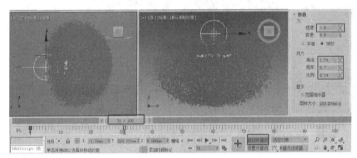

图 9-17

（17）打开材质编辑器，选择一个新的材质样本球，设置"环境光"和"漫反射"的颜色为白色，设置自发光"颜色"为 100，如图 9-18 所示。

（18）打开"粒子视图"对话框，在事件仓库中拖动"材质静态"到粒子事件中。选择该事件，在"材质静态"卷展栏中单击灰色按钮，在弹出的"材质/贴图浏览器"中选择"示例窗"，从中选择设置的材质，如图 9-19 所示。

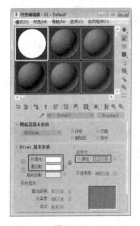

图 9-18

图 9-19

（19）在场景中鼠标右击文本模型，在弹出的快捷菜单中选择"对象属性"命令，弹出"对象属性"对话框，取消勾选"可渲染"复选框，如图 9-20 所示。

（20）在场景中调整合适的"透视"角度，按"Ctrl+C"组合键，创建摄影机，如图 9-21 所示。

（21）按"8"键，打开"环境和效果"对话框，为环境贴图指定"位图"贴图，如图 9-22 所示。

图 9-20

图 9-21

图 9-22

（22）将环境贴图拖曳到空白样本球上，以"实例"的方式复制贴图，在"坐标"卷展栏中选择"环境"后的"贴图"类型为"屏幕"，如图 9-23 和图 9-24 所示。

（23）测试一下场景，如果对场景中的粒子不满意可以重新进入"粒子视图"对话框对其进行调整，如调整数量，如图 9-25 所示。

图 9-23

图 9-24

图 9-25

（24）修改一下粒子的材质，可以为其设置材质参数的动画，如图 9-26 所示，最终将其渲染输出。可以在后期视频处理的软件中对其设置一个比较"炫"的效果，这里就不详细介绍了。

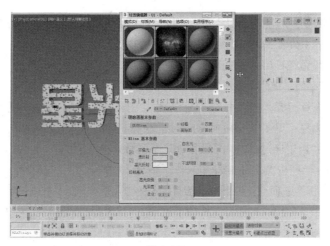

图 9-26

9.2 粒子系统的应用

9.2.1 粒子流源

"粒子流源"系统是一种时间驱动型的粒子系统，使用它可以自定义粒子的行为，设置寿命、碰撞和速度等测试条件，每一个粒子根据其测试结果会产生相应的状态和形状。下面介绍"粒子流源"系统的参数及其功能。

（1）"发射"卷展栏（见图 9-27）中的选项功能如下。

① "发射器图标"选项组：在该选项组中可设置发射器图标属性。

● 徽标大小：通过设置发射器的半径指定粒子的徽标大小。

● 图标类型：可从下拉列表中选择图标类型，图标类型影响粒子的反射效果。

图 9-27

● 长度：用于设置图标的长度。

● 宽度：用于设置图标的宽度。

● 高度：用于设置图标的高度。

● 显示：是否在视口中显示"徽标"和"图标"。

② "数量倍增"选项组：可在其中设置数量显示。

● 视口%：在场景中显示的粒子百分数。

● 渲染%：用于渲染的粒子百分数。

（2）"系统管理"卷展栏（见图 9-28）中的选项功能如下。

① "粒子数量"选项组：使用此设置可限制系统中的粒子数，以及指定更新系统的频率。

● 上限：系统可以包含粒子的最大数目。

② "积分步长"选项组：此组中的设置用户可以在渲染时对视口中的粒子

图 9-28

动画应用不同的积分步长。对于每个积分步长，粒子流都会更新粒子系统，将每个活动动作应用于其事件中的粒子。较小的积分步长可以提高精度，却需要较多的计算时间。

- 视口：用于设置在视口中播放的动画的积分步长。
- 渲染：用于设置渲染时的积分步长。

切换到"修改"命令面板，"修改"参数面板中会出现"选择""脚本"卷展栏。

（3）"选择"卷展栏（见图9-29）中的选项功能如下。

图9-29

- 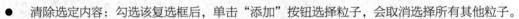（粒子）：用于通过单击粒子或拖动一个区域来选择粒子。
- （事件）：用于按事件选择粒子。

①"按粒子ID选择"选项组：每个粒子都有唯一的ID号，从第1个粒子使用1开始，并递增计数。使用这些控件可按粒子ID号选择和取消选择粒子（仅适用于"粒子"选择级别）。

- ID：用于设置要选择的粒子的ID号。每次只能设置一个数字。
- 添加：设置完要选择的粒子的ID号后，单击"添加"按钮，可将其添加到选择中。
- 移除：设置完要取消选择的粒子的ID号后，单击"移除"按钮，可将其从选择中移除。
- 清除选定内容：勾选该复选框后，单击"添加"按钮选择粒子，会取消选择所有其他粒子。
- 从事件级别获取：单击该按钮，可将"事件"级别选择转化为"粒子"级别。仅适用于"粒子"级别。

②"按事件选择"选项组：该选项组中的列表框显示了粒子流中的所有事件，并高亮显示选定的事件。要选择所有事件的粒子，可单击其选项或使用标准视口选择方法。

图9-30

（4）"脚本"卷展栏（见图9-30）中的选项功能如下。

①"每步更新"选项组："每步更新"脚本在每个积分步长的末尾、计算完粒子系统中所有动作后和所有粒子最终在各自的事件中时进行计算。

- 启用脚本：勾选该复选框后，可打开具有当前脚本的文本编辑器窗口。
- 编辑：单击"编辑"按钮将弹出"打开"对话框。
- 使用脚本文件：勾选该复选框后，可以通过单击下面的"无"按钮加载脚本文件。
- 无：单击该按钮可弹出"打开"对话框，指定要从磁盘加载的脚本文件。

②"最后一步更新"选项组：当完成所查看（或渲染）的每帧的最后一个积分步长后，执行"最后一步更新"脚本。例如，在关闭实时的情况下，如果在视口中播放动画，则在粒子系统渲染到视口之前，粒子流会立即按每帧运行此脚本。但是，如果只是跳转到不同帧，则脚本只运行一次。因此如果脚本采用某一历史记录，就可能获得意外结果。

9.2.2 喷射

"喷射"粒子系统发射垂直的粒子流，粒子可以是四面体尖锥，也可以是四方形面片。这种粒子系统参数较少，易于控制，使用起来很方便。

单击"（创建）>（几何体）>粒子系统>喷射"按钮，按住鼠标左键并拖动鼠标即可在视口中创建一个"喷射"粒子系统。

"喷射"的"参数"卷展栏（见图9-31）中的选项功能如下。

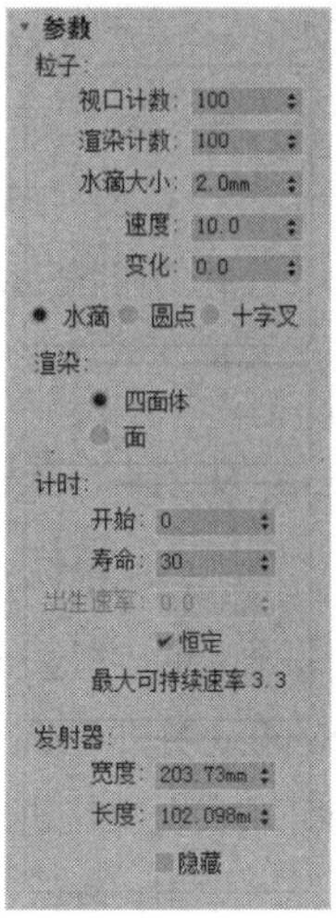

1. "粒子"选项组

● 视口计数：用于设置在视口上显示出的粒子数量。

提 示	将视口中的显示数量设置为少于"渲染计数"，可以提高视口的性能。

● 渲染计数：用于设置最后渲染时可以同时出现在一帧中的粒子的最大数量，它与"计时"选项组中的参数组合使用。

● 水滴大小：用于设置渲染时每个粒子的大小。

● 速度：用于设置粒子从发射器流出时的初速度，它将保持匀速不变，只有增加了粒子空间扭曲，它才会发生变化。

图 9-31

● 变化：可影响粒子的初速度和方向，值越大，粒子喷射得越猛烈，喷洒的范围也越大。

● 水滴/圆点/十字叉：用于设置粒子在视口中的显示状态。"水滴"是一些类似雨滴的条纹，"圆点"是一些点，"十字叉"是一些小的加号。

2. "渲染"选项组

● 四面体：以四面体（尖三棱锥）作为粒子的外形进行渲染，常用于表现水滴。

● 面：以正方形面片作为粒子外形进行渲染，常用于有贴图设置的粒子。

3. "计时"选项组

● 开始：用于设置粒子从发射器喷出的帧号，可以是负值，表示在0帧以前已开始。

● 寿命：用于设置每个粒子从出现到消失所存在的帧数。

● 出生速率：用于设置每一帧新粒子产生的数目。

● 恒定：勾选该复选框后，"出生速率"选项将不可用，所用的出生速率等于最大可持续速率；取消勾选该复选框后，"出生速率"选项可用。

4. "发射器"选项组

● 宽度/长度：分别用于设置发射器的宽度和长度。在粒子数目确定的情况下，发射器面积越大，粒子越稀疏。

● 隐藏：勾选该复选框后，可以在视口中隐藏发射器；取消勾选该复选框后，可以在视口中显示发射器，发射器不会被渲染。

9.2.3 雪

"雪"粒子系统与"喷射"粒子系统效果类似，只是"雪"粒子的形态可以是六角形面片，用来模拟雪花，而且增加了翻滚参数，控制每一片雪片在落下的同时进行翻滚运动。

单击"➕（创建）>◉（几何体）>粒子系统>雪"按钮，按住鼠标左键并拖动鼠标即可在视口中创建"雪"粒子系统。

"雪"的"参数"卷展栏（见图9-32）中的选项功能如下。

因为"雪"粒子系统与"喷射"粒子系统的参数基本相同，所以下面仅对不同的参数进行介绍。

- 雪花大小：用于设置渲染时每个粒子的大小。
- 翻滚：雪花粒子的随机旋转量。此参数可以是 0~1。设置为 0 时，雪花不旋转；设置为 1 时，雪花旋转最多。每个粒子的旋转轴随机生成。
- 翻滚速率：雪花旋转的速度，值越大，翻滚得越快。
- 六角形：以六角形面进行渲染，常用于表现雪花。

9.2.4 暴风雪

"暴风雪"粒子系统是"雪"粒子系统的高级版本。"暴风雪"粒子系统从一个平面向外发射粒子流，与"雪"粒子系统相似，但功能更为复杂，"暴风雪"的名称并非强调它的猛烈，而是指它的功能强大，不仅用于普通雪景的制作，还可以表现火花迸射、气泡上升、开水沸腾、满天飞花和烟雾升腾等特殊效果。

单击"＋（创建）>⬤（几何体）>粒子系统>暴风雪"按钮，按住鼠标左键并拖动鼠标即可在视口中创建"暴风雪"粒子系统。下面介绍其各项参数及功能。

图 9-32

1. "基本参数"卷展栏

"基本参数"卷展栏（见图 9-33）中的选项功能如下。

- 宽度/长度：用于设置发射器平面的长宽值，即确定粒子发射器覆盖的面积。
- 发射器隐藏：用于设置是否将发射器图标隐藏。
- 视口显示：用于设置在视口中粒子以哪种方式进行显示，这和最后的渲染效果无关，其中包括"圆点""十字叉""网格"和"边界框"。

2. "粒子生成"卷展栏

"粒子生成"卷展栏（见图 9-34）中的选项功能如下。

（1）"粒子数量"选项组

- 使用速率：该单选按钮下的参数值决定了每一帧粒子产生的数目。
- 使用总数：该单选按钮下的参数值决定在系统整个生命周期中产生粒子的总数目。

（2）"粒子运动"选项组

- 速度：用于设置在粒子生命周期内粒子每一帧的运行距离。
- 变化：为每一个粒子发射的速度指定一个百分比变化量。
- 翻滚：用于设置粒子随机旋转的数量。
- 翻滚速率：用于设置粒子旋转的速度。

（3）"粒子计时"选项组

- 发射开始：用于设置粒子从哪一帧开始出现在场景中。
- 发射停止：用于设置粒子最后被发射出的帧号。

图 9-33   图 9-34

- 显示时限：用于设置到多少帧时，粒子将不显示在视口中，这不影响粒子的实际效果。
- 寿命：用于设置每个粒子诞生后的生存时间。
- 变化：用于设置每个粒子寿命的变化百分比值。

（4）"子帧采样"选项组

该选项组用于避免粒子在普通帧计数下产生"肿块"，而不能完全打散。

- 创建时间：在时间上增加偏移处理，以避免时间上的肿块堆集。
- 发射器平移：如果发射器本身在空间中有移动变化，可以避免产生移动中的肿块堆集。
- 发射器旋转：如果发射器在发射时自身进行旋转，勾选该复选框可以避免肿块，并且产生平稳的螺旋效果。

（5）"粒子大小"选项组

- 大小：用于设置粒子的尺寸大小。
- 变化：用于设置每个可进行尺寸变化的粒子的尺寸变化百分比。
- 增长耗时：用于设置粒子从尺寸极小变化到尺寸正常所经历的时间。
- 衰减耗时：用于设置粒子从正常尺寸萎缩到消失的时间。
- 新建：随机指定一个种子数。
- 种子：使用后面的数值框指定种子数。

3. "粒子类型"卷展栏

"粒子类型"卷展栏（见图 9-35）中的选项功能如下。

（1）"粒子类型"选项组：提供了 3 种粒子类型的选择方式。只有当前选择类型的分项目才能变为有效控制，其余的以灰色显示。对每一个粒子阵列，只允许设置为一种类型的粒子，但允许用户将多个粒子阵列绑定到同一个目标对象上，这样就可以产生不同类型的粒子了。

（2）"标准粒子"选项组：提供了 8 种特殊基本几何体作为粒子，分别为"三角形""立方体""特殊""面""恒定""四面体""六角形"和"球体"。

图 9-35

（3）"变形球粒子参数"选项组：在"粒子类型"选项组中单击"变形球粒子"单选按钮后，即可对"变形球粒子参数"选项组中的参数进行设置。

- 张力：用于控制粒子球的紧密程度，值越大，粒子越小，也就越不易融合；值越小，粒子越大，也就越粘滞，不易分离。
- 变化：可影响张力的变化值。
- 计算粗糙度：粗糙度可控制每个粒子的细腻程度，系统默认为"自动粗糙"处理，以加快显示速度。
- 渲染：用于设定最后渲染时的粗糙度，值越小，粒子球越平滑，否则会变得有棱角。
- 视口：用于设置显示时看到的粗糙程度，这里一般设得较高，以保证屏幕的正常显示速度。
- 自动粗糙：根据粒子的尺寸，在 1/4 到 1/2 尺寸之间自动设置粒子的粗糙程度。"视口"粗糙度会设置为渲染粗糙度的 2 倍。
- 一个相连的水滴：勾选该复选框后，使用一种只对相互融合的粒子进行计算和显示的简便算法。这种方式可以加速粒子的计算，但使用时应注意所有的变形球粒子应融合在一起（如一摊水），否则只能显示和渲染最主要的一部分。

（4）"实例参数"选项组：在"粒子类型"选项组中单击"实例几何体"单选按钮后，即可对"实例参数"选项组中的参数进行设置。

- 拾取对象：单击该按钮，在视口中选择一个对象，可以将它作为一个粒子的源对象。
- 使用子树：如果选择的对象有连接的子对象，勾选该复选框，可以将子对象一起作为粒子的源对象。

"动画偏移关键点"组用于选择偏移关键点的位置。

- 无：不产生动画偏移，即每一帧场景中产生的所有粒子在这一帧都与源对象在这一帧时的动画效果相同。例如一个球体源对象，自身从 0~30 帧产生一个压扁动画，那么在 20 帧，所有这时可看到的粒子都与此时的源对象具有相同的压扁效果，选中每一个新出生的粒子都继承这一帧时源对象的动作，作为初始动作。
- 出生：每个粒子从自身诞生的帧数开始，发生与源对象相同的动作。
- 随机：根据"帧偏移"，设置起始动画帧的偏移数，当值为 0 时，与"无"的结果相同；否则，粒子的运动将根据"帧偏移"的参数值产生随机偏移。
- 帧偏移：用于指定相对于源对象的当前计时的偏移值。

（5）"材质贴图和来源"选项组的常用选项如下。

- 发射器适配平面：选中该单选按钮后，将对发射平面进行贴图坐标的指定，贴图方向垂直于发射方向。
- 时间：通过其下的数值指定从粒子诞生后多少帧将一个完整贴图贴在粒子表面。
- 距离：通过其下的数值指定粒子诞生后间隔多少帧将完成一次完整的贴图。
- 材质来源：单击该按钮，可更新粒子的材质。
- 图标：使用当前系统指定给粒子的图标颜色。
- 实例几何体：使用粒子的源对象材质。

4. "旋转和碰撞"卷展栏

"旋转和碰撞"卷展栏（见图 9-36）中的选项功能如下。

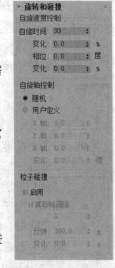

（1）"自旋速度控制"选项组

- 自旋时间：用于控制粒子自身旋转的节拍，即一个粒子进行一次自旋需要的时间。值越大，自旋越慢，当值为 0 时，不发生自旋。
- 变化：用于设置自旋时间变化的百分比值。
- 相位：用于设置粒子诞生时的旋转角度。它对碎片类型无意义，因为它们总是由 0° 开始分裂。
- 变化：用于设置相位变化的百分比值。

（2）"自旋轴控制"选项组

- 随机：可随机为每个粒子指定自旋轴向。
- 用户定义：用户可通过下方的 3 个轴向数值框自行设置粒子沿各轴向进行自旋的角度。
- 变化：用于设置 3 个轴向自旋设定的变化百分比值。

图 9-36

（3）"粒子碰撞"选项组

- 启用：勾选该复选框后，才会进行粒子之间如何碰撞的计算。

- 计算每帧间隔：用于设置在粒子碰撞过程中每次渲染的间隔。数值越大，模仿越准确，速度越慢。
- 反弹：用于设置碰撞后恢复的速率。
- 变化：用于设置粒子碰撞变化的百分比值。

5. "对象运动继承"卷展栏

"对象运动继承"卷展栏（见图 9-37）中的选项功能如下。

图 9-37

- 影响：当发射器有移动动画时，此影响值决定粒子的运动情况，值为 100 时，粒子会在发射后仍保持与发射器相同的速度，在自身发散的同时，跟随发射器进行运动，形成动态发散效果；当值为 0 时，粒子发散后会马上与目标对象脱离关系，自身进行发散，直到消失，产生边移动边脱落粒子的效果。
- 倍增：用来加大移动目标对象对粒子造成的影响。
- 变化：用于设置"倍增"参数的变化百分比值。

6. "粒子繁殖"卷展栏

"粒子繁殖"卷展栏（见图 9-38）中的选项功能如下。

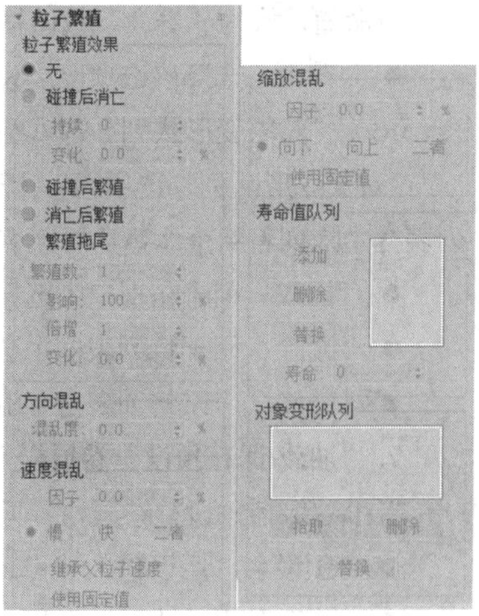

（1）"粒子繁殖效果"选项组

- 无：该单选按钮用于控制整个繁殖系统的开关。
- 碰撞后消亡：粒子在碰撞到绑定的空间扭曲对象后消亡。
- 持续：用于设置粒子在碰撞后持续的时间。默认为 0，即碰撞后立即消失。
- 变化：用于设置每个粒子持续变化的百分比值。
- 碰撞后繁殖：粒子在碰撞到绑定的空间扭曲对象后，按"繁殖数"进行繁殖。
- 消亡后繁殖：粒子在生命结束后按"繁殖数"进行繁殖。
- 繁殖拖尾：粒子在经过每一帧后，都会产生一个新个体，沿其运动轨迹继续运动。
- 繁殖数：用于设置一次繁殖产生的新个体数目。
- 影响：用于设置在所有粒子中，有多少百分比的粒子发生繁殖。此值为 100 时，表示所有的粒子都会进行繁殖。
- 倍增：按数目设置繁殖数的成倍增长。注意当此值增大时，成倍增长的新个体会相互重叠，只有进行了方向与速率等参数的设置，才能将它们分离开。
- 变化：用于指定"倍增"值在每一帧发生变化的百分比值。

（2）"方向混乱"选项组

- 混乱度：用于设置新个体在其父粒子方向上的变化值，当值为 0 时，不发生方向变化；值为 100 时，它们会以任意随机方向运动；值为 50 时，它们的运动方向与父粒子的路径最大呈 90° 角。

（3）"速度混乱"选项组

- 因子：用于设置新个体相对于父粒子的速度百分比变化范围，值为 0 时，不发生速度改变，否则会依据其下的 3 种方式进行速度的改变。

图 9-38

- 慢/快/二者：随机减慢或加快新个体的速度，或是一部分减慢速度，一部分加快速度。
- 继承父粒子速度：新个体在继承父粒子速度的基础上进行速率变化，形成拖尾效果。
- 使用固定值：勾选该复选框后，"因子"设置的范围将变为一个恒定值来影响新个体，产生规则的效果。

（4）"缩放混乱"选项组

- 因子：设置新个体相对于父粒子尺寸的百分比缩放范围，依据其下的3种方向进行改变。
- 向下/向上/二者：随机缩小或放大新个体的尺寸，或者是一部分放大，一部分缩小。
- 使用固定值：勾选该复选框后，设置的范围将变为一个恒定值来影响新个体，产生规则的缩放效果。

（5）"寿命值队列"选项组

"寿命值队列"选项组用于为产生的新个体指定一个新的寿命值，而不是继承其父粒子的寿命值。先在"寿命"数值框中输入新的寿命值，单击"添加"按钮，即可将它指定给新个体，其值也出现在右侧列表框中；"删除"按钮可以将在列表框中选择的寿命值删除；"替换"按钮可以将列表框中选择的寿命值替换为"寿命"数值框中的值。

- 寿命：选择该选项可以设置一个值，然后单击"添加"按钮将该值加入上方的列表框。

（6）"对象变形队列"选项组

"对象变形队列"选项组：用于制作父粒子造型与新指定的繁殖新个体造型之间的变形。其下的列表框中陈列着新个体替身对象名称。

- 拾取：用于在视口中选择要作为新个体替身对象的几何体。
- 删除：用于将列表框中选择的替身对象删除。
- 替换：可以将列表框中的替身对象与在视口中选取的对象替换。

7. "加载/保存预设"卷展栏

"加载/保存预设"卷展栏（见图9-39）中的选项功能如下。

- 预设名：用于输入名称。
- 保存预设：其列表框中提供了几种预置参数，其中包括"blizzard"（暴风雪）、"rain"（雨）、"mist"（薄雾）和"snowfall"（降雪）。
- 加载：单击该按钮，可以将列表框中选择的设置调出。
- 保存：用于将当前设置保存，其名称会出现在设置列表中。
- 删除：用于将当前列表中选中的设置删除。

图9-39

9.2.5　超级喷射

"超级喷射"粒子系统可从一个点向外发射粒子流，产生线性或锥形的粒子群形态。在其他的参数控制上，其与"粒子阵列"几乎相同，即可以发射标准基本体，还可以发射其他替代对象。通过参数控制，可以实现喷射、拖尾、拉长、气泡晃动、自旋等多种特殊效果，常用来制作飞机喷火、潜艇喷水、机枪扫射、水管喷水、喷泉、瀑布等特效。它的功能比较复杂，下面就来详细介绍。

"超级喷射"粒子系统的"基本参数"卷展栏（见图9-40）中的选项功能如下。

图9-40

（1）"粒子分布"选项组

● 轴偏离：用于设置粒子与发射器中心 z 轴的偏离角度，产生斜向的喷射效果。

● 扩散：用于设置在 z 轴方向上，粒子发射后散开的角度。

● 平面偏离：用于设置粒子在发射器平面上的偏离角度。

● 扩散：用于设置在发射器平面上，粒子发射后散开的角度，产生空间的喷射。

（2）"显示图标"选项组

● 图标大小：用于设置发射器图标的大小尺寸，它对发射效果没有影响。

● 发射器隐藏：用于设置是否将发射器图标隐藏。被隐藏的发射器图标即使在屏幕上也不会被渲染出来。

（3）"视口显示"选项组

"视口显示"选项组用于设置在视口中粒子以何种方式进行显示，这和最后的渲染效果无关。

● 粒子数百分比：用于设置粒子在视口中显示数量的百分比，如果全部显示可能会降低显示速度，因此建议将此值设小，近似看到大致效果即可。

在"加载/保存预设"卷展栏中提供了几种预置参数："Bubbles"（泡沫）、"Fireworks"（礼花）、"Hose"（水龙）、"Shockwave"（冲击波）、"Trail"（拖尾）、"Welding Sparks"（电焊火花）和"Default"（默认），如图 9-41 所示。

在本节没有介绍到的参数设置，可以参见其他粒子系统的参数设置，其功能大都相似。

图 9-41

9.2.6　粒子阵列

"粒子阵列"粒子系统以一个三维对象作为分布对象，从它的表面向外发散出粒子阵列。分布对象对整个粒子宏观的形态起决定作用；粒子可以是标准基本体，也可以是其他替代对象，还可以是分布对象的外表面。

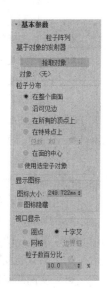

（1）"粒子阵列"粒子系统的"基本参数"卷展栏（见图 9-42）中的选项功能如下。

① "基于对象的发射器"选项组

● 拾取对象：单击该按钮，可以在视口中选择要作为分布对象的对象。

● 对象：当在视口中选择了对象后，在这里会显示出对象的名称。

② "粒子分布"选项组

● 在整个曲面：用于在整个发射器对象表面随机地发射粒子。

● 沿可见边：用于在发射器对象可见的边界上随机地发射粒子。

● 在所有的顶点上：用于从发射器对象每个顶点上发射粒子。

● 在特殊点上：用于指定从发射器对象所有顶点中随机选择的若干个顶点上发射粒子，顶点的数目由"总数"决定。

图 9-42

● 总数：在单击"在特殊点上"单选按钮后，用于指定使用的发射器点数。

● 在面的中心：用于从发射器对象每一个面的中心发射粒子。

● 使用选定子对象：使用网格对象和一定范围的面片对象作为发射器。可以通过"编辑网格"

等修改器的帮助，选择自身的子对象来发射粒子。

③ "显示图标"选项组

● 图标大小：用于设置系统图标在视口中显示的尺寸大小。

● 图标隐藏：用于设置是否将系统图标隐藏。

④ "视口显示"选项组

在"视口显示"选项组中可设置粒子在视口中的显示方式，包括"圆点""十字叉""网格"和"边界框"，与最终渲染的效果无关。

● 粒子数百分比：用于设置粒子在视口中显示数量的百分比，如果全部显示可能会降低显示速度，因此建议将此值设小，近似看到大致效果即可。

（2）"粒子生成"卷展栏中的"散度"选项用于设置每一个粒子的发射方向相对于发射器表面法线的夹角，可以在一定范围内波动，该值越大，发射的粒子束越集中，反之则越分散。

（3）在"粒子类型"卷展栏中的"粒子类型"选项组中提供了4种粒子类型选择方式，如图9-43所示。在该选项组下方是4种粒子类型的各自分项目，只有当前选择类型的分项目才能变为有效控制，其余的分项目以灰色显示。对每一种粒子阵列，只允许设置一种类型的粒子，但允许将多个粒子阵列绑定到同一个分布对象上，这样就可以产生不同类型的粒子了。

① "对象碎片控制"选项组

● 厚度：用于设置碎片的厚度。

● 所有面：用于将分布在对象上的所有三角面分离，"炸"成碎片。

● 碎片数目：通过其下的"最小值"数值框设置碎片的块数。值越小，碎块越少，每个碎块也越大。当要表现坚固、大的对象碎裂时（如山崩等），值应偏小；当要表现粉碎性很高的炸裂时，值应偏高。

● 平滑角度：根据对象表面平滑度进行面的分裂，其下的"角度"值用来设定角度值，值越小，对象表面分裂越碎。

② "材质贴图和来源"选项组

● 时间：通过数值指定自从粒子诞生后间隔多少帧将一个完整贴图贴在粒子表面。

● 距离：通过数值指定粒子诞生后间隔多少帧将完成一次完整的贴图。

● 材质来源：单击该按钮，可以更新粒子的材质。

● 图标：使用当前系统指定给粒子的图标颜色。

● 拾取的发射器：粒子系统使用分布对象的材质。

● 实例几何体：使用粒子的替身几何体材质。

③ "碎片材质"选项组

● 外表面材质 ID：外表面材质 ID 号。

● 边 ID：边材质 ID 号。

● 内表面材质 ID：内表面材质 ID 号。

图 9-43

（4）"旋转和碰撞"卷展栏（见图9-44）中的选项功能如下。

- 运动方向/运动模糊：以粒子发射的方向作为其自身的旋转轴向，这种方式会产生放射状粒子流。

- 拉伸：沿粒子发射方向拉伸粒子的外形，拉伸强度会依据粒子速度的不同而变化。

（5）"气泡运动"卷展栏（见图 9-45）中的选项功能如下。

图 9-45

- 幅度：用于设置粒子因晃动而偏出其路径轨迹线的距离。

- 变化：用于设置每个粒子幅度变化的百分比值。

- 周期：用于设置一个粒子沿着波浪曲线完成一次晃动所需的时间。

- 变化：用于设置每个粒子"周期"变化的百分比值。

- 相位：用于设置粒子在波浪曲线上最初的位置。

- 变化：用于设置每个粒子"相位"变化的百分比值。

图 9-44

图 9-46

（6）"加载/保存预设"卷展栏（见图9-46）中的选项功能如下。

下面是系统提供的几种预置参数。

"Bubbles"（泡沫）、"Comet"（彗星）、"Fill"（填充）、"Geyser"（间歇喷泉）、"Shell Trail"（热水锅炉）、"Shimmer Trail"（弹片拖尾）、"Blast"（爆炸）、"Disintigrate"（裂解）、"Pottery"（陶器）、"Stable"（稳定的）、"Default"（默认）。

在本节中没有介绍到的参数设置，可以参见其他粒子系统的参数设置，其功能大都相似。

提示

当粒子碰撞、导向板绑定和气泡运动同时使用时，可能会产生粒子浸过导向板的计算错误。为了解决这种问题，可以用动画贴图模仿气泡运动。方法是先制作一个气泡在图中晃动的运动贴图，然后将粒子类型设置为正方形面，最后将运动材质指定给粒子系统。

9.2.7 课堂案例——制作星球爆炸效果

学习目标

学会使用"粒子阵列"粒子系统。

知识要点

使用"粒子阵列"中"Blast"参数的制作星球爆炸效果，效果如图9-47所示。

素材所在位置

云盘/场景/Ch09/星球.max。

效果所在位置

云盘/场景/Ch09/星球爆炸 ok.max。

贴图所在位置

云盘/贴图。

微课视频

制作星球爆炸效果

图 9-47

（1）打开"星球.max"素材文件，单击"➕（创建）>◉（几何体）>粒子系统>粒子阵列"按钮，如图 9-48 所示，在"基本参数"卷展栏中单击"拾取对象"按钮。

（2）在"加载/保存预设"卷展栏中选择"Blast"，单击"加载"按钮，加载爆炸效果，如图 9-49 所示。

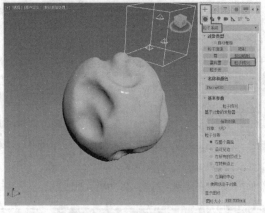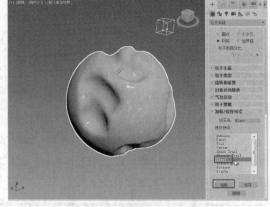

图 9-48　　　　　　　　　　　　　　　　　　图 9-49

（3）在"粒子类型"卷展栏中单击"材质来源"按钮。单击该按钮可以设置粒子材质为拾取的对象的材质，如图 9-50 所示。

（4）将原始模型进行隐藏，如图 9-51 所示，然后拖动时间滑块观看动画效果，最后将动画进行渲染输出。

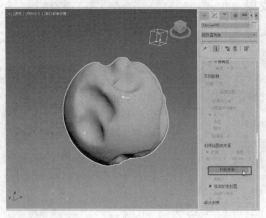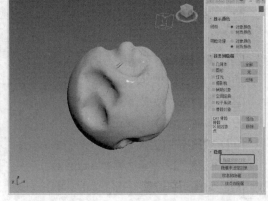

图 9-50　　　　　　　　　　　　　　　　　　图 9-51

9.2.8 粒子云

如果希望使用"云"粒子填充特定的体积,使用"粒子云"粒子系统最合适。"粒子云"系统可以创建一群鸟、一个星空或一队在地面行军的士兵。

具体参数可以参考上面粒子系统的参数介绍。

课堂练习——制作下雪动画

📋 知识要点

创建"雪"粒子系统并修改参数制作出下雪动画,效果如图 9-52 所示。

📋 效果所在位置

云盘/场景/Ch09/下雪 ok.max。

图 9-52

微课视频

制作下雪动画

课后习题——制作气泡效果

📋 知识要点

创建"超级喷射"粒子系统并修改参数制作出水中的气泡效果。效果如图 9-53 所示。

📋 效果所在位置

云盘/场景/Ch09/气泡 ok.max。

图 9-53

微课视频

制作气泡效果

第 10 章
常用的空间扭曲

　　"空间扭曲"是 3ds Max 2019 为物体制作特殊效果动画的一种方式，可以将其想象为一个作用区域，它在这个区域创建力场，对区域内的对象产生影响，使对象发生形变，区域外的其他物体则不受影响。空间扭曲的功能与修改器有些类似，不过空间扭曲改变的是场景空间，而修改器改变的是对象。本章将介绍几种常用的空间扭曲。

课堂学习目标

- ✔ 掌握 "力" 空间扭曲的设置方法
- ✔ 掌握 "几何/可变形" 空间扭曲的设置方法
- ✔ 掌握 "导向器" 空间扭曲的设置方法

10.1　"力"空间扭曲

　　空间扭曲可以模拟自然界的各种动力效果，如重力、风力、爆发力、干扰力等。空间扭曲对象是一类在场景中影响其他物体的不可渲染的对象，它们能够创建力场，使其他对象发生变形，可以创建涟漪、波浪、强风等效果。图 10-1 所示为被空间扭曲变形的表面。

图 10-1

10.1.1　课堂案例——制作旋风中的落叶动画

📖 学习目标

学会使用"旋涡"空间扭曲。

📖 知识要点

打开场景文件，在场景上创建"旋涡"空间扭曲，并将粒子系统绑定到"旋涡"上，完成旋风中的落叶的制作。完整的分镜头如图 10-2 所示。

图 10-2

📋 **原始场景所在位置**

云盘/场景/Ch10/旋风落叶.max。

📋 **效果所在位置**

云盘/场景/Ch10/旋风落叶 ok.max。

📋 **贴图所在位置**

云盘/贴图。

（1）打开"旋风落叶.max"场景，如图 10-3 所示。

（2）单击" ➕（创建）> 〰（空间扭曲）>旋涡"按钮，在场景中创建"旋涡"空间扭曲，如图 10-4 所示。

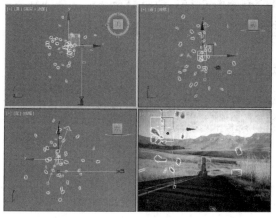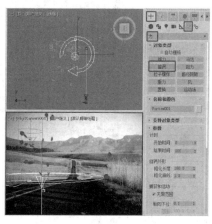

图 10-3   图 10-4

（3）在"参数"卷展栏中设置"计时"中的"开始时间"为-20，"结束时间"为30；在"捕获和运动"组中设置"轴向下拉"为 0.19，如图 10-5 所示。

（4）在工具栏中单击 〰（绑定到空间扭曲）按钮，在场景中将粒子系统绑定到"旋涡"空间扭曲上，如图 10-6 所示。

提示
将粒子系统绑定到"旋涡"空间扭曲上后，拖动事件滑块可以观看扭曲的效果，移动发射器可以产生变换，这里读者可以尝试使用。

（5）打开"自动关键点"按钮，拖动时间滑块到 100 帧，在场景中选择粒子系统和"旋涡"图标，移动 2 个对象，产生旋风移动的效果，如图 10-7 所示。

图 10-5

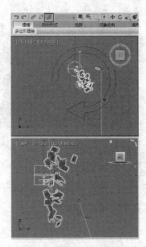

图 10-6

图 10-7

（6）最后单击"自动关键点"按钮，渲染场景动画即可。

10.1.2 重力

"重力"空间扭曲可以在粒子系统所产生的粒子上模拟自然重力效果。重力具有方向性，沿重力箭头方向的粒子加速运动，逆着重力箭头方向运动的粒子呈减速状。

其"参数"卷展栏（见图 10-8）选项功能如下。

- 强度：增加"强度"会增加重力的效果，即对象的移动与重力图标的方向箭头的相关程度。

- 衰退：设置"衰退"为 0 时，重力空间扭曲用相同的强度贯穿于整个世界空间。增大"衰退"值会导致重力强度从重力扭曲对象的所在位置开始随距离的增加而减弱。

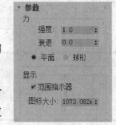

图 10-8

- 平面：重力效果垂直于贯穿场景的重力扭曲对象所在的平面。

- 球形：重力效果为球形，以重力扭曲对象为球心。选择该单选按钮能够有效创建喷泉或行星效果。

10.1.3 风

"风"空间扭曲可以模拟风吹动粒子系统所产生的吹散粒子效果。风力具有方向性，顺着风力箭头方向运动的粒子呈加速状，逆着箭头方向运动的粒子呈减速状。在球形风力情况下，运动朝向或背离图标。

"风"空间扭曲的"参数"卷展栏（见图 10-9）中的选项功能如下。

图 10-9

1. "力"选项组

- 强度：增加"强度"会增加风力效果。小于 0 的强度会产生"吸力"，它会排斥以相同方向运动的粒子，而吸引以相反方向运动的粒子。
- 衰退：设置"衰退"为 0 时，风力扭曲在整个世界空间内有相同的强度。增加"衰退"值会导致风力强度从风力扭曲对象的所在位置开始，随距离的增加而减弱。
- 平面：风力效果垂直于贯穿场景的风力扭曲对象所在的平面。
- 球形：风力效果为球形，以风力扭曲对象为球心。

2. "风力"选项组

- 湍流：使粒子在被风吹动时随机改变路线。该值越大，"湍流"效果越明显。
- 频率：当其设置大于 0 时，会使"湍流"效果随时间呈周期性变化。这种微妙的效果可能无法看见，除非绑定的粒子系统生成大量粒子。
- 比例：缩放"湍流"效果。当"比例"值较小时，"湍流"效果会更平滑，更规则；当"比例"值逐渐增大时，"湍流"效果会变得不规则、混乱。

10.1.4 旋涡

"旋涡"空间扭曲将力应用于粒子系统，使它们在急转的旋涡中旋转，然后让它们向下移动成一个长而窄的喷流或者旋涡井。旋涡在创建黑洞、涡流、龙卷风和其他漏斗状对象时非常有用。图 10-10 所示为使用旋涡制作的扭曲粒子。

"旋涡"空间扭曲的"参数"卷展栏（见图 10-11）中的选项功能如下。

1. "计时"选项组

- 开始时间/结束时间：用于指定空间扭曲变为活动及非活动状态时所处的帧编号。
- 锥化长度：用于控制旋涡的长度及其外形。

2. "旋涡外形"选项组

- 锥化曲线：用于控制旋涡的外形。小数值创建的旋涡口宽而大，而大数值创建的旋涡的边几乎呈垂直状。

3. "捕获和运动"选项组

- 无限范围：勾选该复选框时，旋涡会在无限范围内施加全部阻尼强度。禁用该复选框后，"范围"和"衰减"设置生效。
- 轴向下拉：用于指定粒子沿下拉轴方向移动的速度。

- 范围：用于指定以系统单位数表示的距"旋涡"图标中心的距离，该距离内的轴向阻尼为全效阻尼。仅在禁用"无限范围"复选框时生效。
- 衰减：用于指定在轴向范围外应用轴向阻尼的距离。轴向阻尼在距离为"范围"值所在处的强度最大，在轴向衰减界限处线性地降至最低，在超出的部分没有任何效果。
- 阻尼：用于控制平行于下落轴的粒子运动时每帧受抑制的程度，默认设置为5，范围为 0 ~ 100。
- 轨道速度：用于指定粒子旋转的速度。
- 范围：用于指定以系统单位数表示的距"旋涡"图标中心的距离，该距离内的轴向阻尼为全效阻尼。
- 衰减：用于指定在轨道范围外应用轨道阻尼的距离。
- 阻尼：用于控制轨道粒子运动时每帧受抑制的程度。较小的数值产生的螺旋较宽，而较大的数值产生的螺旋较窄。
- 径向拉力：用于指定粒子旋转距下落轴的距离。
- 范围：用于以系统单位数表示的距"旋涡"图标中心的距离，该距离内的轴向阻尼为全效阻尼。
- 衰减：用于指定在径向范围外应用径向阻尼的距离。
- 阻尼：用于控制径向拉力每帧受抑制的程度，范围为 0 ~ 100。
- 顺时针/逆时针：用于决定粒子顺时针旋转还是逆时针旋转。

图 10-10

图 10-11

10.2 "几何/可变形"空间扭曲

单击"➕（创建）>▤（空间扭曲）按钮，在空间扭曲类型中选择"几何/可变形"类型，即可列出所有的"几何/可变形"空间扭曲。

10.2.1 波浪

"波浪"空间扭曲可以在整个世界空间中创建线性波浪。它影响几何体和产生作用的方式与"波浪"修改器相同。

选择一个需要设置波浪效果的模型，使用 （绑定到空间扭曲）工具，将模型链接到"波浪"空间扭曲上，即可创建"波浪"空间扭曲。图 10-12 所示为"波浪"空间扭曲的"参数"卷展栏。其选项功能如下。

图 10-12

1. "波浪"选项组

- 振幅 1/振幅 2：振幅 1 沿着 Gizmo 的 y 轴产生正弦波，振幅 2 沿着 x 轴产生波（两种情况下波峰和波谷的方向都一致）。将值在正负之间切换将反转波峰和波谷的位置。
- 波长：以活动单位数设置每个波浪在其局部 y 轴上的长度。
- 相位：从波浪对象中央的原点开始偏移波浪的相位。整数值无效，仅小数值有效。设置该参数的波浪动画中波浪看起来像是在空间中传播。
- 衰退：当其设置为 0 时，波浪在整个世界空间中有相同的一个或多个振幅。增加"衰退"值会导致振幅从波浪扭曲对象的所在位置开始随距离的增加而减弱。默认值是 0。

2. "显示"选项组

- 边数：设置在波浪对象的局部 x 轴上的边分段数。
- 分段：设置在波浪对象的局部 y 轴上的分段数目。
- 拆分：在不改变波浪效果（"缩放"则会改变）的情况下调整"波浪"图标的大小。

10.2.2 置换

"置换"空间扭曲以力场的形式推动和重塑对象的几何外形。"置换"对几何体（可变形对象）和粒子系统都会产生影响，示例如图 10-13 所示。

"置换"空间扭曲"参数"卷展栏（见图 10-14）中的选项功能如下。

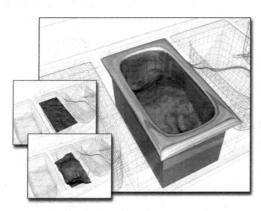

图 10-13

图 10-14

1. "置换"选项组

● 强度：设置为 0 时，"置换"空间扭曲没有任何效果；大于 0 的值会使对象几何体或粒子按偏离置换空间扭曲对象所在位置的方向发生置换；小于 0 的值会使几何体朝 Gizmo 置换。默认值为 0.0。

● 衰退：默认情况下，"置换"空间扭曲在整个世界空间内有相同的强度。增加"衰退"值会导致置换强度从置换扭曲对象的所在位置开始，随距离的增加而减弱。

● 亮度中心：默认情况下，"置换"空间扭曲通过使用中等（50%）灰色作为零置换值来定义亮度中心。大于 128 的灰色值以向外的方向（背离置换扭曲对象）进行置换，而小于 128 的灰色值以向内的方向（朝向置换扭曲对象）进行置换。

● 中心：用于调整亮度中心的默认值。

2. "图像"选项组

● 位图/贴图：单击"无"按钮，可从选择对话框中指定位图/贴图。选择完位图/贴图后，该按钮会显示出位图/贴图的名称。

● 模糊：增加该值可以模糊或柔化位图/贴图置换的效果。

3. "贴图"选项组

● 平面：从单独的平面对贴图进行投影。

● 柱形：像将其环绕在圆柱体上那样对贴图进行投影。

● 球形：从球体出发对贴图进行投影，球体的顶部和底部，即位图边缘在球体两极的交汇处均为极点。

● 收缩包裹：截去贴图的各个角，然后在一个单独的极点将它们全部结合在一起。

● 长度/宽度/高度：用于指定空间扭曲 Gizmo 的边界框尺寸（"高度"对平面贴图没有任何影响）。

● U 向平铺/V 向平铺/W 向平铺：用于指定位图在指定轴向上重复的次数。

10.2.3　爆炸

"几何/可变形"中的"爆炸"空间扭曲能把对象"炸"成许多单独的面。

例如在场景中创建一个球体，并创建"爆炸"空间扭曲，将球体绑定到爆炸空间扭曲上，拖动时间滑块即可看到爆炸效果，如图 10-15 所示。通过设置爆炸的参数可以改变爆炸效果。图 10-16 所示为"爆炸参数"卷展栏，其选项功能如下。

图 10-15

图 10-16

1. "爆炸"选项组

● 强度：用于设置爆炸力。较大的数值能使粒子飞得更远。对象离爆炸点越近，爆炸的效果越强烈。

● 自旋：用于设置碎片旋转的速率，以"转数每秒"表示。碎片的旋转也会受"混乱度"参数（使不同的碎片以不同的速度旋转）和"衰减"参数（使碎片离爆炸点越远时爆炸力越弱）的影响。

● 衰减：用于设置爆炸效果的衰减程度，以世界单位数表示。超过此处设置的距离值的碎片不受"强度"和"自旋"设置影响，但会受"重力"设置影响。

2. "分形大小"选项组

● 最小值：用于指定由"爆炸"随机生成的每个碎片的最小面数。

● 最大值：用于指定由"爆炸"随机生成的每个碎片的最大面数。

3. "常规"选项组

● 重力：用于指定由重力产生的加速度。注意重力的方向总是世界坐标系 z 轴方向。重力值可以为负。

● 混乱度：增加爆炸的随机变化，使其不太均匀。设置为 0 表示完全均匀；设置为 1 最具真实感；大于 1 的数值会使爆炸效果特别混乱。范围为 0 ~ 10。

● 起爆时间：用于指定爆炸开始的帧。在该时间之前绑定对象不受影响。

● 种子：更改该设置可以改变爆炸中随机生成的数目。在保持其他设置的同时更改"种子"可以实现不同的爆炸效果。

10.3 导向器

"导向器"空间扭曲用于为粒子导向或影响动力学系统。单击"＋（创建）> ▓（空间扭曲）> 导向器"，可从中选择"导向器"类型，如图 10-17 所示。

图 10-17

10.3.1 导向球

"导向球"空间扭曲起着球形粒子导向器的作用，如图 10-18 所示。其"基本参数"卷展栏（见图 10-19）中的选项功能如下。

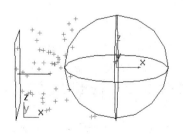

图 10-18

图 10-19

（1）"粒子反弹"选项组

● 反弹：用于指定粒子从导向球反弹的速度。

● 变化：每个粒子所能偏离"反弹"设置的量。

● 混乱度：用于指定偏离"完全反射角度"（当将"混乱度"设置为0时的角度）的变化量。设置为100（％）时，会导致反射角度的最大变化为90°。

● 摩擦：用于指定粒子沿导向球表面移动时减慢的量。数值为0时表示粒子根本不会减慢。

● 继承速度：当该值大于0时，导向球的运动会和其他设置一样对粒子产生影响。例如，要设置导向球穿过被动的粒子阵列的动画，可加大该值以影响粒子。

（2）"显示图标"选项组

● 直径：用于指定"导向球"图标的直径。该设置也会改变导向效果，因为粒子会从图标的周界上反弹。图标的缩放也会影响粒子。

10.3.2　课堂案例——制作掉落的玻璃球动画

🗒 **学习目标**

学会设置"重力"空间扭曲和"泛方向导向板"导向器。

🗒 **知识要点**

创建"平面"和"超级喷射"粒子系统，结合使用"重力"空间扭曲和"泛方向导向板"导向器，来制作散落的玻璃球，效果如图10-20所示。

🗒 **原始场景所在位置**

云盘/场景/Ch10/掉落的玻璃球.max。

🗒 **效果所在位置**

云盘/场景/Ch10/掉落的玻璃球 ok.max。

🗒 **贴图所在位置**

云盘/贴图。

微课视频

制作掉落的
玻璃球动画

图10-20

（1）首先，在"顶"视口中创建"平面"，如图10-21所示，设置合适的参数。

（2）在"顶"视口中创建"超级喷射"粒子系统，设置"超级喷射"的参数，如图10-22所示。

（3）单击" ➕（创建）> ⊗（空间扭曲）>导向器>泛方向导向板"按钮，在"顶"视口中创建与"平面"相同大小的"泛方向导向板"，如图10-23所示。

（4）在工具栏中单击 ▦（绑定到空间扭曲）按钮，在场景中将粒子绑定到"泛方向导向板"上。

（5）在场景中设置"泛方向导向板"的参数，如图10-24所示。

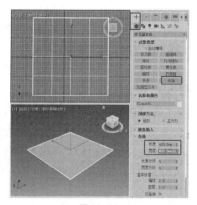

图 10-21

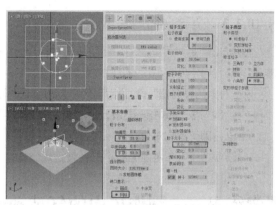

图 10-22

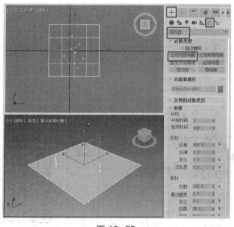

图 10-23

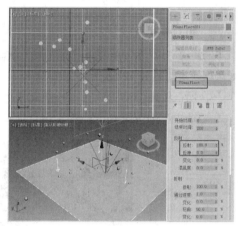

图 10-24

（6）单击"➕（创建）>〓（空间扭曲）>重力"按钮，在"顶"视口中创建重力，设置重力的参数，如图 10-25 所示。将粒子系统绑定到重力系统上，如图 10-26 所示。

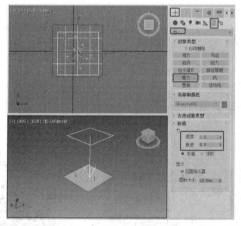

图 10-25

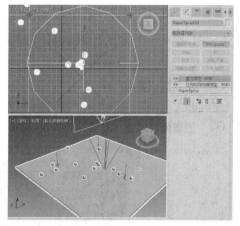

图 10-26

（7）在场景中为平面设置棋盘格效果，并为粒子指定玻璃材质，并为场景创建简单的灯光和摄影机，这里我们就不详细介绍了。

（8）完成场景后，渲染场景动画，完成制作。

10.3.3 全导向器

"全导向器"是一种能让用户使用任意对象作为粒子导向器的导向器,其"基本参数"卷展栏(见图 10-27)中的选项功能如下。

"基于对象的导向器"选项组用于指定要用作导向器的对象。

● 拾取对象:单击该按钮,然后单击要用作导向器的任何可渲染网格对象,即可添加对象。

其他选项功能可参考前面所讲的卷展栏。

图 10-27

课堂练习——制作风中的气球动画

知识要点

本例使用"风"空间扭曲制作风中的气球动画,通过旋转"风"来制作气球在空中飘忽不定的效果。静帧效果如图 10-28 所示。

所在位置

云盘/场景/Ch10/风中的气球 ok.max。

图 10-28

微课视频

制作风中的气球
动画

课后习题——制作飘动的窗帘动画

习题知识要点

使用 mColth 结合使用"风"空间扭曲制作风中飘动的窗帘动画效果。静帧效果如图 10-29 所示。

效果所在位置

云盘/场景/Ch10/飘动的窗帘 ok.max。

图 10-29

微课视频

制作飘动的窗帘
动画

11

第 11 章
效果制作及视频后期处理

通过"环境和效果"对话框可以挖制场景曝光，制作出火效果、体积雾、体积光、毛发、毛皮、模糊、运动模糊等效果，还可通过视频后期处理来制作出各种光效。

课堂学习目标

- ✔ 掌握"环境"选项卡中"公共参数"和"曝光控制"卷展栏的设置方法
- ✔ 了解"大气效果"的分类并掌握各类效果参数的设置方法
- ✔ 掌握"效果"选项卡的设置技巧
- ✔ 掌握视频后期处理的方法

11.1 "环境"选项卡简介

"环境"选项卡主要用于制作背景和大气特效，用户可以通过在菜单栏中来单击"渲染"→"环境"命令，如图 11-1 所示，或按键盘上的"8"键，打开"环境和效果"对话框，如图 11-2 所示。用户可以在对话框的"环境"选项卡中完成以下操作。

图 11-1

图 11-2

- 制作静态或变化的单色背景。
- 将图像或贴图作为背景。所有的贴图类型都可以使用，因此所制作出的效果千变万化。
- 设置环境光及环境光动画。
- 通过 3ds Max 中各种大气外挂模块，制作特殊的大气效果，包括燃烧、雾、体积雾、体积光等，同时也可以引入第三方大气模块。
- 将"曝光控制"应用于渲染。

11.1.1　公用参数

在"环境"选项卡"公用参数"卷展栏的"背景"选项组中可以设置背景贴图，在"全局照明"选项组中可以对场景中的环境光进行调节，如图 11-3 所示。

图 11-3

"公用参数"卷展栏中的选项功能如下。

（1）"背景"选项组：用于设置背景的效果。

- 颜色：通过颜色选择器指定颜色作为单色背景。
- 环境贴图：通过其下的"无"贴图按钮，可以在弹出的"材质/贴图浏览器"对话框中选择相应的贴图。
- 使用贴图：当指定贴图作为背景后，该复选框自动启用，只有将它开启，贴图才有效。

（2）"全局照明"选项组：用于对整个场景的环境光进行调节。

- 染色：对场景中的所有灯光进行染色处理。默认为白色，不产生染色处理。
- 级别：用于增强场景中全部照明的强度。值为 1 时不对场景中的灯光强度产生影响，大于 1 时整个场景的灯光强度都增强，小于 1 时整个场景的灯光强度都减弱。
- 环境光：用于设置环境光的颜色，它与任何灯光无关，不属于定向光源，类似现实生活中空气的漫射光。默认为黑色，即没有环境光照明，这样材质完全受到可视灯光的照明，同时在材质编辑器中，材质的"Ambient"属性也没有任何作用；当指定了环境光后，材质的"Ambient"属性就会根据当前的环境光设置产生影响，最明显的效果是材质的暗部不再是黑色，而是染上了这里设置的环境光色。环境光尽量不要设置得太亮，因为这样会降低图像的饱和度，使效果变得平淡而发灰。

11.1.2　曝光控制

渲染图像精度的一个受限因素是用户计算机显视器的动态范围（dynamic range）。显视器的动态范围是显视器可以产生的最高亮度和最低亮度之间的比率。一个光线较弱的房间里这种比例近似 100∶1；在一个明亮的房间里，比例接近于 30∶1；真实环境动态范围可以达到 10 000∶1 或者更大。3ds Max 的"曝光控制"功能会对显视器受限的动态范围进行补偿，对灯光亮度值进行转换，会影响渲染图像和视口显示的亮度和对比度，但它不会对场景中实际的灯光参数产生影响，只是将这些灯光的亮度值转换到一个正确的显示范围之内。

"曝光控制"是用于调整渲染的输出级别和颜色范围的插件组件。如同调整胶片曝光一样，此过程就是所谓的调色。如果渲染使用光能传递并且处理高动态范围（HDR）图像，这些控制尤其有用。

"曝光控制"可补偿计算机显示的限定动态范围，该范围的数量级通常约为 2，即显示时所显示的最明亮的颜色比最暗的颜色要亮 100 倍。相比较而言，眼睛可以感知大约 16 个数量级的动态范围。换句话说，可以感知的最亮颜色比最暗颜色亮大约 10^{16} 倍。"曝光控制"可调整颜色，使颜色可以更好地模拟眼睛的动态范围，同时仍保持在可以渲染的颜色范围。

3ds Max 包含的"曝光控制"有"自动曝光控制""线性曝光控制""对数曝光控制""物理摄影机曝光控制"和"伪彩色曝光控制"。

"曝光控制"卷展栏（见图 11-4）中的选项功能如下。

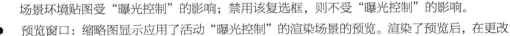

- 下拉列表：选择要使用的"曝光控制"。
- 活动：勾选该复选框，在渲染中使用该"曝光控制"；禁用该复选框，不应用该"曝光控制"。

图 11-4

- 处理背景与环境贴图：勾选该复选框，场景背景贴图和场景环境贴图受"曝光控制"的影响；禁用该复选框，则不受"曝光控制"的影响。
- 预览窗口：缩略图显示应用了活动"曝光控制"的渲染场景的预览。渲染了预览后，在更改"曝光控制"设置时将交互式更新。
- 渲染预览：单击该按钮可以渲染预览缩略图。

1. 对数曝光控制

"对数曝光控制"使用亮度、对比度、色调等，将物理值映射为 RGB 值，进行曝光控制。该选项的参数卷展栏如图 11-5 所示，其选项功能如下。

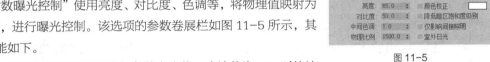

图 11-5

- 亮度：用于调整转换颜色的亮度值，当该值为 30 时的效果如图 11-6 所示。
- 对比度：用于调整转换颜色的对比度值，当将该参数调整为 10 时的效果如图 11-7 所示。
- 中间色调：用于调整中间色的色值范围，将该参数设置为 1.5 时的效果如图 11-8 所示（亮度为 50，对比度为 100）。

图 11-6　　　　　　　图 11-7　　　　　　　图 11-8

- 物理比例：用于设置"曝光控制"的物理比例，用于非物理灯光。结果是调整渲染，使其与人眼对场景的反应相同。
- 颜色修正：用于修正由于灯光颜色影响产生的视角色彩偏移。
- 降低暗区饱和度级别：一般情况下，如果环境的光线过暗，眼睛对颜色的感觉会非常迟钝，几乎分辨不出颜色的色相。通过该复选框，可以模拟出这种视觉效果。勾选该复选框后，渲染的图像看起来灰暗，当亮度值低于 5.62 英尺烛光（1 英尺烛光=10.76lx）时，调节效果就不明显了；如果亮度值小于 0.005 62 英尺烛光，场景完全为灰色。

- 仅影响间接照明：勾选该复选框，"曝光控制"仅影响间接照明区域。如果使用标准类型的灯光并勾选此复选框，"光线跟踪"和"曝光控制"将会模拟默认的扫描线渲染，产生的效果与取消勾选该复选框的效果截然不同。
- 室外日光：专门用于处理"IES Sun"灯光产生的场景照明，这种灯光会产生曝光过度的效果，必须勾选该复选框后才能校正。

2. 伪彩色曝光控制

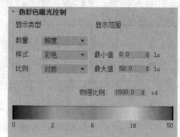

"伪彩色曝光控制"实际上是一个照明分析工具，可以使用户直观地观察和计算场景中的照明效果。"伪彩色曝光控制"是将亮度或照度值映射为显示转换值亮度的伪彩色，它的参数卷展栏如图 11-9 所示，其选项功能如下。

图 11-9

- 数量：用于选择所测量的值，其中包括"照度"和"亮度"。"照度"用于设置物体单位表面所接收光线的数量，"亮度"用于显示光线离开反射表面时的光能。
- 样式：用于选择显示值的方式。它包括"彩色"和"灰度"，其中"彩色"表示显示光谱，"灰度"显示从白色到黑色范围的灰色色调。
- 比例：用于选择用于映射值的方法。它包括"对数"和"线性"，其中"对数"是指使用对数比例，"线性"是指使用线性比例。
- 最小值：用于设置在渲染中要测量和表示的最小值。此数量或小于此数量的值将全部映射为最左端的显示颜色（或灰度级别）。
- 最大值：用于设置在渲染中要测量和表示的最大值。此数量或大于此数量的值将全部映射为最右端的显示颜色（或灰度值）。
- 物理比例：用于设置"曝光控制"的物理比例。结果是调整渲染，使其与人眼对场景的反应相同。

3. 物理摄影机曝光控制

可使用"曝光值"和"颜色-响应"曲线设置物理摄影机的曝光。图 11-10 所示为"物理摄影机曝光控制"的参数卷展栏，其选项功能如下。

（1）"物理摄影机曝光"选项组

- 使用物理摄影机控件：可在每个摄影机"曝光"卷展栏中调整"曝光控制"的效果。
- 物理摄影机 EV 补偿：用于设置物理摄影机的曝光补偿。

（2）"全局曝光"选项组

- 曝光值：用于调整全局曝光值。

（3）"白平衡"选项组

图 11-10

- 光源：用于按照标准光源设置色彩平衡。默认设置为"日光（6500K）"。
- 温度：用于以色温的形式设置色彩平衡，以开尔文度表示。
- 自定义：用于设置任意色彩平衡。单击色样以打开"颜色选择器"，可以从中设置希望使用的颜色。

- 渐晕：选择该单选按钮，渲染会模拟摄影胶片边缘的变暗效果。

（4）"图像控制"选项组

- 高光/中间调/阴影：用于调整"颜色–响应"曲线。
- 颜色饱和度：用于在渲染中更改颜色饱和度。如果值大于 1，会增加颜色饱和度；如果值小于 1，会降低颜色饱和度。默认值为 1。

（5）"物理比例"选项组

"物理比例"选项组用于设置"曝光控制"的物理比例，用于非物理灯光。结果是调整渲染，使其与人眼对场景的反应相同。

- 禁用：用于禁用物理比例。如果场景使用非光度学灯光，灯光效果可能会暗淡。
- 自定义：每个标准灯光的倍增值乘以"物理比例"值，得出灯光强度值（单位为 cd）。例如，默认的"物理比例"为 1 500，则渲染器和光能传递将标准的泛光灯当作 1 500 cd 的光度学等向灯光。"物理比例"还用于影响反射、折射和自发光。

4. 自动曝光控制

"自动曝光控制"是在渲染的效果中进行采样，然后生成一个柱状图，在渲染的整个动态范围提供良好的颜色分离。"自动曝光控制"可以增强某些照明效果，预防这些照明效果过于暗淡而看不清。其参数卷展栏如图 11–11 所示。其选项功能介绍如下。

图 11–11

- 亮度：用于调整渲染效果的颜色亮度值。
- 对比度：用于调整渲染效果的颜色对比度。

提 示 动画场景不适合使用"自动曝光控制"，因为"自动曝光控制"会在每帧产生不同的柱状图，会造成渲染的动态图像出现抖动。

- 曝光值：用于调整渲染的总体亮度，它的调整范围只能控制在 –5 ～ 5。"曝光值"相当于具有自动曝光功能摄影机中的曝光补偿。
- 物理比例：用于设置"曝光控制"的物理比例，用于非物理灯光。结果是调整渲染，使其与人眼对场景的反应相同。
- 颜色修正：如果勾选该复选框，会改变渲染效果的所有颜色。用户可以在其右侧单击颜色框，在弹出的对话框中选择相应的颜色，从而改变渲染效果的颜色。

5. 线性曝光控制

"线性曝光控制"用于对渲染图像进行采样，计算出场景的平均亮度值并将其转换成 RGB 值，适合于低动态范围的场景。它的参数类型似于"自动曝光控制"，具体请参见"自动曝光控制"的介绍。

11.2 大气效果

在 3ds Max 2019 的默认系统中提供了"火效果""雾""体积雾"和"体积光"4 种大气效果，每种大气效果都有它们自身独特的光照特性、云层形态、气象特点等。下面就来学习丰富多彩的大气效果。其参数卷展栏如图 11-12 所示，其选项功能如下。

- 添加：单击该按钮，弹出的"环境和效果"对话框中列出了 8 种大气效果，如图 11-13 所示（其中后 4 种是 VRay 渲染器插件中自带的，这里就不详细介绍了）。用户可以在该对话框中选择任意一种大气效果，选择完成后单击"确定"按钮，在"大气"卷展栏中的"效果"列表中会出现添加的大气效果，在该卷展栏的下方也会出现相应的设置项，如图 11-14 所示。

图 11-12

图 11-13

图 11-14

- 删除：可以使用该按钮删除所设置的大气效果。
- 活动：勾选该复选框后，"效果"列表中的大气效果有效；取消勾选时，则大气效果无效，但是参数仍然保留。
- 上移/下移：可以通过单击"上移""下移"按钮来调整左侧列表框中大气效果的顺序，以此来决定渲染计算的先后顺序（最下部的先进行计算）。
- 合并：单击该按钮，在弹出的对话框中可选择要合并大气效果的场景，但这样会将所有 Gizmo（线框）物体和灯光一同进行合并。
- 名称：用于显示当前选中大气效果的名称。

提示 在所有的大气效果中，除"雾"是由摄影机直接控制以外，其他 3 种大气效果都需要为其指定一个"载体"用来作为大气效果的依附对象。

11.2.1 课堂案例——制作火堆燃烧效果

学习目标

学会使用"火效果"。

知识要点

本例通过创建半球体 Gizmo，并为半球体 Gizmo 指定"火效果"，完成火堆燃烧效果，效果如图 11-15 所示。

原始场景所在位置

云盘/场景/Ch11 火堆.max。

图 11-15

📝 **效果所在位置**

云盘/场景/Ch11/火堆 ok.max。

📝 **贴图所在位置**

云盘/贴图。

（1）打开原始场景文件"火堆.max"，如图 11-16 所示。

（2）单击"➕（创建）> ◣（辅助对象）>大气装置>球体 Gizmo"按钮，在"顶"视口中创建球体 Gizmo，在"球体 Gizmo 参数"卷展栏中勾选"半球"复选框，如图 11-17 所示。

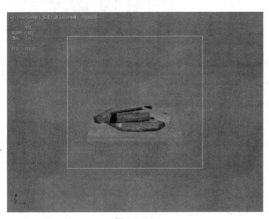

图 11-16

图 11-17

（3）在场景中复制球体 Gizmo，调整球体 Gizmo 的位置并对其进行缩放，如图 11-18 所示。

（4）按"8"键，打开"环境和效果"对话框，在"大气"卷展栏中单击"添加"按钮，添加"火效果"，如图 11-19 所示。

（5）在"火效果参数"卷展栏中单击"拾取 Gizmo"按钮，在场景中拾取球体 Gizmo。在"图形"选项组中选择"火舌"单选按钮，设置"拉伸"为 1，"规则性"为 0.2；在"特性"选项组中设置"火焰大小"为 35，"火焰细节"为 3，"密度"为 15，"采样"为 15，如图 11-20 所示。

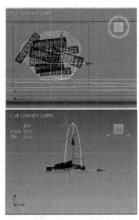

图 11-18

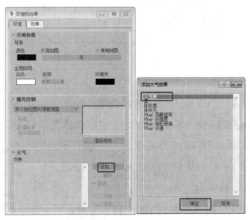

图 11-19

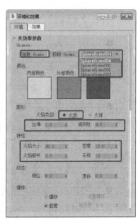

图 11-20

（6）渲染场景，观看制作效果。

11.2.2 "火效果"参数

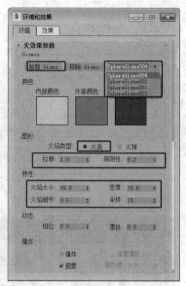

图 11-21

"火效果"是通过 Gizmo 物体确定火焰的形状，如上一节案例中的火焰就是由一组不同的 Gizmo 组成的。用户可以通过"大气"卷展栏中的"合并"按钮将其利用到其他场景中。

每个火焰效果都具备自己的参数，当在"效果"列表中选择火焰效果时，其参数设置将会在"环境和效果"对话框中显示。

"火效果参数"卷展栏（见图 11-21）中的选项功能如下。

（1）"Gizmo"选项组：用于设置 Gizmo。

● 拾取 Gizmo：单击该按钮，进入拾取模式，然后单击场景中的某个大气装置即可拾取。在渲染时，装置会显示火焰效果，装置的名称将添加到"装置"下拉列表中。

● 移除 Gizmo：用于移除 Gizmo 下拉列表中所选的 Gizmo。Gizmo 仍在场景中，但是不再显示火焰效果。

（2）"颜色"选项组：可以使用下方的 3 个色样为火焰效果设置 3 个颜色属性。

● 内部颜色：用于设置效果中最密集部分的颜色。对于典型的火焰，此颜色代表火焰中最热的部分。

● 外部颜色：用于设置效果中最稀薄部分的颜色。对于典型的火焰，此颜色代表火焰中较冷的散热边缘。

● 烟雾颜色：用于设置"爆炸"选项组的烟雾颜色。

（3）"图形"选项组：用于控制火焰效果中火焰的形状、大小和图案。

● 火舌：用于沿着中心使用纹理创建带方向的火焰。火焰方向沿着火焰装置的局部 z 轴。"火舌"工具可以创建类似篝火的火焰。

● 火球：用于创建圆形的爆炸火焰，很适合创建爆炸效果。

● 拉伸：用于将火焰沿着装置的 z 轴缩放。

● 规则性：用于修改火焰填充装置的方式。如果值为 1，则填满装置，效果在装置边缘附近衰减，但是总体形状仍然非常明显；如果值为 0，则生成很不规则的效果，有时可能会到达装置的边界，但是通常会被修剪，会小一些。

（4）"特性"选项组：用于设置火焰的大小和外观。

● 火焰大小：用于设置装置中各个火焰的大小。装置大小会影响火焰大小，装置越大，需要的火焰也越大。

● 密度：用于设置火焰效果的不透明度和亮度。

● 火焰细节：用于控制每个火焰中显示的颜色更改量和边缘尖锐度。较小的值可以生成平滑、模糊的火焰，渲染速度较快；较大的值可以生成带图案的清晰火焰，渲染速度较慢。

● 采样：用于设置效果的采样率。该值越大，生成的效果越准确，渲染所需的时间也越长。

（5）"动态"选项组：用于设置火焰的涡流和上升的动画。

● 相位：用于更改火焰效果的速率。

● 漂移：用于设置火焰沿着火焰装置的 z 轴的渲染方式。较小的值提供燃烧较慢的冷火焰，较大的值提供燃烧较快的热火焰。

（6）"爆炸"选项组：用于自动设置爆炸动画。

● 爆炸：根据相位值动画自动设置大小、密度和颜色的动画。

● 烟雾：用于控制爆炸是否产生烟雾。

● 设置爆炸：单击该按钮，弹出"设置爆炸相位曲线"对话框，可设置爆炸的开始时间和结束时间。

● 剧烈度：用于改变"相位"参数的涡流效果。

 提 示
如果勾选了"爆炸"选项组中的"爆炸"和"烟雾"复选框，则"内部颜色"和"外部颜色"将对烟雾颜色设置动画；如果禁用了"爆炸"和"烟雾"复选框，将忽略烟雾颜色。

11.2.3　"体积雾"参数

"体积雾"可以产生三维的云团，创建比较真实的云雾效果。"体积雾"有 2 种使用方法，一种是直接作用于整个场景，但要求场景内必须有对象存在；另一种是作用于大气装置 Gizmo 物体，在 Gizmo 物体限制的区域内产生云团。

在"环境和效果"对话框的"环境"选项卡中单击"大气"卷展栏中的"添加"按钮，然后在弹出的对话框中选择"体积雾"，如图 11-22 所示，即可选中该效果。当选择完成后，在"环境"选项卡中将显示与"体积雾"相关的设置，如图 11-23 所示。

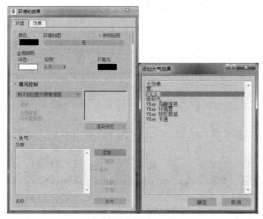

图 11-22

图 11-23

默认情况下，"体积雾"填满整个场景。不过，可以选择 Gizmo（大气装置）包含雾。Gizmo 可以是球体、长方体、圆柱体或是这些几何体的特定组合。下面介绍"体积雾"常用的几种参数及其功能。

1. "Gizmo"选项组

● 拾取 Gizmo：用于在场景中选择要创建"体积雾"的 Gizmo，当选择 Gizmo 后，其名称将会在右侧的下拉列表中显示。

● 移除 Gizmo：单击该按钮后，会将所设置的"体积雾"Gizmo 删除。

● 柔化 Gizmo 边缘：用于对"体积雾"的边缘进行羽化处理，该值越大，边缘越柔化，其范围为 0 ~ 1。图 11-24 所示为当该参数设置为 0 和 0.4 时的效果。当将"柔化 Gizmo 边缘"设置为 0 时，可能会造成边缘出现锯齿。

图 11-24

2. "体积"选项组

- 颜色：可以通过其下方的颜色框来改变雾的颜色，如果在更改的过程中启用了"自动关键点"按钮，那么可以将变换颜色的过程设置为动画。
- 指数：可以随距离按指数增大密度。当取消勾选该复选框后，密度随距离线性增大；当勾选该复选框后，可以只渲染"体积雾"中的透明对象。勾选该复选框和取消勾选该复选框时的效果分别如图 11-25 左图和右图所示。

图 11-25

- 密度：用于控制雾的密度。其值越大，体积雾的透明度越低。当将该参数设置为 20 以上时，可能会看不见场景。
- 步长大小：用于确定雾采样的粒度，值越小，颗粒越细，雾效越好；值越大，颗粒越粗，雾效越差。
- 最大步数：用于限制采样量，以便雾的计算不会无限进行下去。该选项比较适用于雾密度较小的场景。
- 雾化背景：勾选该复选框后，同样也会对背景图像进行雾化，渲染后的效果会比较真实。

3. "噪波"选项组

- 类型：用于选择需要的噪波类型，包括"规则""分形""湍流"3 种类型。
- 规则：用于迭代标准的噪波图案。
- 分形：用于迭代分形噪波图案。
- 湍流：用于迭代湍流图案。
- 反转：用于将选择的噪波效果反向，厚的地方变薄，薄的地方变厚。
- 噪波阈值：用于限制噪波效果，范围为 0 ~ 1。如果噪波值高于"低"阈值而低于"高"阈值，动态范围会拉伸到填满。这样，在阈值转换时会补偿较小的不连续，从而减少锯齿。
- 均匀性：范围为-1~1，作用与高通滤波器类似。值越小，体积越透明，包含分散的烟雾泡。如果值在-0.3 左右，图像开始看起来像灰斑。因为此参数越小，雾越薄，所以需要增大密度，否则"体积雾"将开始消失。

- 级别：用于设置分形计算的迭代次数，值越大，雾越精细，运算也越慢。
- 大小：用于确定雾块的大小。
- 相位：用于控制风的速度。如果进行了"风力强度"的设置，雾将按指定风向进行运动；如果没有风力设置，它将在原地翻滚。对于"相位"值进行动画设置，可以产生风中云雾飘动的效果；如果为"相位"指定特殊的动画控制器，还可以产生阵风等特殊效果。
- 风力强度：用于控制雾沿风向移动的速度。如果"相位"值变化很快，而"风力强度"值变化较慢，雾将快速翻滚而缓慢漂移；如果"相位"值变化很慢，而"风力强度"值变化较快，雾将快速漂移而缓慢翻滚；如果只需要雾在原地翻滚，将"风力强度"设为 0 即可。

4. "风力来源"选项组

"风力来源"选项组用于确定风吹来的方向，有 6 个正方向可选。

11.2.4 课堂案例——制作水面雾气效果

学习目标

学会使用"体积雾"效果。

知识要点

本例通过使用球体 Gizmo，并结合使用"体积雾"制作出水面雾气效果，如图 11-26 所示。

效果所在位置

云盘/场景/Ch11/体积雾 ok.max。

贴图所在位置

云盘/贴图。

微课视频

制作水面雾气效果

图 11-26

（1）按"8"键，打开"环境和效果"对话框，单击"公用参数"卷展栏中的"无"按钮，在弹出的"材质/贴图浏览器"对话框中选择"位图"贴图，单击"确定"按钮，如图 11-27 所示。

（2）在弹出的"选择位图图像文件"对话框中选择一个"体积雾"的背景图像，单击"打开"按钮，如图 11-28 所示。

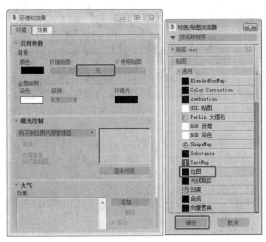

图 11-27

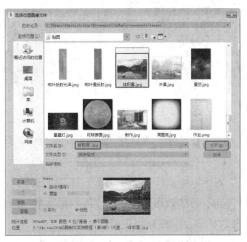

图 11-28

（3）激活"透视"图，按下组合键"Alt+B"，在弹出的对话框中选择"背景"选项卡，从中选中"使用环境背景"单选按钮，单击"应用到活动视图"按钮，如图 11-29 所示。

（4）可以看到背景图像的"透视"图，如图 11-30 所示。

图 11-29

图 11-30

（5）将环境贴图拖曳到"材质编辑器"中新的材质样本球上，以"实例"的方式进行复制，在"坐标"卷展栏中选择"环境"选项，选项"贴图"类型为"屏幕"，如图 11-31 所示。

（6）单击"＋（创建）>◣（辅助对象）>大气装置>球体 Gizmo"按钮，在场景中创建球体 Gizmo，在"球体 Gizmo 参数"卷展栏中设置"半径"为 100，如图 11-32 所示。

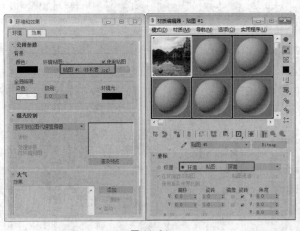

图 11-31

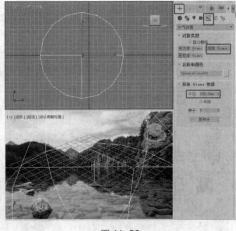

图 11-32

（7）在"前"视口中缩放球体 Gizmo，如图 11-33 所示。

（8）在"环境和效果"对话框中单击"大气"卷展栏中的"添加"按钮，在弹出的"添加大气效果"对话框中选择"体积雾"，单击"确定"按钮，如图 11-34 所示。

（9）添加效果后，显示"体积雾参数"卷展栏，单击"拾取 Gizmo"按钮，在场景中拾取创建的球体 Gizmo，如图 11-35 所示。

（10）使用默认参数渲染场景看一下效果，如图 11-36 所示。

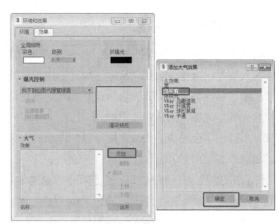

图 11-33　　　　　　　　　　　　　　　　图 11-34

图 11-35　　　　　　　　　　　　　　　　图 11-36

（11）继续调整球体 Gizmo，并调整一下"透视"图的角度，如图 11-37 所示。

（12）接着在"体积雾参数"卷展栏中设置"体积"选项组中的"密度"为 10，设置"噪波"选项组中的"大小"为 30，如图 11-38 所示。

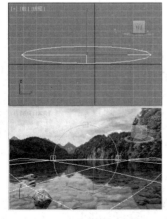

图 11-37　　　　　　　　　　　　　　　　图 11-38

（13）按"F9"键渲染场景，完成制作。

11.2.5 "体积光"参数

"体积光"用于制作带有体积的光线,并可以将此效果指定给任何类型的灯光("环境光"除外),这种"体积光"可以被物体阻挡,从而形成光透过缝隙的效果。带有"体积光"属性的灯光仍可以照明及投影图像,从而产生真实的光线效果。如对"泛光灯"加以"体积光"设定,可以制作出光晕效果,模拟发光的灯泡或太阳;对"定向光"加以"体积光"设定,可以制作出光束效果,模拟透过彩色窗玻璃,投影出彩色图像的光线,还可以制作激光光束效果。注意,"体积光"在渲染时速度会很慢,所以尽量地少使用它。

在"环境和效果"对话框的"环境"选项卡(见图11-39)的"大气"卷展栏中单击"添加"按钮,在弹出的"添加大气效果"对话框中选择"体积光",然后单击"确定"按钮,即可添加"体积光"。

当添加完"体积光"效果后,在"大气"卷展栏中选择新添加的"体积光",在其下方会出现相应的参数设置,如图11-40所示,主要参数的功能如下。

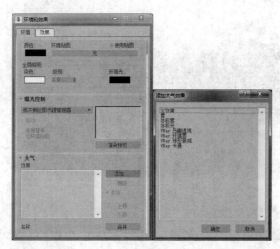

图 11-39

图 11-40

1. **"灯光"选项组**

● 拾取灯光:可在任意视图中单击要设为"体积光"的灯光。可以拾取多个灯光。单击"拾取灯光"按钮,然后按"H"键,此时将显示"拾取对象"对话框,可以在该对话框中的列表中按住"Shift"键或"Ctrl"键选择多个灯光,如图11-41所示。

● 移除灯光:单击该按钮可以移除添加了"体积光"效果的灯光。

图 11-41

2. **"体积"选项组**

● 雾颜色:用于设置形成灯光"体积雾"的颜色。对于"体积光",它的最终颜色由灯光颜色与雾颜色共同决定,因此为了更好地进行调节,应将雾颜色设为白色,而仅通过调节灯光颜色来制作不同色彩的体积光效。打开"自动关键帧"按钮,可以将雾颜色的变化记录为动画。

- 衰减颜色：灯光随距离的变化会产生衰减，这个距离值可在"灯光"命令面板中设置，由"近距衰减"和"远距衰减"下的参数值确定。

衰减颜色指衰减区内雾的颜色，它和"雾颜色"相互作用，决定最后的灯光颜色。如雾颜色为红色，衰减颜色为绿色，最后的灯光则显示暗紫色。通常将它设置为黑色，使之不影响灯光的色彩。

- 使用衰减颜色：勾选该复选框后，"衰减颜色"将发挥作用，默认为关闭状态。
- 指数：用于设置随距离按指数增大密度。禁用时，密度随距离线性增大。只有希望渲染体积雾中的透明对象时，才激活该选项。
- 密度：用于设置雾的浓度，值越大，体积感越强，内部不透明度越高，光线也越亮。通常设置为 2%～6% 才可以制作出最真实的体积雾效。
- 最大亮度%：表示可以达到的最大光晕效果（默认设置为 90%）。如果减小此值，可以限制光晕的亮度，以便使光晕不会随距离灯光越来越远而越来越浓，最终出现一片全白。
- 最小亮度%：与"环境光"设置类似。如果"最小亮度%"大于 0，"体积光"外面的区域也会发光。
- 衰减倍增：用于设置"衰减颜色"的影响程度。
- 过滤阴影：允许通过增加采样级别来获得更优秀的"体积光"渲染效果，同时也会增加渲染时间。
- 低：如果勾选该复选框，那么图像缓冲区将不进行过滤，而直接以采样代替，适合于 8 位图像格式，如 GIF 和 AVI 动画格式的渲染。
- 中：如果勾选该复选框，那么邻近像素进行采样均衡。
- 高：如果勾选该复选框，那么邻近像素和对角像素都进行采样均衡，每个都给以不同的影响，这种渲染效果相对来说比较慢。
- 使用灯光采样范围：基于灯光本身"采样范围"值的设定对"体积光"中的投影进行模糊处理。灯光本身"采样范围"值是针对"使用阴影贴图"方式作用的，它的增大可以模糊阴影边缘的区域，在"体积光"中使用它，可以与投影更好地进行匹配，以快捷的渲染速度获得优质的渲染结果。
- 采样体积%：用于控制"体积光"被采样的等级，范围为 1～1 000，1 为最低品质，1 000 为最高品质。
- 自动：自动进行"采样体积"的设置。一般无须将此值设置得高于 100，除非有极高品质的要求。

3. "衰减"选项组

- 开始%：用于设置灯光效果开始衰减的位置，与灯光自身参数中的衰减设置相对。默认值为 100%，意味着灯光将在"开始范围"处开始衰减。如果减小它的值，灯光将在"开始范围"内相应百分比处提前开始衰减。
- 结束%：用于设置灯光效果结束衰减的位置，与灯光自身参数中的衰减设置相对。如果将它设置为小于 100%，光晕将减小，但亮度增大，得到更亮的发光效果，其默认值为 100。

4. "噪波"选项组

- 启用噪波：用于控制噪波的开关。
- 数量：用于设置指定给雾效的噪波强度。值为 0 时，无噪波效果；值为 1 时，表现为完全的噪波效果，分别如图 11-42 左图和右图所示。

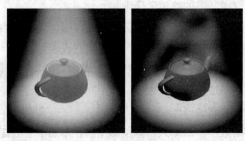

图 11-42

- 链接到灯光：用于将噪波设置与灯光的自身坐标相链接，这样灯光在进行移动时，噪波也会随灯光一同移动。通常在制作云雾或大气中的尘埃等效果时，不将噪波与灯光链接，这样噪波将永远固定在世界坐标上，灯光在移动时就好像在云雾（或灰尘）间穿行。

11.3 效果

"效果"选项卡用于制作背景和大气效果。在菜单栏中选择"渲染"→"效果"命令，如图 11-43 所示，即可打开"环境和效果"对话框中的"效果"选项卡，如图 11-44 所示。其中主要选项的功能如下。

- 添加：用于添加新的效果，单击该按钮后，可以在弹出的对话框中选择需要的效果，如图 11-45 所示。

图 11-43

图 11-44

图 11-45

- 删除：用于删除列表中当前选中的效果。
- 活动：勾选该复选框后，当前特效才会发生作用。
- 上移：用于将当前选中的特效向上移动。新建的特效总是放在最下方；渲染时是按照从上至下的顺序进行计算处理的。
- 下移：用于将当前选中的特效向下移动。
- 合并：单击该按钮后，可在弹出的对话框中向其他场景文件中合并大气效果设置，这同时会将 Gizmo（线框）物体和灯光一同进行合并。

● 名称：用于显示当前列表中选中的效果名称，用户可以自定义其名称。

下面对 3ds Max 中比较常用的几个效果进行简单的介绍。

11.3.1 毛发和毛皮

在完成毛发类造型的创建和调整之后，为了渲染输出时得到更好的效果，可以通过"毛发和毛皮"卷展栏对毛发的渲染输出参数进行设置。其参数卷展栏如图 11-46 所示。该卷展栏提供了毛发的渲染选项、运动模糊、缓冲渲染选项、合成方法等参数的设置项，利用它们可为最终的渲染结果增添许多修饰效果，示例如图 11-47 所示。

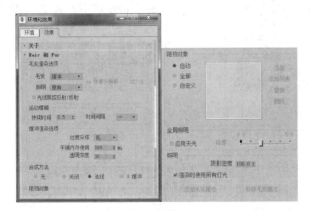

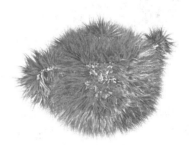

图 11-46 图 11-47

11.3.2 模糊

在"模糊"效果中提供了 3 种不同的对图像进行模糊处理的方法，可以针对整个场景、去除背景的场景或场景元素进行模糊。"模糊"效果常用于创建梦幻或摄影机移动拍摄的效果，示例如图 11-48 所示。

"模糊参数"卷展栏如图 11-49 所示，其中包括"模糊类型""像素选择"2 个选项卡。"模糊类型"选项卡主要包括"均匀型""方向型""径向型"3 种模糊方式，它们分别都有相应的参数设置；"像素选择"选项卡主要用于设置需要进行模糊的像素位置。

图 11-48 图 11-49

11.3.3　色彩平衡

"色彩平衡"效果通过在相邻像素之间填补过滤色，消除色彩之间强烈的反差，使对象更好地匹配到背景图像或背景动画上，示例如图 11-50 所示。

"色彩平衡参数"卷展栏如图 11-51 所示，可以通过"青/红""洋红/绿""黄/蓝"3 个色值通道进行调整，如果不想影响颜色的亮度值，可以勾选"保持发光度"复选框。

图 11-50　　　　　　　　　　　　　　　　　　图 11-51

11.3.4　运动模糊

"运动模糊"效果可以模拟在现实拍摄当中，摄影机的快门因为跟不上高速运动的物体而产生的模糊效果，能增加画面的真实感，图 11-52 所示为示例。在制作表现高速度的动画效果时，如果不使用"运动模糊"特效，最终生成的动画可能会产生闪烁现象。

"运动模糊参数"卷展栏如图 11-53 所示。通过设置"持续时间"可控制快门速度延长的时间，值为 1 时，快门在一帧和下一帧之间的时间内完全打开，值越大，运动模糊程度也越大。勾选"处理透明"复选框后，对象被透明对象遮挡时仍进行运动模糊处理；取消勾选时，被透明对象遮挡的对象不应用模糊处理，可以提高模糊渲染速度。

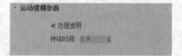

图 11-52　　　　　　　　　　　　　　　　　　图 11-53

11.4　视频后期处理

视频后期处理可以将不同的图像、效果及图像过滤器和当前的动画场景结合起来，它的主要功能包括以下两个方面。

（1）将动画、文字、图像、场景等合成在一起，对动态影像进行非线性编辑、分段组合，达到剪辑视频的作用。

（2）对场景添加效果处理功能，比如对画面进行发光处理，在两个场景转换时做淡入淡出处理。

所谓动画合成，就是指把几个不同的动画场景合成为一个场景的处理过程。每一个合成元素包括在一个单独的事件中，而多个事件排列在一个列队中，并且按照排列的先后顺序被处理。这些列队中可以包括一些循环事件。

在菜单栏中选择"渲染>视频后期处理"命令，可以打开"视频后期处理"窗口，如图 11-54 所示。

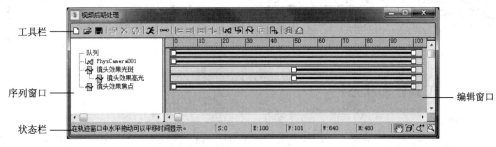

图 11-54

"视频后期处理"窗口和"轨迹视图"对话框类似，左侧的序列中的每一个事件都对应着一条深色的范围线，可以拖动两端的小方块来编辑这些范围线。"视频后期处理"窗口包括序列窗口、编辑窗口、工具栏、状态栏。

11.4.1 序列窗口和编辑窗口

"视频后期处理"窗口的主要工作区域是序列窗口和编辑窗口。

1. 序列窗口

"视频后期处理"窗口的左侧区域为序列窗口，窗口中以分支树的形式列出了后期处理序列中包括的所有事件，如图 11-55 所示。这些事件按照被处理的先后序列排列，背景图像应该放在最上层。可以调整某一事件的先后顺序，只需要将该事件拖放到新的位置即可。

图 11-55

在按住"Ctrl"键的同时单击事件的名称，可以同时选中多个事件；或者先选中某个事件，然后按"Shift"键，再单击另一个事件，则 2 个事件之间的所有事件被选中。双击某个事件可以打开它的参数控制面板进行参数设置。

2. 编辑窗口

"视频后期处理"窗口的右侧区域为编辑窗口，以深蓝色的范围线表示事件作用的时间段。选中某个事件以后，编辑窗口中对应的范围线会变成红色，如图 11-56 所示。选中多条范围线可以进行各种对齐操作，双击某个事件对应的范围线可以直接打开参数控制面板进行参数设置，如图 11-57 所示。

范围线两端的方块标志了该事件的最初一帧和最后一帧，拖动两端的方块可以放大或缩小事件作用的时间范围，拖动两方块之间的部分则可以整体移动范围线。如果范围线超出了给定的动画帧数，系统会自动添加一些附加帧。

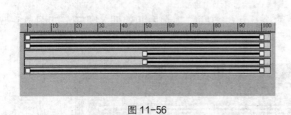

图 11-56

图 11-57

11.4.2 工具栏和状态栏

1. 工具栏

工具栏位于"视频后期处理"窗口的上部，由不同的功能按钮组成，主要用于编辑图像和动画场景事件，如图 11-58 所示。

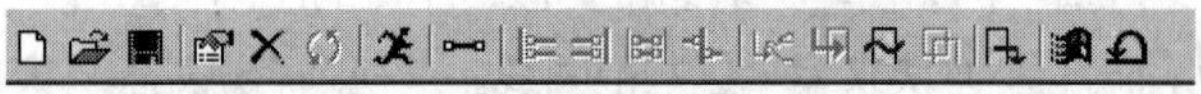

图 11-58

工具栏中各工具的功能如下。

- □（新建序列）：创建一个新的序列，同时将当前的所有序列设置删除，实际上相当于一个删除全部序列的命令。

- ☞（打开序列）：打开一个"视频后期处理"的 VPX 标准格式文件，当保存的序列被打开后，当前的所有事件被删除。

- ■（保存序列）：将当前的"视频后期处理"中的序列保存为 VPX 标准格式文件，以便将来用于其他场景。

- ☞（编辑当前事件）：如果在序列窗口中有可编辑事件，该按钮变成可选择状态，单击它可以打开对话框编辑事件参数。

- ✕（删除当前事件）：将当前选择的事件删除。

- ↻（交换事件）：当 2 个相邻的事件同时被选择时，它成为活动状态，可以将 2 个事件的前后顺序交换。

- ✕（执行序列）：对当前"视频后期处理"的序列进行输出渲染前的最后设置。单击此按钮将弹出一个参数设置面板，其中的设置参数与"轨迹视图"对话框几乎完全相同，但它们是各自独立的，不会产生相互影响。

- ∞（编辑范围条）：视频后期处理中的基本编辑工具，对序列窗口和编辑窗口都有效。

- ⊫（当前选择左对齐）：将多个选择的事件范围线左侧对齐。在对齐事件的选择顺序上有严格要求，要对齐的目标范围线（即本身不变动的范围线）必须最后一个被选择，它的 2 个棒端以红色方块显示，而其他以白色方块显示，这就表明白色方块要向红色方块对齐。可以同时选择多个事件，对齐到一个事件上。

- ▣（当前选择右对齐）：将多个选择的事件范围线右对齐，与左对齐按钮的使用方法相同。
- ▣（当前选择长度对齐）：将多个选择的事件范围线长度与最后一个选择的范围线长度进行对齐，使用方法与左对齐按钮相同。
- ⟙（当前选择对接）：根据按钮图像显示效果，进行范围线的对接操作。该操作不考虑选择的先后顺序，可以快速地将几段影片连接起来。
- ⬚（添加场景事件）：用于添加新的场景，并可以从当前使用的几种标准视口中选择。可以使用多台摄影机在不同的角度拍摄场景，通过视频后期处理将它们以时间段组合在一起，编辑成一段连续切换镜头的影片。
- ⬚（添加图像输出事件）：通过它可以加入各种格式的图像事件，将它们通过合成控制连接在一起。
- ⬚（添加图像过滤事件）：使用 3ds Max 提供的多种过滤器对已有的图像添加图像效果并进行特殊处理。
- ⬚（添加图像层次事件）：专门的视频编辑工具，用于将 2 个子级事件以某种特殊方式与父级事件合成在一起，能合成输入图像和输入场景事件，也可以合成图层事件，产生嵌套的层级。可以将 2 个图像或场景合成在一起，利用 Alpha 通道控制透明度，产生一个新的合成图像，或将 2 段影片连接在一起，做淡入淡出等效果。
- ⬚（添加图像输出事件）：与图像输入事件用法相同，但是支持的图像格式较少，可以将最后的合成结果保存为图像文件。
- ⬚（添加外部图像处理事件）：为当前事件加入一个外部处理软件，如 Photoshop。打开外部程序，将保存在系统剪贴板中的图像粘贴为新文件，在 Photoshop 中对它进行编辑，最后再复制到剪贴板中，关闭该程序后，剪贴板上加工过的图像会自动回到 3ds Max 中。
- ⬚（添加循环事件）：对指定事件进行循环处理，可对所有类型的事件进行操作，包括其自身。加入循环事件后会产生一个层级，子事件为原事件，父事件为循环事件。

2. 状态栏

"视频后期处理"窗口的底部是状态栏，如图 11-59 所示，它包括提示行、事件值域和一些视口工具按钮。

| 在轨迹窗口中水平拖动可以平移时间显示。 | S:0 | E:100 | F:101 | W:640 | H:480 | ⟰ ⬚ ⬚ ⬚ |

图 11-59

状态栏中各工具的功能如下。

- S：用于显示当前选择项目的起始帧。
- E：用于显示当前选择项目的结束帧。
- F：用于显示当前选择项目的总帧数。
- W/H：用于显示当前序列最后输出图像的尺寸，单位为"像素"。
- ⟰（平移）：用于上下左右移动编辑窗口。
- ⬚（最大化显示）：以左右宽度为准将编辑窗口中全部内容最大化显示，使它们都出现在屏幕上。
- ⬚（放大时间）：用于缩放时间。

- 🔍（区域放大）：用于放大编辑窗口中的某个区域到充满窗口显示。

11.4.3 镜头效果光斑

"镜头效果光斑"对话框用于将镜头光斑效果作为后期处理添加到渲染中。通常对场景中的灯光应用光斑效果，随后对象周围会产生镜头光斑，示例如图 11-60 所示。可以在"镜头效果光斑"对话框中控制镜头光斑的表现。

图 11-60

"镜头效果光斑"对话框（见图 11-61）中常用选项的功能如下。

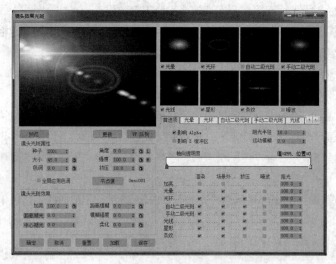

图 11-61

- 预览：单击该按钮，如果光斑拥有自动或手动二级光斑元素，则在窗口左上角显示光斑；如果光斑不包含这些元素，光斑会在预览窗口的中央显示。
- 更新：每次单击该按钮，重画整个主预览窗口内容和小窗口内容。
- VP 队列：在主预览窗口中显示 Video Post 队列的内容。

（1）"镜头光斑属性"选项组：用于指定光斑的全局设置，如光斑源、大小、种子数和旋转等。

- 种子：为镜头效果中的随机数生成器提供不同的起点，创建略有不同的镜头效果，而不更改任何设置。使用"种子"可以确保产生不同的镜头光斑，尽管这种差异非常小。
- 大小：用于调节整个镜头光斑的大小。
- 色调：勾选"全局应用色调"复选框后，该项将控制镜头光斑效果中应用的"色调"的量。

该选项可用于设置动画。

- 角度：用于调节光斑从默认位置开始旋转的量，如光斑位置相对于摄影机改变的量。
- 强度：用于控制光斑的总体亮度和不透明度。
- 挤压：在水平方向或垂直方向挤压镜头光斑的大小，用于补偿不同的帧纵横比。
- 全局应用色调：将"节点源"的"色调"全局应用于其他光斑效果。
- 节点源：可以为镜头光斑效果选择源对象。

（2）"镜头光斑效果"选项组：用于控制特定的光斑效果，如淡入淡出、亮度和柔化等。

- 加亮：用于设置影响整个图像的总体亮度。
- 距离褪光：随着与摄影机之间距离的变化，镜头光斑的效果会淡入淡出。
- 中心褪光：在光斑的中心附近，沿光斑主轴淡入淡出二级光斑。这是通过真实摄影机镜头可以在许多镜头光斑中观察到的效果。此值使用 3ds Max 世界单位。只有按下"中心褪光"按钮时，此设置才能启用。
- 距离模糊：根据到摄影机之间的距离模糊光斑。
- 模糊强度：将模糊应用到镜头光斑上时控制其强度。
- 柔化：为镜头光斑提供整体柔化效果。该参数可设置动画。

"首选项"选项卡：用于控制激活的镜头光斑部分，以及它们影响整个图像的方式。

"光晕"选项卡：用于制作以光斑的源对象为中心的常规光晕。可以控制光晕的颜色、大小、形状和其他方面。

"光环"选项卡：用于制作围绕源对象中心的彩色圆圈。可以控制光环的颜色、大小、形状等。

"自动二级光斑"选项卡：用于自动二级光斑。通常看到的小圆圈会从镜头光斑的源显现出来。随着摄影机的位置相对于源对象的更改，二级光斑也随之移动。此选项卡处于活动状态时，二级光斑会自动产生。

"手动二级光斑"选项卡：用于手动二级光斑。添加到镜头光斑效果中的附加二级光斑。它们出现在与自动二级光斑相同的轴上而且外观也类似。

"光线"选项卡：用于制作从源对象中心发出的明亮的直线，为对象提供很高的亮度。

"星形"选项卡：用于制作从源对象中心发出的明亮的直线，通常包括 6 条或多于 6 条辐射线（而不是像"光线"一样有数百条）。"星形"通常比较粗并且要比"光线"从源对象的中心向外延伸得更远。

"条纹"选项卡：用于制作穿越源对象中心的水平条带。

"噪波"选项卡：用于在光斑效果中添加特殊效果，如爆炸。

"首选项"选项卡中各选项的功能如下。

- 影响 Alpha：用于指定以 32 位文件格式渲染图像时，镜头光斑是否影响图像的 Alpha 通道。Alpha 通道是颜色（256 色）的额外 8 位，用于指示图像中的透明度。Alpha 通道用于无缝地在一个图像的上面合成另外一个图像。
- 影响 Z 缓冲区：Z 缓冲区会存储对象与摄影机之间的距离，用于创建光学效果，如雾。
- 阻光半径：阻光半径指光斑中心周围的半径，该选项用于确定在镜头光斑跟随到另一个对象后时，光斑效果何时开始衰减。阻光半径以像素为单位。
- 运动模糊：用于确定是否使用"运动模糊"渲染设置动画的镜头光斑。"运动模糊"以较小的增量渲染同一帧的多个副本，从而显示出运动对象的模糊。对象快速穿过屏幕时，如果开启了"运动模糊"，动画效果会更加流畅。但使用"运动模糊"会显著增加渲染时间。

- 轴向透明度：标准的圆形透明度渐变，会沿其轴并相对于其源影响镜头光斑二级元素的透明度。这使得二级元素的一侧要比另外一侧亮，同时使光斑效果更加具有真实感。
- 渲染：用于指定是否在最终图像中渲染镜头光斑的每个部分。使用这一组复选框可以启用或禁用镜头光斑的各部分。
- 场景外：用于指定其源在场景外的镜头光斑是否影响图像。
- 挤压：用于指定"挤压"设置是否影响镜头光斑的特定部分。
- 噪波：定义是否为镜头光斑的此部分启用"噪波"设置。
- 阻光：定义光斑部分被其他对象阻挡时其出现的百分比。

11.4.4　镜头效果光晕

添加"镜头效果光晕"事件后，进入其设置面板，显示出相关的参数选项卡。下面介绍其中常用的重要参数。

1."属性"选项卡（见图 11-62）

（1）"源"选项组：用于指定场景中要应用光晕的对象，可以同时选择多个源选项。

- 全部：将光晕应用于整个场景，而不仅仅应用于几何体的特定部分。
- 对象 ID：如果具有特定对象 ID（在 G 缓冲区中）的对象与过滤器设置匹配，可将光晕应用于该对象或其中一部分。
- 效果 ID：如果具有特定 ID 通道的对象或该对象的一部分与过滤器设置相匹配，将光晕应用于该对象或其中一部分。
- 非钳制：超亮度颜色比纯白色（255，255，255）要亮。
- 曲面法线：根据曲面法线与摄影机的角度，使对象的一部分产生光晕。

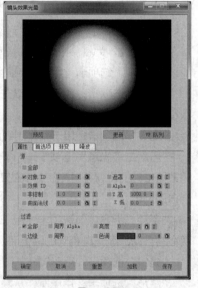

图 11-62

- 遮罩：使图像的遮罩通道产生光晕。
- Alpha：使图像的 Alpha 通道产生光晕。
- Z 高/Z 低：根据对象到摄影机的距离使对象产生光晕。大值为最大距离，小值为最小距离。这 2 个 Z 缓冲区距离之间的任何对象均会产生光晕。

（2）"过滤"选项组：过滤源选择以控制光晕应用的方式。

- 全部：用于选择场景中的所有源对象，并将光晕应用于这些对象上。
- 边缘：用于选择所有沿边界的源对象，并将光晕应用于这些对象上。沿对象边应用光晕会在对象的内外边上生成柔和的光晕。
- 周界 Alpha：根据对象的 Alpha 通道，将光晕仅应用于此对象的周界。
- 周界：根据边推论，将光晕效果仅应用于此对象的周界。

- 亮度：根据源对象的亮度值过滤源对象。只选定亮度值高于此处设置的对象，并使其产生光晕。该复选框可反转。该选项可用于设置动画。
- 色调：按色调过滤源对象。单击右边的色样可以选择色调。色样右侧的数值框可用于输入变化级别，从而使光晕能够在与选定颜色相同的范围内找到几种不同的色调。

2. "首选项"选项卡（见图 11-63）

- 影响 Alpha：用于指定渲染为 32 位文件格式时，光晕是否影响图像的 Alpha 通道。
- 影响 Z 缓冲区：用于指定光晕是否影响图像的 Z 缓冲区。
- "大小：用于设置总体光晕效果的大小。此参数可设置动画。
- 柔化：用于柔化和模糊光晕效果。

"距离褪光"选项组用于根据光晕到摄影机的距离衰减光晕效果。与"镜头效果光斑"中的"距离褪光"相同。

图 11-63

- 亮度：用于根据到摄影机的距离来衰减光晕效果的亮度。
- 锁定：勾选该复选框后，同时锁定"亮度"和"大小"值，因此大小和亮度同步衰减。
- 大小：用于根据到摄影机的距离来衰减光晕效果的大小。
- 渐变：根据"渐变"选项卡中的设置创建光晕。
- 像素：根据对象的像素颜色创建光晕。这是默认方法，其速度很快。
- 用户：用于选择光晕效果的颜色。
- 强度：用于控制光晕效果的强度或亮度。

3. "噪波"选项卡（见图 11-64）

- 气态：一种松散和柔和的图案，通常用于模拟云和烟雾。
- 炽热：带有亮度、定义明确的分形图案，通常用于模拟火焰。
- 电弧：较长的、定义明确的卷状图案。设置动画时，可用于生成电弧。通过将图案质量调整为 0，可以创建水波反射效果。

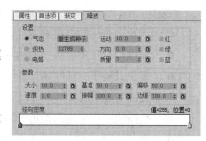

图 11-64

- 重生成种子：分形例程用作起始点的数。可设置为任一数值来创建不同的分形效果。
- 运动：为噪波设置动画时，"运动"指定噪波图案在由"方向"值设置的方向上的运动速度。
- 方向：用于指定噪波效果运动的方向（以度为单位）。
- 质量：用于指定噪波效果中分形噪波图案的总体质量。该值越大，会导致分形迭代次数越多，效果越细化，渲染时间也会有所延长。
- 红/绿/蓝：用于选择"噪波"效果的颜色通道。
- 大小：用于指定分形图案的总体大小。较小的数值会生成较小的粒状分形，较大的数值会生成较大的图案。
- 速度：用于在分形图案中设置在制作动画时湍流的总体速度。较大的数值会在图案中生成更快的湍流。

- 基准：用于指定噪波效果中的颜色亮度。
- 振幅：使用"基准"值控制分形噪波图案每个部分的最大亮度。较大的数值会产生带有较亮颜色的分形图案，较小的数值会产生带有较柔和颜色的相同图案。
- 偏移：用于将效果颜色移向颜色范围的一端或另一端。
- 边缘：用于控制分形图案的亮区域和暗区域之间的对比度。较大的数值会产生较高的对比度和更多定义明确的分形图案，较小的数值会产生微小的效果。
- 径向密度：用于从效果中心到边缘以径向方式控制噪波效果的密度。无论何时，渐变为白色时，只能看到噪波；渐变为黑色时，可以看到基本的光晕。如果将渐变右侧设置为黑色，将左侧设置为白色，并将噪波应用到光斑的光晕效果中，那么当光晕的中心仍可见时，噪波效果将朝光晕的外边呈现。

11.4.5 镜头效果高光

使用"镜头效果高光"对话框可以指定明亮的、星形的高光，可将其应用在具有发光材质的对象上。其中"几何体"选项卡（见图 11-65）中的选项功能如下。

1. "效果"选项组

- 角度：用于控制动画过程中高光点的角度。
- 钳位：用于确定高光必须读取的像素数，以此数量来放置一个单一高光效果。
- 交替射线：用于替换高光周围的点长度。

2. "变化"选项组

"变化"选项组用于给高光效果增加随机性。

- 大小：变化单个高光的总体大小。
- 角度：变化单个高光的初始方向。
- 重生成种子：强制高光使用不同随机数来生成其效果的各部分。

图 11-65

3. "旋转"选项组

这 2 个按钮可用于使高光基于场景中它们的相对位置自动旋转。

- 距离：单个高光元素逐渐随距离模糊时自动旋转。元素模糊得越快，其旋转的速度就越快。
- 平移：单个高光元素横向穿过屏幕时自动旋转。如果场景中的对象经过摄影机，这些对象会根据其位置自动旋转。元素穿过屏幕的移动速度越快，其旋转的速度就越快。

课堂练习——制作光效效果

微课视频

 知识要点

学习使用泛光灯和"视频后期处理"来制作镜头光效，效果如图 11-66 所示。

 效果所在位置

云盘/场景/Ch11/光效效果 ok.max。

制作光效效果

图 11-66

课后习题——制作燃烧的火苗效果

微课视频

制作燃烧的火苗
效果

知识要点

创建球体 Gizmo，并为球体 Gizmo 设置"火效果"，通过设置"火效果"参数制作燃烧的火苗，效果如图 11-67 所示。

效果所在位置

云盘/场景/Ch11/燃烧的火苗 ok.max。

图 11-67

第 12 章
高级动画设置

通过高级动画设置可以制作更加复杂的运动。这些复杂的运动都有一个共同点，那就是复杂形体中的各个组成部分之间具有特殊的链接关系，各个组成部分通过这些链接关系形成一个有机整体。在 3ds Max 中是以层级关系来定义物体间的关联和运动的。本章将介绍链接、正向运动及反向运动的相关知识。

课堂学习目标

- ✔ 掌握用正向运动学制作动画的方法和编辑技巧
- ✔ 掌握用反向运动学制作动画的方法和编辑技巧

12.1　正向运动

通过链接方式，可以在物体之间建立父子关系。如果对父物体进行变换操作，也会影响其子物体。许多子物体可以分别链接到相同的或者不同的父物体上，建立各种复杂的复合父子链接。相互链接在一起的对象之间的称谓关系如下。

- 父对象：控制一个或多个子对象的对象。一个父对象通常也被另一个更高级父对象控制。
- 子对象：父对象控制的对象。子对象也可以是其他子对象的父对象。默认情况下，没有任何父对象的子对象是世界的子对象（世界是一个虚拟对象）。
- 祖先对象：一个子对象的父对象，以及该父对象的所有父对象。
- 派生对象：一个父对象的子对象，以及该子对象的所有子对象。
- 层级：在一个单独结构中相互链接在一起的所有父对象和子对象。
- 根对象：层级中唯一比所有其他对象的层级都高的父对象，所有其他对象都是根对象的派生对象。
- 子树：所选父对象及其所有派生对象。
- 分支：在层级中从一个父对象到一个单独派生对象之间的路径。
- 叶对象：没有子对象的子对象，即分支中最低层级的对象。

● 链接：父对象同它的子对象之间的联系。链接是父对象与子对象之间变换位置、旋转和缩放
   信息的"管道"。

● 轴点：为每一个对象定义局部中心和坐标系统。可以将链接视为子对象轴点同父对象轴点之
   间的链接。

12.1.1　课堂案例——制作风铃动画

📋 **学习目标**

学会使用"交互式 IK"创建动画。

📋 **知识要点**

使用原始场景，在原始场景中已创建了链接并调整轴心，在此基础上打开"自
动关键点"按钮，并使用"交互式 IK"来设置 IK 动画。完成效果如图 12-1 所示。

微课视频

制作风铃动画

图 12-1

📋 **原始场景所在位置**

云盘/场景/Ch12/风铃.max。

📋 **效果所在位置**

云盘/场景/Ch12/风铃 ok.max。

📋 **贴图所在位置**

云盘/贴图。

（1）打开原始场景文件，如图 12-2 所示。

（2）在工具栏中单击 🔲（图解视图）按钮，可以看到我们创建好的层级效果，如图 12-3 所示。

图 12-2

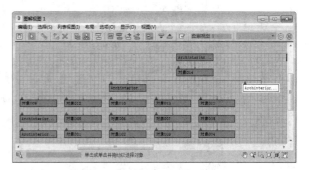

图 12-3

（3）切换到 🔲（层级）命令面板，选择"轴"按钮，在"调整轴"卷展栏中单击"仅影响轴"按
钮，在场景中调整轴到父对象与子对象的链接处，如图 12-4 所示。

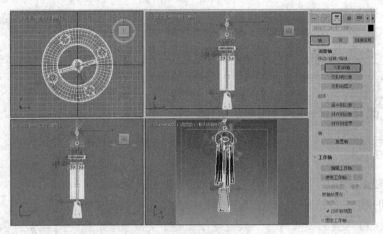

图 12-4

（4）单击"IK"按钮，在"反向运动学"卷展栏中单击"交互式 IK"按钮，打开"自动关键点"按钮，拖动时间滑块到 20 帧，在场景中调整最底端的模型，如图 12-5 所示。

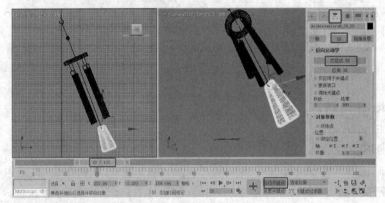

图 12-5

（5）保持时间滑块在 20 帧，在场景中调整风铃模型子对象，如图 12-6 所示。

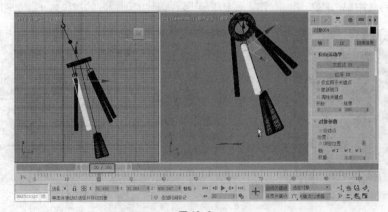

图 12-6

（6）拖动时间滑块到 50 帧，在场景中移动模型，如图 12-7 所示。

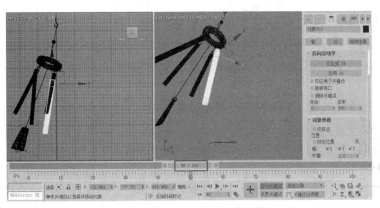

图 12-7

（7）拖动时间滑块到 80 帧，在场景中调整模型，如图 12-8 所示。

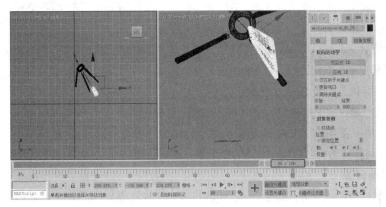

图 12-8

（8）拖动时间滑块到 100 帧，在场景中调整模型，如图 12-9 所示。

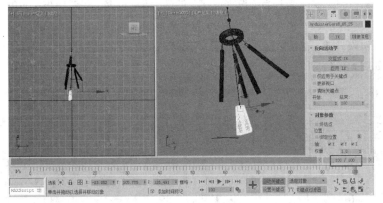

图 12-9

（9）渲染场景，完成制作。

12.1.2　对象的链接

使用 ⚭（选择并链接）按钮可以通过将两个对象链接作为"子"和"父"，定义它们之间的层级关系。用户可以从当前选定对象（子）链接到其他任何对象（父）。

创建对象的链接前首先要确定谁是谁的父级，谁是谁的子级，如车轮就是车体的子级，四肢是身体的子级。正向运动学中父级影响子级的运动、旋转及缩放，但子级只能影响它的下一级而不能影响父级。

通过对多个对象进行父子关系的链接，可形成层级关系，从而可以创建复杂运动或模拟关节结构。例如，将手链接到手臂上，再将手臂链接到躯干上，这样它们之间就产生了层级关系。使用正向运动或反向运动操作时，层级关系就会带动所有链接的对象，并且可以逐层发生关系。

1. 链接对象

使用 （选择并链接）工具可以将 2 个对象进行链接来定义它们之间的父子层级关系。

（1）选择工具栏中的 （选择并链接）工具。

（2）在场景中选择作为"子"的对象，然后按住鼠标左键不放并拖曳鼠标，此时会引出一条虚线。

（3）将链接标志拖至"父"对象上，释放鼠标左键，父对象的边框将会闪烁一下，表示链接成功。在工具栏中单击 （图解视图）按钮，打开"图解视图"窗口即可看见对象的层级结构，如图 12-10 所示。

图 12-10

另一种方法就是在"图解视图"窗口中选择 （选择并链接）工具，在"图解视图"窗口中选择子对象并将其拖至父对象上，与 （选择并链接）工具的作用是一样的。

2. 断开当前链接

要取消 2 个对象之间的层级链接关系，也就是拆散父子链接关系，使子对象恢复独立，不再受父对象的约束，可以通过 （断开当前选择链接）工具实现。这个工具是针对子对象执行的。

（1）在场景中选择链接对象的子对象。

（2）选择工具栏中的 （断开当前选择链接）工具，当前选择的子对象与父对象的层级关系将被取消。

与创建链接对象一样，也可以在"图解视图"窗口中进行断开链接操作，操作方法与在场景中断开一样，效果如图 12-11 所示。

图 12-11

12.1.3 轴和链接信息

"轴"和"链接信息"都位于 ▦ （层次）命令面板中。其中"轴"选项卡用来调整物体的轴心点，"链接信息"选项卡用来在层级中设置运动的限制。

物体的轴心点不是物体的几何体中心或质心，而是可以处于空间任何位置的人为定义的轴心。作为自身坐标系统，它不仅仅是一个点，实际上它是一个可以自由变换的坐标系。轴心点的作用主要有以下 4 点。

（1）轴心可以作为转换中心，因此可以方便地控制旋转、缩放的中心点。

（2）设置修改器的中心位置。

（3）为物体链接定义转换关系。

（4）为 IK 定义结合位置。

利用"轴"选项卡中的"调整轴"卷展栏可以调整轴心的位置、角度和比例。其中的"移动/旋转/缩放"选项组中提供了以下 3 个调整选项。

（1）仅影响轴：仅对轴心进行调整操作，操作不会对对象产生影响。

（2）仅影响对象：仅对对象进行调整操作，不会对该对象的轴心产生影响。

（3）仅影响层次：仅对对象的子层级产生影响。

"对齐"选项组用于设置物体轴心的对齐方式。当单击"仅影响轴"按钮时，该选项组的选项如图 12-12 左图所示。当单击"仅影响对象"按钮时，该选项组的选项如图 12-12 右图所示。

"轴"选项组中只有一个"重置轴"按钮，单击该按钮可以将轴心恢复到物体创建时的状态。

"调整变换"卷展栏用来在不影响子对象的情况下进行物体的调整操作。在"移动/旋转/缩放"选项组下只有一个"不影响子对象"按钮，如图 12-13 所示，单击该按钮后执行的任何的调整操作都不会影响子对象。

"链接信息"选项卡中包含两个卷展栏，即"锁定"和"继承"，如图 12-14 所示。其中"锁定"卷展栏具有可以限制对象在特定轴中移动的控件，"继承"卷展栏具有可以限制子对象继承其父对象变换的控件。

图 12-12

图 12-13

图 12-14

- 锁定：用于控制对象的轴向。当对象进行移动、旋转或缩放时，默认它可以在各个轴向上变换，但如果在这里勾选了某个轴向的锁定开关，那么它将不能在此轴向上变换。
- 继承：用于设置当前选择对象对其父对象各项变换的继承情况。默认情况为开启，即父对象的任何变换都会影响其子对象；如果关闭了某项，则相应的变换不会向下传递给其子对象。

12.1.4 图解视图

在工具栏中单击 ▩ （图解视图）按钮可以打开"图解视图"窗口，如图 12-15 所示。"图解视图"是基于节点的场景图，通过它可以访问对象属性、材质、控制器、修改器、层次和不可见的场景关系，如关联参数和实例等。同时，在此处可以查看、创建并编辑对象间的关系，也可以创建层次、指定控制器、材质、修改器或约束。

图 12-15

具体来说，通过"图解视图"窗口可以完成以下操作。

（1）快速选取场景对象及对对象进行重命名。

（2）可以在"图解视图"窗口中使用背景图像或栅格。

（3）快速选取修改器堆栈中的修改器。

（4）在对象之间复制/粘贴修改器。

（5）重新排列修改器堆栈中修改器的顺序。

（6）检视和选取场景中所有共享修改器、材质或控制器的对象。

（7）将一个对象的材质复制/粘贴给另外的物体，但不支持拖动指定。

（8）对复杂的合成对象进行层级导航，如多次布尔运算后的对象。

（9）链接对象，定义层级关系。

（10）提供大量的 MAXScript 曝光。

对象在"图解视图"窗口中以长方形的节点方式表示，在"图解视图"窗口中可以随意安排节点的位置，移动时用鼠标左键单击并拖曳节点即可。

▩ （图解视图）的名称框中各组的功能介绍如下。

- Bip001：表明对象已安置好。
- Bip001 L...：表明对象处于自由状态。
- Bip001 R...：表明已对对象设置动画。
- Bip002：表明对象已被选中。
- ▲：将弹出的对象"塌陷"回原来的地方，并将所有子对象"塌陷"到父对象中。
- ▼：从箭头弹出的对象向下扩展到下一个子对象。

下面介绍"图解视图"窗口中各选项的功能。

1. 工具栏

- ▣（显示浮动框）：显示或隐藏▣（显示浮动框），激活该按钮意味着开启浮动框，禁用该按钮意味着隐藏浮动框。
- ▶（选择）：使用此按钮可以在"图解视图"窗口和视口中选择对象。
- ✎（连接）：允许创建层次。
- ✂（断开选定对象链接）：断开"图解视图"窗口中选定对象的链接。
- ✖（删除对象）：删除在"图解视图"中选定的对象。删除的对象将从视口和"图解视图"窗口中消失。
- ▦（层次模式）：用级联方式显示父对象及子对象的关系。父对象位于左上方，而子对象朝右下方缩进显示。
- ▦（参考模式）：基于实例和参考（而不是层级）来显示关系。使用此模式可查看材质和修改器。
- ▤（始终排列）：根据排列首选项（对齐选项）将图解视图设置为始终排列所有实体。执行此操作之前将弹出一个警告信息。启用此按钮将激活工具栏按钮。
- ▤（排列子对象）：根据设置的排列规则（对齐选项）在选定父对象下排列显示子对象。
- ▤（排列选定对象）：根据设置的排列规则（对齐选项）在选定父对象下排列显示选定对象。
- ▦（释放所有对象）：从排列规则中释放所有实体，在它们的左侧使用一个孔图标标记它们，并将它们留在原位。使用此按钮可以自由排列所有对象。
- ▦（释放选定对象）：从排列规则中释放所有选择的实体，在它们的左端使用一个孔图标标记它们并将它们留在原位。使用此按钮可以自由排列选定对象。
- ▣（移动子对象）：将图解视图设置为已移动父对象的所有子对象。启用此按钮后，工具栏按钮处于活动状态。
- ▼（展开选定项）：显示选定实体的所有子实体。
- ▲（折叠选定项）：隐藏选定实体的所有子实体，选定的实体仍保持可见。
- ▣（首选项）：显示"图解视图首选项"对话框。使用该对话框可以按类别控制"图解视图"窗口中显示和隐藏的内容。里面有多种选项可以过滤和控制"图解视图"窗口中的显示。
- ◉（转至书签）：缩放并平移"图解视图"窗口以便显示书签选择。
- ▧（删除书签）：移除显示在书签名称字段中的书签名。
- ▣（缩放选定视口对象）：放大在视口中选定的对象，可以在此按钮旁边的文本字段中输入对象的名称。

▣（图解视图）的"显示"浮动框（见图 12-16）中各工具的功能介绍如下。

"关系"选项组用于选择要显示或创建的关系，包括约束、控制器、参数连线、灯光包含和修改器。

"实体"选项组用于选择要显示或编辑的实体类型。

- 基础对象：激活该按钮时，所有基础对象实体都显示为节点实体的子实体。启用同步选择并打开修改器堆栈后，在基本对象上单击会激活该级别的对象堆栈。

- 修改器堆栈：激活该复选框时，以修改对象基础实体开始，对象堆栈中的所有修改器都显示为子对象。

- 材质：激活该复选框时，指定到对象的所有材质和贴图都显示为对象的子对象。

图 12-16

- 控制器：激活该复选框时，除位置、旋转和缩放外，所有控制器都显示为对象变换控制器（也会显示）的子对象。当此按钮处于活动状态时，才可以向对象添加控制器。

- P/R/S：可以选择显示 3 种变换类型（位置、旋转或缩放）的任意组合。

- 扩展：激活该按钮时，激活的实体将在图解视图中显示；禁用该按钮后，将只显示节点底部的三角形子对象指示器。

- 聚焦：激活该按钮时，只有与其他实体有关且显示它们关系的实体才会使用自己的颜色着色，其他所有实体显示时都不着色。

2. 图解视图首选项

在图解视图工具栏中单击 ☑（首选项）按钮，将打开"图解视图首选项"对话框，如图 12-17 所示。"图解视图首选项"对话框根据类别控制显示的内容和隐藏的内容，可以过滤"图解视图"窗口中显示的对象，让用户只看到需要看到的对象。

可以为"图解视图"窗口添加网络或背景图像，也可以选择排列方式并确定是否为视图选择和"图解视图"窗口选择设置同步，还可以设置节点链接样式。总之，在此对话框中选择相应的过滤设置，可以更好地控制"图解视图"窗口。下面就来详细介绍。

图 12-17

（1）"包含于计算中"选项组

"图解视图"窗口能够遍历整个场景，包括材质、贴图、控制器等。如果有一个很大的场景且只对使用"图解视图"窗口选择感兴趣，可以禁用除"基础对象"之外的其他组件；如果只对材质感兴趣，可以禁用控制器、修改器等。

- 基础对象：用于设置启用和禁用基础对象显示。勾选该复选框可移除"图解视图"窗口中的混乱项。

- 修改器堆栈：用于设置启用和禁用修改器节点的显示。

- 材质/贴图：用于设置启用和禁用"图解视图"窗口中材质节点的显示。要创建动画且不需要看到材质时，应隐藏材质；需要选择材质或对不同对象的材质进行更改时，应显示材质。

- 控制器：勾选该复选框后，控制器数据包含在显示中；禁用该复选框后，"控制器""约束"

和"参数关联"关系及实体组中的"控制器"在"显示"浮动框中不可用。

- 静态值：勾选该复选框后，非动画的场景参数会包含在"图解视图"窗口的显示中。禁用该选项可以避免"轨迹视图"中的所有内容都显示在"图解视图"窗口中。
- 主点控制器：勾选该复选框后，子对象动画控制器包含在"图解视图"窗口的显示中。存在子对象动画的情况下，勾选该复选框可以避免窗口中显示过多的控制器。
- 蒙皮详细信息：勾选该复选框后，蒙皮修改器中每个骨骼的 4 个控制器都包含在"图解视图"窗口的显示中（修改器和控制器也包含在其中）。勾选该复选框可以避免窗口中展开过多正常使用蒙皮修改器的蒙皮控制器。

（2）"仅包含"选项组

- 选定对象：用于过滤选定对象的显示。如果有很多对象，但只需要"图解视图"窗口显示视图中选定的对象时，应勾选该复选框。
- 可见对象：用于将"图解视图"窗口中的显示限制为可见对象。
- 动画对象：勾选该复选框后，"图解视图"窗口中只显示包含具有关键点和父对象的对象。

（3）"按类别隐藏"选项组

利用本组的选项可按类别控制对象及其子对象的显示。

- 几何体：用于隐藏或显示几何对象及其子对象。
- 图形：用于隐藏或显示形状对象及其子对象。
- 灯光：用于隐藏或显示灯光及其子对象。
- 摄影机：用于隐藏或显示摄影机及其子对象。
- 辅助对象：用于隐藏或显示辅助对象及其子对象。
- 空间扭曲：用于隐藏或显示空间扭曲对象及其子对象。
- 骨骼对象：用于隐藏或显示骨骼对象及其子对象。

（4）"链接样式"选项组

- Bezier 线：用于将参考线显示为带箭头的 Bezier 曲线，如图 12-18 所示。
- 直线：可将参考线显示为直线而不是 Bezier 曲线，如图 12-19 所示。

图 12-18   图 12-19

- 电路线：可将参考线显示为正交线而不是曲线，如图 12-20 所示。
- 无：选择该单选按钮后，"图解视图"窗口中将不显示链接关系，如图 12-21 所示。

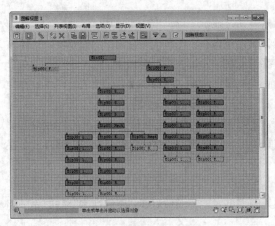

图 12-20   图 12-21

（5）"栅格"选项组

该选项组用于控制"图解视图"窗口中栅格的显示和使用。

● 显示栅格：用于在"图解视图"窗口的背景中显示栅格。

● 捕捉到栅格：勾选该复选框后，所有移动实体及其子对象都会捕捉到最近的栅格点的左上角。启用捕捉后实体不会立即捕捉到栅格点上，除非它们发生位移。

● 栅格间距：用于设置"图解视图"窗口中栅格的间距单位。该选项使用标准单位，实体高为20 个栅格单位，长为 100 个栅格单位。

（6）"排列方法"选项组

在 x 正轴和 y 负轴限制的空间中（深色栅格线隔开），总会发生排列。

● 堆叠：选择该单选按钮后，排列将使层级堆叠到一个宽度内。

● 水平：选择该单选按钮后，排列将使层次沿 $y=0$ 的直线分布并排列在该直线下方。在 x 正轴和 y 负轴限制的空间中总会发生排列。

● 垂直：选择该单选按钮后，排列将使层次沿 $x=0$ 的直线分布并排列在该直线右方。在 x 正轴和 y 负轴限制的空间中总会发生排列。

（7）"同步选择"选项组

● 视口：选择该单选按钮后，在"图解视图"窗口中选择节点实体时对应场景中的模型也被选中；同样，在场景中选定模型时"图解视图"窗口中对应的节点实体也会同时被选中。

● 所有内容：选择该单选按钮后，"图解视图"窗口中选择的所有实体在界面的合适位置（假设这些位置已开放）处都选择有相应的实体。例如，如果打开材质编辑器，在"图解视图"窗口中选择一个材质，将选中材质编辑器中相应的材质（前提是该材质存在）；如果打开"修改"面板，在"图解视图"窗口中选择一个修改器，将在堆栈中选中相应的修改器。同样，场景中选定了实体，在"图解视图"窗口中对应的实体也会同时被选中。

（8）"背景图像"选项组

● 显示图像：勾选该复选框后，将显示背景位图；禁用该复选框后，将不显示背景位图。

● 锁定缩放/平移：勾选该复选框后，会相应地缩放和平移，以调整背景图像的大小；禁用该选项后，位图将保持或回复为屏幕分辨率的真实像素。

- 文件：单击其右侧的长条按钮可选择"图解视图"窗口背景的图像文件。没有选择任何背景图像时，此按钮显示"无"；选中图像时，显示位图文件的名称。

（9）"首选项"选项组

- 双缓冲区：允许显示双缓冲区来控制视图性能。
- 以鼠标为中心缩放：勾选该复选框后，可以以鼠标点为中心进行缩放，也可以使用缩放滚轮进行缩放，或按住"Ctrl"键同时滚动鼠标中键进行缩放。
- 平移到添加的节点：勾选该复选框后，"图解视图"窗口中将调整并显示新添加到场景中的对象或节点；禁用该复选框后，视图不发生变化。禁用该选项并禁用"自动排列"，"图解视图"窗口中将不会干扰节点的布局。
- 使用线框颜色：勾选该复选框后，将使用线框颜色为"图解视图"窗口中的节点着色。
- 显示布局警告：勾选该复选框后，第 1 次启用"始终排列"时，"图解视图"窗口中将显示布局警告。
- 仅在获得焦点时更新：勾选该复选框后，"图解视图"窗口中仅在获得焦点时更新场景中新增或更改的内容。勾选该复选框可以避免在视图中更改场景对象时不停地重绘窗口。
- 移动子对象：勾选该复选框后，移动父对象的同时也移动子对象；禁用该选项后，移动父对象时不会影响子对象。
- 显示工具提示：勾选该复选框后，当鼠标指针移到"图解视图"窗口中节点的上方时，切换显示工具提示。
- 捕捉浮动框：勾选该复选框后，可使浮动框捕捉到"图解视图"窗口的边缘。
- 相对浮动框：勾选该复选框后，移动并调整"图解视图"窗口的大小时，移动并调整浮动框的大小。

3. 菜单栏

（1）"编辑"菜单（见图 12-22）

- 连接：用于激活链接工具。
- 断开选定对象链接：用于断开选定实体的链接。
- 删除：用于从"图解视图"窗口和场景中移除实体，取消所选关系之间的链接。
- 指定控制器：用于将控制器指定给变换节点。只有当选中控制器实体时，该选项才可用，打开"指定控制器"对话框。

图 12-22

- 连线参数：使用"图解视图"窗口关联参数。只有当实体被选中时，该选项才处于活动状态，启动"连线参数"对话框。
- 对象属性：用于显示选定节点的"对象属性"对话框。如果未选定节点，则不会产生任何影响。

（2）"选择"菜单（见图 12-23）

- 选择工具：在"始终排列"模式时，激活"选择工具"；不在"始终排列"模式时，激活"选择并移动"工具。
- 全选：选择当前"图解视图"窗口中的所有实体。
- 全部不选：取消当前"图解视图"窗口中选择的所有实体。
- 反选：在当前"图解视图"窗口中取消选择选定的实体，然后选择未选定的实体。

图 12-23

- 选择子对象：选择当前选定实体的所有子对象。
- 取消选择子对象：取消选择所有选中实体的子对象。父对象和子对象必须同时被选中，才能取消选择子对象。
- 选择到场景：在视口中选择"图解视图"窗口中选定的所有节点。
- 从场景选择：在"图解视图"窗口中选择视口中选定的所有节点。
- 同步选择：启用此选项时，在"图解视图"窗口中选择对象时，同时会在视口中选择它们，反之亦然。

（3）"列表视图"菜单（见图 12-24）

- 所有关系：用当前显示的"图解视图"窗口中的实体的所有关系，打开或重绘列表视图。
- 选定关系：用当前选中的"图解视图"窗口中的实体的所有关系，打开或重绘列表视图。
- 所有实例：用当前显示的"图解视图"窗口中的实体的所有实例，打开或重绘列表视图。

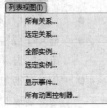

图 12-24

- 选定实例：用当前选中的"图解视图"窗口中的实体的所有实例，打开或重绘列表视图。
- 显示事件：用与当前选中实体共享某一属性或关系类型的所有实体，打开或重绘列表视图。
- 所有动画控制器：用拥有或共享动画控制器的所有实体，打开或重绘列表视图。

（4）"布局"菜单（见图 12-25）

- 对齐：用于在"图解视图"窗口中选择的实体，在此不再介绍。
- 排列子对象：根据设置的排列规则（对齐选项），在选定的父对象下面排列子对象的显示。
- 排列选定对象：根据设置的排列规则（对齐选项），在选定的父对象下面排列选定对象的显示。

图 12-25

- 释放选定项：从排列规则中释放所有选定的实体，在其左端标记一个小洞图标，然后使其留在当前位置。使用此选项，可以自由排列选定对象。
- 释放所有项：从排列规则中释放所有实体，在其左端标记一个小洞图标，然后使其留在当前位置。使用此选项可以自由排列所有对象。
- 收缩选定项：隐藏所有选中实体的方框，保持排列和关系可见。
- 取消收缩选定项：使所有选定的收缩实体可见。
- 全部取消收缩：使所有收缩实体可见。
- 切换收缩：选择该选项，会正常收缩实体；禁用此选项时，收缩实体完全可见，但是不取消收缩。默认设置为启用。

（5）"选项"菜单（见图 12-26）

- 始终排列：根据选择的排列首选项，使"图解视图"窗口总是排列所有实体。执行此操作之前将弹出一个警告信息。选择此选项可激活工具栏上的 ![]（始终排列）按钮。

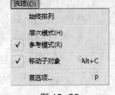

图 12-26

- 层次模式：将"图解视图"窗口设置为显示实体层次，而不是参考图。
- 参考模式：设置"图解视图"窗口以显示作为参考图的实体，不显示作为层级的实体。在"层次"和"参考"模式之间进行切换不会造成损坏。
- 移动子对象：设置"图解视图"窗口来移动所有父对象被移动的子对象。启用此模式后，工具栏按钮处于活动状态。
- 首选项：打开"图解视图首选项"对话框。其中，通过过滤类别及设置显示选项，可以控制窗口中的显示内容。

（6）"显示"菜单（见图 12-27）

- 显示浮动框：显示或隐藏"显示"浮动框。
- 隐藏选定对象：隐藏"图解视图"窗口中选定的所有对象。
- 全部取消隐藏：将隐藏的所有项显示出来。
- 扩展选定对象：显示选定实体的所有子实体。
- 塌陷选定项：隐藏选定实体的所有子实体，选定的实体仍然可见。

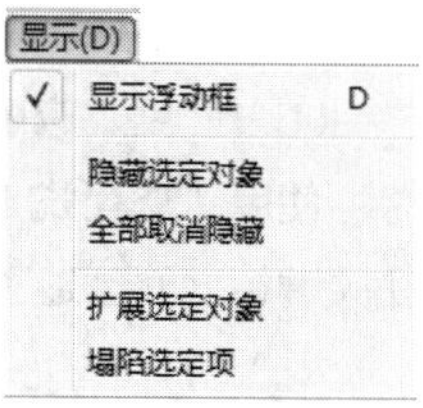

图 12-27

（7）"视图"菜单（见图 12-28）

- 平移：激活"平移"工具，可使用该工具通过拖曳鼠标在窗口中水平和垂直移动。
- 平移至选定项：使选定实体在窗口中居中。如果未选择实体，将使所有实体在窗口中居中。
- 缩放：激活"缩放"工具。通过拖曳鼠标移近或移远"图解"显示。
- 缩放区域：通过拖动窗口中的矩形缩放到特定区域。
- 最大化显示：缩放窗口以便可以看到"图解视图"窗口中的所有节点。
- 最大化显示选定对象：缩放窗口以便可以看到所有选定的节点。
- 显示栅格：在"图解视图"窗口的背景中显示栅格。默认设置为启用。
- 显示背景：在"图解视图"窗口的背景中显示图像。通过首选项设置图像。
- 刷新视口：当更改"图解视图"窗口或场景时，重绘"图解视图"窗口中的内容。

图 12-28

除上述之外，在"图解视图"窗口中单击鼠标右键，可弹出快捷菜单，其中包含了用于选择、显示和操纵节点选择的控件。使用此功能可以快速访问列表视图和"显示"浮动框，还可以在"参考模式和"层次模式"间快速切换。

12.2 反向运动

"反向运动"是一种设置动画的方法，它翻转链接的方向，从"叶子"而不是"根"开始工作。

12.2.1 使用反向运动学制作动画

反向运动学（IK）建立在层级链接的概念上，要了解 IK 是如何工作的，首先必须了解层级链接和正向运动学的原则。使用反向运动学创建动画有以下的操作步骤。

（1）首先确定场景中的层级关系。

生成计算机动画时，最有效的方式之一是将对象链接在一起以形成"链"的功能。通过将一个对象与另一个对象相链接，可以创建父子关系。应用于父对象的变换同时将传递给子对象。"链"即上节讲的层级。

（2）使用链接工具或在"图解视图"窗口中对模型由子级向父级创建链接。

（3）调整轴心。在层级关系中的一项重要任务，就是调整轴心所在的位置，通过轴心设置对象依据中心运动的位置。

（4）在"IK"面板中设置动画。

（5）使用"应用 IK"完成动画。

使用"交互式 IK"制作完动画后，单击"交互式 IK"按钮，并勾选"清除关键点"复选框，即在关键帧之间创建了 IK 动画。

12.2.2　"反向运动学"卷展栏

图 12-29

"反向运动学"卷展栏（见图 12-29）中的选项功能如下。

● 交互式 IK：允许对层级进行 IK 操纵，而无须应用 IK 解算器。

● 应用 IK：为动画的每一帧创建 IK 解决方案，并为 IK 链中的每个对象创建变换关键点。提示行上出现栏图形，指示解决方案计算的进度。

提 示　　　　"应用 IK"是 3ds Max 从早期版本开始就具有的一项功能。建议先应用"IK 解算器"方法，并且仅当"IK 解算器"不能满足需要时，再使用"应用 IK"。

● 仅应用于关键点：为末端效应器的现有关键帧创建 IK 解决方案。

● 更新视口：在视图中按帧查看应用 IK 帧的进度。

● 清除关键点：在应用 IK 解算器之前，从选定的 IK 链中删除所有移动和旋转关键点。

● 开始/结束：设置帧的范围以计算应用的 IK 解决方案。"应用 IK"默认设置为创建活动时间段中每个帧的 IK 解决方案。

12.2.3　"对象参数"卷展栏

图 12-30

"对象参数"卷展栏如图 12-30 所示。本卷展栏只适用于"交互式 IK"。

IK 系统中的子对象会使父对象运动，因此移动一个子对象会引起祖先（根）对象的不必要的运动。例如，移动一个人的手指也会移动他的头部。为了防止这种情况的发生，可以选择系统中的一个对象作为"终结点"。终结点是 IK 系统中最后一个受子对象影响的对象。例如把大臂作为一个终结点，就会使手指的运动不会影响到大臂以上的身体对象。

该卷展栏中的选项功能如下。

● 终结点：是否使用终结点功能。

● 绑定位置：将 IK 链中的选定对象绑定到世界（尝试着保持它的位置），

或者绑定到跟随对象。如果已经指定了跟随对象，则跟随对象的变换会影响 IK 解决方案。

- 绑定方向：将层级中选定的对象绑定到世界（尝试保持它的方向），或者绑定到跟随对象。如果已经指定了跟随对象，则跟随对象的旋转会影响 IK 解决方案。
- R：在跟随对象和末端效应器之间建立相对位置偏移或旋转偏移。

该按钮对"HD IK 解算器位置"末端效应器没有影响。将解算器创建在指定关节点顶部，并且使其绝对自动。

 提 示　如果移动关节远离末端效应器，并要重新设置末端效应器的绝对位置，可以删除并重新创建末端效应器。

- 轴 X/Y/Z：如果其中一个轴处于禁用状态，则该指定轴就不再受跟随对象或"HD IK 解算器位置"末端效应器的影响。例如，如果关闭"位置"下的"*x*"轴，跟随对象（或末端效应器）沿 *x* 轴的移动就对 IK 解决方案没有影响，但是沿 *y* 或者 *z* 轴的移动仍然有影响。
- 权重：在跟随对象（或末端效应器）的指定对象和链接的其他部分上，设置跟随对象（或末端效应器）的影响。设置为 0 时会关闭绑定。使用该值可以设置多个跟随对象或末端效应器的相对影响和在 IK 解决方案中它们的"优先级"。"权重"值越大，"优先级"就越高。

"权重"的设置是相对的，如果在 IK 层级中仅有一个跟随对象或者末端效应器，就没必要使用它们。不过，如果在单个关节上带有"位置"和"旋转"末端效应器的单个 HD IK 链，可以给它们不同的"权重"，将"优先级"赋予位置或旋转解决方案。

可以调整多个关节的平均"权重"。在层级中选择 2 个或多个对象，此时的"权重"值代表了选择对象的共同状态。

- 绑定到跟随对象(标签)：显示选定的跟随对象的名称。如果没有设置跟随对象，则显示"无"。
- 绑定：将 IK 链中的对象绑定到跟随对象。
- 取消绑定：在 HD IK 链中从跟随对象上取消选定对象的绑定。
- 优先级：3ds Max 在计算 IK 时，链接处理的次序决定了最终的结果。使用"优先级"值可设置链接处理的次序。要设置一个对象的"优先级"，选择这个对象，并在"优先级"后的数值框中输入一个值即可。3ds Max 会首先计算"优先级"值大的对象。IK 系统中所有对象默认"优先级"值都为 0，它假定距末端效应器近的对象移动距离大，这对大多数 IK 系统的求解是适用的。
- 子→父：自动设置选定的 IK 系统对象的"优先级"值。它把 IK 系统根对象的"优先级"值设为 0，根对象下每一级对象的"优先级"值都依次增加 10。它和使用默认值时的作用相似。
- 父→子：自动设置选定的 IK 系统对象的"优先级"值。它把 IK 系统根对象的"优先级"值设为 0，其下每降低一级，相应对象的"优先级"值都减 10。

在"滑动关节"和"转动关节"选项组中可以为 IK 系统中的对象链接设定约束条件。使用"复制"按钮和"粘贴"按钮，能够把设定的约束条件从 IK 系统的一个对象链接上复制到另一个对象链接上。"滑动关节"选项组用于复制链接的滑动约束条件，"转动关节"选项组用于复制链接的旋转约束条件。

● 镜像粘贴：用来在粘贴的同时进行链接设置的镜像反转。镜像反转的轴向可以随意指定。默认为"无"，即不进行镜像反转。也可以使用主工具栏上的 （镜像）工具来复制和镜像 IK 链，但必须要选中"镜像"对话框中的"镜像 IK 限制"选项，才能保证 IK 链的正确镜像。

12.2.4 "转动关节"卷展栏

"转动关节"卷展栏（见图 12-31）用于设置子对象与父对象之间相对滑动的距离和摩擦力，分别通过 x 轴、y 轴、z 轴 3 个轴向进行控制。其选项功能如下。

> **提 示**　当对象的位置控制器处于"Bezier 位置"控制属性时，"转动关节"卷展栏才会出现。

● "活动"：用于开闭此轴向的滑动和旋转。
● "受限"：勾选该复选框后，其下的"从"和"到"有意义，用于设置滑动距离和旋转角度的限制范围，即从哪一处到哪一处之间允许此对象进行滑动或转动。
● "减缓"：勾选该复选框后，关节运动在指定范围部分可以自由进行，但在接近"从"或"到"限定的范围边界时，滑动或旋转的速度会减缓。
● "弹回"：用于设置滑动到边界时会反弹，右侧数值框用于确定反弹的范围。
● "弹簧张力"：用于设置反弹的强度，值越大，反弹效果越明显；如果设置为 0，没有反弹效果。反弹张力如果设置得过高，可以产生排斥力，关节就不容易达到限定范围终点。
● "阻尼"：用于设置整个滑动过程中受到的阻力，值越大，滑动越艰难，表现出对象巨大、干燥而笨重。

图 12-31

12.2.5 "自动终结"卷展栏

"自动终结"控件向终结点临时指定从选定对象开始的特定数量的上行层次链链路。这只适用于交互式 IK。图 12-32 所示为"自动终结"卷展栏。其选项功能如下。

● 交互式 IK 自动终结：设置自动终结的开关。
● 上行链接数：指定 IK 向上传递的数目。例如，如果此值设置为 5，当操作一个对象时，沿此层级链向上第 5 个对象将作为一个终结器，阻挡 IK 向上传递；当值为 1 时，将锁定此层级链。

图 12-32

课堂练习——制作蜻蜓动画

🖾 知识要点

创建蜻蜓的链接，并设置蜻蜓的轴心位置，通过调整翅膀的扇动和身体的移动制作出动画，完成动画的分镜头如图 12-33 所示。

图 12-33

制作蜻蜓动画

📖 **效果所在位置**

云盘/场景/Ch12/蜻蜓 ok.max。

课后习题——制作小狗动画

📖 **知识要点**

创建小狗的骨骼，并设置骨骼的 IK 解算器，通过调整节点，设置小狗摇尾巴的动画，动画的分镜头如图 12-34 所示。

微课视频

图 12-34

制作小狗动画

📖 **效果所在位置**

云盘/场景/Ch12/狗 ok.max。

第 13 章
综合设计实训

本章的综合设计实训案例，是综合使用前面基础章节中的各种命令来制作模型。通过本章的学习，读者可灵活掌握 3ds Max 2019 中各种命令和工具的使用方法，学会如何搭建一个产品级场景。

课堂学习目标

✔ 掌握各类商业场景的制作方法

13.1 模型库素材——制作小雏菊盆栽

1. 客户名称

柯西工作室。

2. 客户需求

该工作室主要制作一些配景素材模型库。按照客户需求，工作室要制作一款小雏菊盆栽模型，需要包括鲜艳的花朵和绿色的小草。图 13-1 所示为根据客户需求设计制作的案例模型效果。

3. 设计要求

（1）要求花朵色调鲜艳。

（2）要求必须为原创。

4. 素材资源

贴图所在位置：云盘/贴图。

5. 作品参考

效果所在位置：云盘/场景/Ch13/雏菊 ok.max。

6. 制作要点

本案例主要使用"编辑面片"修改器来制作雏菊和叶子模型，使用"编辑多边形"修改器制作花盆模型，使用 VRay 的毛发效果制作土壤，然后分别附上适合的材质。

微课视频

制作小雏菊盆栽

图 13-1

7. 制作步骤

（1）单击"➕（创建）> ⬤（几何体）> 面片栅格 >四边形面片"按钮，在"前"视口中创建四边形面片，在"参数"卷展栏中设置"长度"为180，"宽度"为25，"长度分段"为1，"宽度分段"为1，如图13-2所示。

（2）切换到🔲（修改）命令面板中，为四边形面片施加"编辑面片"修改器，将选择集定义为"顶点"，可以发现顶点两端出现控制手柄，通过调整控制手柄，调整出模型的形状，如图13-3所示。

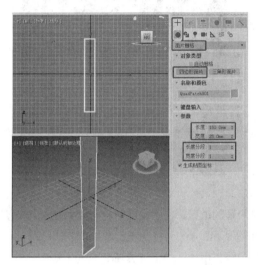

图13-2

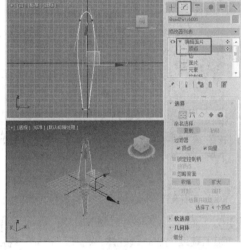

图13-3

（3）确定选择集定义为"顶点"，在"左"视口中调整控制手柄，如图13-4所示。

（4）将选择集定义为"控制柄"，在"顶"视口中调整面片形状，如图13-5所示。

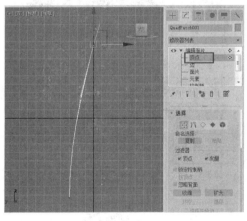

图13-4

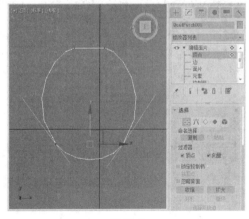

图13-5

（5）在场景中复制出一个四边形面片，调整花瓣的位置，将2个花瓣成组。切换到🔳（层次）面板，选择"轴"，在"调整轴"卷展栏中单击"仅影响轴"按钮，在场景中调整轴的位置，如图13-6所示。

（6）调整轴后单击"仅影响轴"按钮，在场景中旋转复制花瓣，如图13-7所示。

技巧与提示

在复制花瓣的过程中需要注意不要将 2 个花瓣进行重叠，需将花瓣进行一前一后的排列，最后对花瓣复制第 2 层，可以制作出重瓣效果。

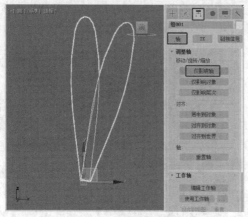

图 13-6

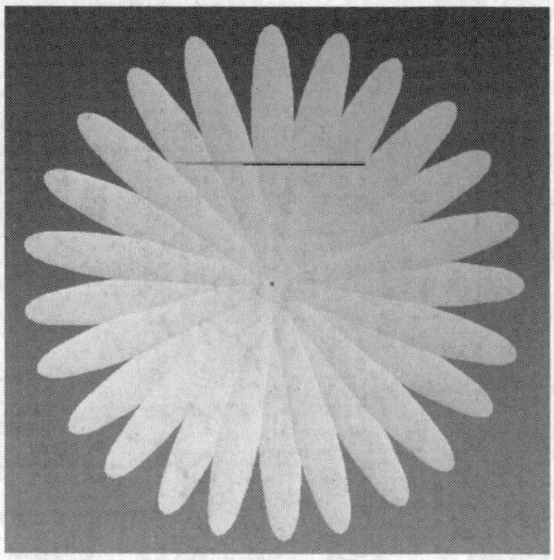

图 13-7

（7）在花瓣的中心创建"圆柱体"，调整模型到合适的位置，在"参数"卷展栏中设置"半径"为 20，"高度"为 12，"高度分段"为 1，如图 13-8 所示。

（8）继续创建"圆柱体"，在"参数"卷展栏中设置"半径"为 6，"高度"为 1 200，"高度分段"为 10，在场景中调整模型的位置，如图 13-9 所示。

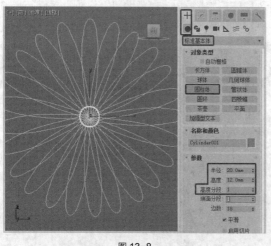

图 13-8

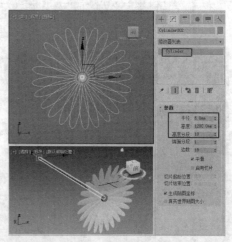

图 13-9

（9）创建"四边形面片"，为其施加"编辑面片"修改器，通过调整"顶点"，调整出叶子的形状，如图 13-10 所示。

（10）在场景中复制作为叶子的模型，如图 13-11 所示。

（11）下面设置雏菊模型的材质。在场景中选择"花瓣"模型，打开材质编辑器，将材质转换为"VRayMtl"材质，在"贴图"卷展栏中为"漫反射"指定"位图"，位图为"花瓣 01.jpg"文件，如图 13-12 所示，将材质指定给场景中的花瓣模型。

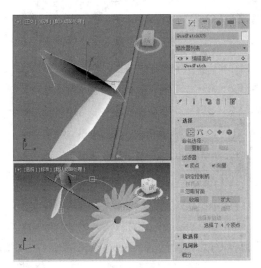

图 13-10

图 13-11

（12）在场景中选择"花心"圆柱体模型，选择一个新的材质样本球，将材质转换为"VRayMtl"材质，在"贴图"卷展栏中为"漫反射"指定"位图"，位图为"花蕊 01.jpg"文件，如图 13-13 所示，将材质指定给场景中的花心圆柱体模型。

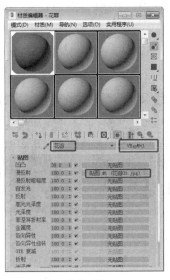

图 13-12

图 13-13

（13）指定材质后，为场景中的圆柱体施加"UVW 贴图"修改器，如图 13-14 所示。

（14）在场景中选择"茎"，选择一个新的材质样本球，使用默认的标准材质，在"明暗器基本参数"卷展栏中勾选"双面"复选框，在"贴图"卷展栏中为"漫反射颜色"指定"位图"，位图为"花茎 01.jpg"文件，将材质指定给场景中的花茎，如图 13-15 所示。

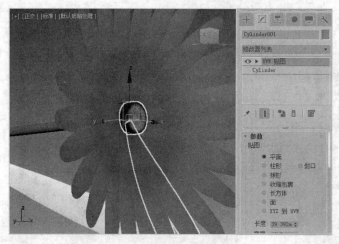

图 13-14

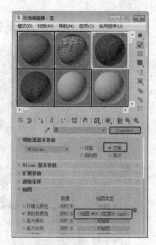

图 13-15

（15）在场景中选择"叶"模型，选择一个新的材质样本球，使用默认的标准材质，在"明暗器基本参数"卷展栏中勾选"双面"复选框，在"贴图"卷展栏中为"漫反射颜色"指定"位图"，位图为"花叶 01.jpg"文件，如图 13-16 所示。

（16）将材质指定给场景中的叶子模型，效果如图 13-17 所示。

图 13-16

图 13-17

（17）在"顶"视口中创建"平面"模型，在"参数"卷展栏中设置"长度"为 1 200，"宽度"为 2 000，如图 13-18 所示。

（18）选择"平面"模型，创建"VRayFur"，在"参数"卷展栏中设置"长度"为 200，"厚度"为 0.2，"重力"为-1，"弯曲"为 1，"锥度"为 0，如图 13-19 所示。

（19）在场景中选择"平面"和"VRayFur"，打开材质编辑器，使用标准材质，在"贴图"卷展栏中为"漫反射"指定"位图"，位图为"GRAS07L.JPG"文件，如图 13-20 所示，将设置的材质指定给场景中的土壤（草）模型。

（20）在场景中选择花朵将其成组，并为其施加"弯曲"修改器，设置合适的参数，如图 13-21 所示。

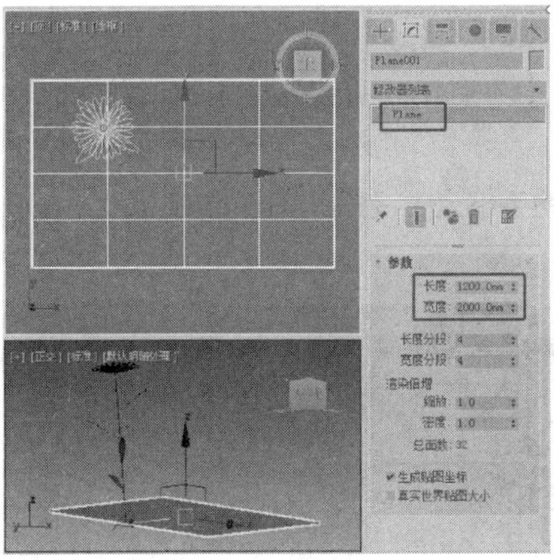

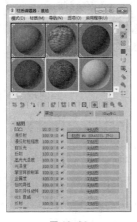

图 13-18

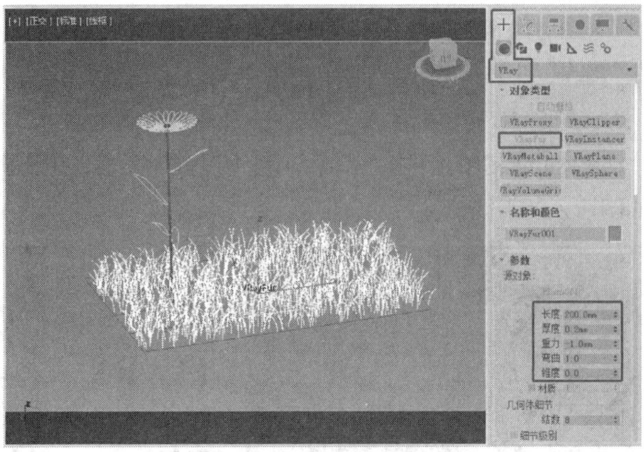

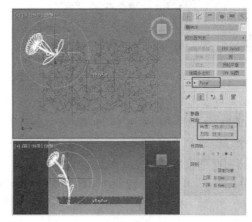

图 13-19

图 13-20

图 13-21

（21）在场景中调整模型的位置和角度，并修改合适的弯曲参数以及大小，如图 13-22 所示。

（22）在场景中创建"长方体"，在"参数"卷展栏中设置"长度"为 1 400，"宽度"为 2 200，"高度"为 500，如图 13-23 所示。

图 13-22

图 13-23

（23）为长方体施加"编辑多边形"修改器，将选择集定义为"多边形"。选择顶部的多边形，在"编辑多边形"卷展栏中单击"倒角"后的 ■（设置）按钮，在弹出的助手小盒中设置"轮廓"为 −70，如图 13−24 所示。

（24）继续单击"挤出"后的 ■（设置）按钮，在弹出的助手小盒中设置"挤出"的高度为−400，如图 13−25 所示。

图 13−24　　　　　　　　　　图 13−25

（25）将选择集定义为"边"，按"Ctrl+A"组合键，全选边，在"编辑边"卷展栏中单击"切角"后的 ■（设置）按钮，在弹出的助手小盒中设置合适的切角量，并设置"切角分段"为 2，如图 13−26 所示。

（26）模型设置完成后，打开材质编辑器，从中选择一个新的材质样本球，将材质转换为"VRayMtl"，在"基本参数"卷展栏中设置一个喜欢的"漫反射"颜色；设置"反射"的颜色为白色，设置"光泽度"为 0.86，勾选"菲涅尔反射"选项，如图 13−27 所示。

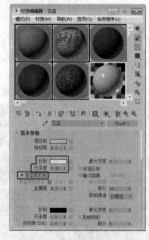

图 13−26　　　　　　　　　　图 13−27

（27）在场景中创建并调整样条线，为样条线添加"挤出"修改器，设置合适的挤出参数，该模型作为背景板，如图 13−28 所示。

（28）在场景中调整各个模型的位置，调整出一个合适的"透视"视图角度，按"Ctrl+C"组合键创建摄影机视口，如图 13−29 所示。

图 13-28 图 13-29

（29）在场景中创建 3 盏 VRay 平面灯光，设置合适的灯光参数和颜色，如图 13-30、图 13-31
和图 13-32 所示。

（30）调整灯光和场景后，加载一个最终渲染的参数，如图 13-33 所示，渲染场景即可。

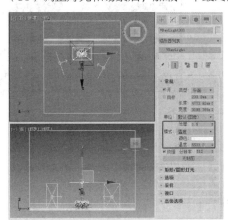

图 13-30

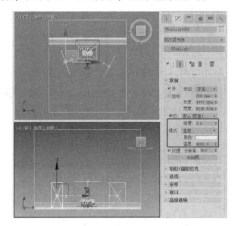

图 13-31

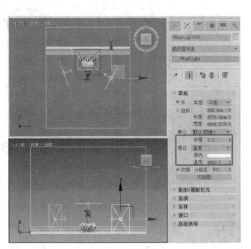

图 13-32

图 13-33

13.2 简单动画——制作绽放的荷花动画

1. 客户名称

影响游戏工作室。

2. 客户需求

该工作室制作各种游戏中的场景。根据客户要求，本次工作室需要制作一个动画场景中的荷花绽放的简单动画。只需一个镜头的绽放动画，不需要特别精细。图 13-34 所示为制作完成的荷花动画的分镜头动画。

3. 设计要求

（1）要求制作一个荷花绽放的镜头动画。

（2）模型不需要很精致。

（3）要求必须是原创。

4. 素材资源

贴图所在位置：云盘/贴图。

5. 作品参考

原始场景所在位置：云盘/场景/Ch13/绽放的荷花.max。

效果所在位置：云盘/场景/Ch13/绽放的荷花 ok.max。

图 13-34

6. 制作要点

主要使用"变形"工具。

7. 制作步骤

（1）打开"荷花绽放.max"场景文件，在场景中选择变形和目标模型，如图 13-35 所示。

（2）按"Alt+Q"组合键将其孤立出来便于观察，如图 13-36 所示。

图 13-35

图 13-36

（3）选择变形模型，单击"➕（创建）> ⬤（几何体）>复合对象>变形"按钮，在时间栏中单击"自动关键点"按钮记录动画，将时间滑块调至 60 帧处，在"拾取目标"卷展栏中单击"拾取目标"按钮，如图 13-37 所示。

技巧与提示	"Alt+Q"组合键与状态栏中的 🔒（孤立当前选择切换）按钮作用相同，都是将未选择的对象进行隐藏。如果要显示隐藏的孤立模型时，可以使 🔒（孤立当前选择切换）按钮呈现弹起的状态，即可将隐藏的模型显示出来。

（4）在场景中单击目标模型将其拾取，拾取后的效果如图 13-38 所示。关闭"自动关键点"按钮。

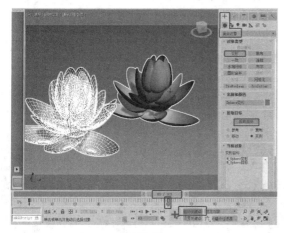

图 13-37   图 13-38

（5）退出孤立模式，将目标模型隐藏，为变形模型复制一个茎秆。使用"移动复制"法复制变形模型和茎秆模型，在"顶"视口中调整模型的角度以做变化，如图 13-39 所示。在时间栏中框选 0 帧和 60 帧 2 个关键点，将关键点整体向后调整 20 帧做一个时间变化。

（6）使用同样方法再复制出一组模型，调整模型的位置和角度，将开始帧设置为 50，结束帧设置为 100，如图 13-40 所示。

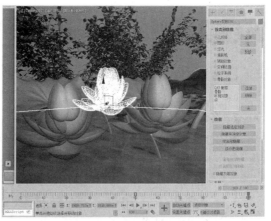

图 13-39   图 13-40

技巧与提示　　为了不使编辑的动画出现错误，在编辑动画之后一定要将"自动关键点"按钮弹起，以免系统记录了"变形"工具或参数的动画，致使整个动画出现偏差。

（7）按▶（播放动画）按钮播放动画。

（8）打开"渲染设置"面板，在"公用"选项卡中选择"活动时间段"为 0 到 100，并设置"输出大小"，如图 13-41 所示。

（9）单击"渲染输出"选项组中的"文件"按钮，在弹出的"渲染输出文件"对话框中选择一个存储路径，为文件命名，选择"保存类型"为 AVI，单击"保存"按钮，如图 13-42 所示。在弹出的"存储格式"对话框中使用默认参数。最后，单击"渲染设置"面板中的"渲染"按钮，即可对场景动画进行渲染输出。

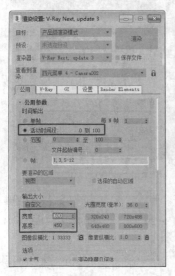

图 13-41

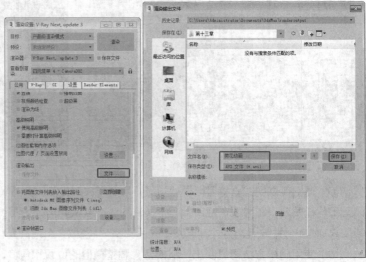

图 13-42

13.3　模型库素材——制作亭子

1. 客户名称

彼岸工作室。

2. 客户需求

该工作室主要制作一些模型库场景，这次工作室根据客户要求需要制作一款具有中式古风特点的中式亭子模型，还需要设计周围环境，最后渲染出效果图。

3. 设计要求

（1）要求中式风格。

（2）要求制作模型和环境。

（3）要求必须原创。

4. 素材资源

贴图所在位置：云盘/贴图。

5. 作品参考

场景所在位置：云盘/场景/Ch13/亭子.max。

6. 制作要点

创建基本图形和几何体，结合使用各种学过的常用的工具来制作亭子效果。亭子模型看起来复杂，其实只是由基本几何体和图形堆砌而成的。最后为其导入环境素材，设置合适的材质和灯光完成该模型的效果，如图 13-43 所示。

图 13-43

13.4 建筑动画——制作房子漫游动画

1. 客户名称

彼岸工作室。

2. 客户需求

工作室现需要设计一个房子的漫游动画。在客户提供的场景文件的基础上设置镜头由前面到后面的漫游动画效果，使客户可以看到房子的外观结构，最后渲染输出即可。

3. 设计要求

（1）要求制作建筑漫游动画。

（2）要求漫游镜头由房子的前面到后面的镜头。

（3）要求必须原创。

4. 素材资源

贴图所在位置：云盘/贴图。

5. 作品参考

场景所在位置：云盘/场景/Ch13/房子.max。

效果所在位置：云盘/场景/Ch13/房子漫游 ok.max。

6. 制作要点

打开场景文件后，创建摄影机，移动摄影机，设置摄影机的关键点动画，完成简单的漫游动画效

微课视频

制作房子漫游动画

果。静帧效果如图 13-44 所示。

图 13-44